狂欢
满200减60/满300减100/满600减200

Coffee
现磨咖啡

星岛咖啡店

18元
代金券

地址：新易广场2楼
电话：52154XXX

制作咖啡馆代金券

制作素描图像

使用通道调色

"颜色叠加"样式

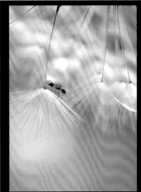 

色调均化

实例——修饰人物脸型

长发美女

本书精彩案例欣赏

红包抢购界面

商品抢购海报

森林里的蘑菇屋

实例——制作高饱和度图像

网店直播悬浮标签

制作母亲节海报

制作新鲜水果海报

制作招聘广告

婚礼场布照片后期处理

曲线

实例——调整图像通透度

制作水中的水果

实例——为猫咪更换背景

实例——校正照片色调

使用"海绵工具"

使用"色彩范围"命令

使用"吸管工具"

添加画框

游戏 UI 按钮

企业文化手册

中文版
Photoshop
2021
从入门到精通
（案例视频版）

唐莹◎编著

北京理工大学出版社
BEIJING INSTITUTE OF TECHNOLOGY PRESS

# 内 容 简 介

本书以 Photoshop 2021 为蓝本，从零开始，以丰富的实例和上机操作，系统并全面地讲解 Photoshop 2021 图像处理的相关功能及商业设计实战应用。本书内容同时适合 Photoshop CC、2019、2020 版本的学习与操作。

本书共分 18 章，以循序渐进的方式讲解 Photoshop 2021 软件的基础操作、核心功能、图像处理的高级功能，以及 UI 界面设计、电商广告设计、平面广告设计、图像特效与数码照片处理等常见领域的实战应用。本书实例众多，内容丰富，包括 35 个知识实例、12 个综合演练、12 个举一反三的章节案例、31 个新手问答和 11 个行业应用综合案例。

本书提供同步学习的素材文件及视频教学文件，同时超值赠送丰富的视频教程和电子书。全书内容安排系统全面，写作语言通俗易懂，实例题材丰富多样，操作步骤清晰准确，非常适合从事平面设计、影像创意、网页设计、电商设计、数码图像处理的人员学习使用。同时，本书也可以作为相关职业院校、电脑培训班的教材参考书。

**图书在版编目（CIP）数据**

中文版Photoshop 2021从入门到精通：案例视频版 / 唐莹编著. --北京：北京理工大学出版社，2022.1

ISBN 978-7-5763-0899-0

Ⅰ. ①中…　Ⅱ. ①唐…　Ⅲ. ①图像处理软件 Ⅳ.①TP391.413

中国版本图书馆CIP数据核字（2022）第015459号

---

出版发行／北京理工大学出版社有限责任公司

社　　　址／北京市海淀区中关村南大街5号

邮　　　编／100081

电　　　话／（010）68914775（总编室）

　　　　　　（010）82562903（教材售后服务热线）

　　　　　　（010）68944723（其他图书服务热线）

网　　　址／http：//www.bitpress.com.cn

经　　　销／全国各地新华书店

印　　　刷／三河市中晟雅豪印务有限公司

开　　　本／787毫米×1092毫米　1／16

印　　　张／20

字　　　数／525千字

彩　　　插／1

版　　　次／2022年1月第1版　2022年1月第1次印刷

定　　　价／89.00元

责任编辑／多海鹏

文案编辑／多海鹏

责任校对／周瑞红

责任印制／李志强

图书出现印装质量问题，请拨打售后服务热线，本社负责调换

Photoshop 是当今使用最为广泛的图像处理软件和广告设计软件。无论是从事平面设计、淘宝美工、数码照片处理、网页设计、UI 设计、手绘插画，还是从事服装设计、室内设计、建筑设计、园林景观设计、创意设计等都要用到 Photoshop。学会 Photoshop，不仅是一项工作技能，也是美化生活的一项艺术特长。

要使用 Photoshop 处理图像或制作满意的设计稿，就必须熟练掌握 Photoshop 中各种工具和命令的应用方法。

本书系统全面地介绍了 Photoshop 2021 图像处理的相关功能模块、工具命令与实战应用技能，学习如何在工作中游刃有余、从容自若地解决各种图像处理的问题。

## 一、本书内容

本书系统地讲解了 Photoshop 2021 图像处理与创意方法，从初、中级读者的学习角度出发，合理安排知识点，运用简洁流畅的语言，结合丰富实用的练习和实例，全面介绍 Photoshop 在图像处理中的应用。本书共 18 章，主要内容如下。

第 1~2 章主要介绍 Photoshop 的相关知识及图像基本操作。

第 3~4 章主要介绍图层和选区的创建与基本操作等。

第 5~7 章主要介绍图像颜色与色调的调整，颜色的设置与填充，绘制图像，以及修饰与复制图像等。

第 8~9 章主要介绍文字和路径的应用，包括创建与设置文字，利用钢笔工具、选区和形状创建路径，路径的描边和填充等。

第 10~11 章主要介绍图层、通道与蒙版的应用，包括图层混合模式，调整图层，设置图层样式，以及通道和蒙版的基本操作等。

第 12 章主要介绍滤镜的应用，包括常用滤镜的设置与使用，滤镜库的使用方法，智能滤镜的使用，以及各类常用滤镜的功能。

第 13~14 章主要介绍图像编辑的自动化与打印输出，学习动作的作用与"动作"面板的用法，掌握自动化处理图像的操作方法，以及图像在打印输出前的一些设置操作和相关知识。

第 15~18 章主要讲解 Photoshop 在各行业的设计案例。

通过第 1~14 章软件功能的学习，掌握如何使用 Photoshop 中的各种工具、命令及功能模块来绘制图像、修饰图像、处理图像、调整图像及创意图像。

通过第 15~18 章实战案例的学习，掌握 Photoshop 在多个应用领域中的综合实战技能，并能举一反三、触类旁通相关图像处理与设计问题。

本书基于中文版 Photoshop 2021 讲解，建议读者结合 Photoshop 2021 进行学习。Photoshop CC、Photoshop CC 2019、Photoshop 2020 的功能与 Photoshop 2021 大同小异，本书内容同样适用于上述版本。

## 二、本书特色

### ● 入门轻松，难易结合

本书从 Photoshop 的基础知识入手，逐一讲解图像处理和设计中常用的工具、命令及相关功能模块，力求让零基础的读者能轻松入门。根据读者学习新技能的思维习惯，本书将简单的案例放在前面，由易到难，使读者学习起来更加轻松。

### ● 案例丰富，学以致用

本书的最大特点是在讲解知识点的同时，安排了 35 个知识实例，12 个综合演练和 12 个举一反三的章节案例，31 个新手问答，11 个行业应用综合案例。为了巩固知识点和操作技能，还在相关章节后面布置了"思考与练习"的内容。这些案例涉及的应用领域广泛，包括 UI 界面设计、电商广告设计、平面广告设计、图像合成特效，以及数码照片后期处理等，可以让读者产生代入感，置身于真实的工作场景中学习真正的实战技能。这些精心策划和内容安排，旨在让读者轻松学会 Photoshop 2021 的操作方法和技巧。

- **实用功能，系统全面**

本书涵盖了 Photoshop 2021 几乎所有工具、命令的相关功能，对一些难点和重点知识做了非常详细的讲解。结合真实的职场案例，精选实用的功能，力求让读者看得懂、学得会、做得出。

- **技巧提示，及时充电**

本书在各章节中均穿插设置了"新手注意"或"高手技巧"板块，对正文中介绍的应用方法、技能技巧等重点知识进行补充提示，及时为读者充电加油，帮助读者尽快对各项实际操作技能熟练上手。

- **教学视频，直观易学**

本书相关内容的讲解都配有同步的多媒体教学视频，用微信扫一扫书中相应的二维码即可观看学习。

## 三、本书配套资源及赠送资料

**本书同步学习资料**

❶ 素材文件：提供本书所有案例的素材文件，打开指定的素材文件即可同步练习操作并进行学习。

❷ 结果文件：提供本书所有案例的最终效果文件，可以打开文件参考制作效果。

❸ 视频文件：提供本书相关案例制作的同步教学视频，扫一扫书中知识标题旁边的二维码即可观看学习。

❹ PPT 课件：本书配套的 PPT 课件，方便教师教学使用。

**额外赠送学习资料**

❶ 12 集《Photoshop 数码照片修饰修复技法》视频教程。

❷ 16 集《Photoshop 数码照片润色技法》视频教程。

❸ 17 集《 Photoshop 人像照片后期处理技法》视频教程。

❹ 20 集《Photoshop 图像特效与创意合成技法》视频教程。

❺ 2100 个 Photoshop 设计样式资源文件。

❻《Photoshop 快捷键速查》电子书。

❼《电脑日常故障诊断与解决指南》电子书。

**备注**：以上资料扫描下方二维码，关注公众号，输入"zwps21"，即可获取配套资源下载方式。

本书由唐莹编写，她毕业于四川美术学院，现任四川外国语大学教育技术中心信息部主任，插画师、平面设计师，从事设计工作与教育工作多年，擅长 Web 开发与管理、图形图像设计、Office 办公应用，在创客式教育和智慧教育方面有丰富的心得。

由于计算机技术发展较快，书中疏漏和不足之处在所难免，恳请广大读者指正。

**读者信箱**：2315816459@qq.com

**读者学习交流 QQ 群**：556498853

# CONTENTS

### 第 3 章　图层的基本操作 .............37

### 第 4 章　图像选区的创建 .............54

# 第 1 章

# Photoshop 2021 快速入门

## 本章导读

在学习 Photoshop 2021 的功能操作之前，应该对软件的应用范围、工作界面等有一定的了解。

本章将详细介绍这些基本知识，主要包括熟悉 Photoshop 2021 工作界面、使用多种方式查看图像、设置工作区，掌握 Photoshop 中的辅助功能，了解图像的相关知识等。

学完本章内容，可以快速地了解 Photoshop 的使用方法，并掌握一定的基础技能。

## 学完本章后应该掌握的技能

■ Photoshop 2021 工作界面
■ 查看图像
■ 工作区的设置
■ Photoshop 中的辅助功能
■ 图像的相关知识

## 1.1　Photoshop 的发展史

1987 年秋，美国一名攻读博士学位的研究生托马斯·诺尔（Thomas Knoll），尝试编写一个名为 Display 的程序，用来在黑白位图监视器上显示灰阶图像，这个编码正是 Photoshop 的开始。随后该程序的发行权被大名鼎鼎的 Adobe 公司买下。1990 年 2 月，只能在苹果机（Mac）上运行的 Photoshop 1.0 面世，该版本只有工具箱和少量的滤镜。1991 年 2 月，发行 Photoshop 2.0 正式版，新版本增加了路径功能，支持栅格化 AI 文件，支持 CMYK 模式，最小分配内存也由原来的 2MB 增加到 4MB。此后，Photoshop 不断升级更新软件功能，淘汰了很多图像处理软件，成为如今图像处理行业的绝对霸主。到目前为止，Photoshop 最新版本为 2021 版，如下图所示为 Photoshop 2021 的启动画面。

## 1.2　Photoshop 的应用领域

Photoshop 是如今技术领先、功能完善的数码图像编辑软件，它的应用领域十分广泛，不论是平面设计、界面设计、插画设计还是数码后期，都离不开 Photoshop 的使用。

### 1.2.1　在平面设计中的应用

在平面设计制作中，Photoshop 是应用极为广泛的图像编辑软件，无论是用户正在阅读图书的封面，还是在大街上看到的招贴、海报，都是通过 Photoshop 对图像进行设计制作，再输出印刷而成的，如下图所示。

产品海报

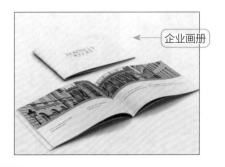

企业画册

### 1.2.2　在界面设计中的应用

随着计算机、网络和智能电子产品的迅猛发展，现在界面设计已经受到越来越多的软件企业及开发者的重视，而这些界面的设计制作大多数都是通过 Photoshop 完成的。通过 Photoshop 能够制作出许多精美并带有立体感效果的图标和操作界面。如下图所示为一款手机运动 APP 的界面设计效果。

### 1.2.3　在插画设计中的应用

Photoshop 拥有一套强大并且优秀的绘画工具，用户可以通过 Photoshop 绘制出风格多样的精美插画，还可以将插画融入广告图像中，如下图所示。

### 1.2.4　在网页设计中的应用

随着互联网的普及，人们对网页的审美要求不断提升，因此 Photoshop 变得尤为重要。使用 Photoshop 可以美化网页元素，如下图所示。

### 1.2.5 在数码后期中的应用

Photoshop 作为最强大的图像处理软件，无论是图像的扫描输入、颜色调整，还是图像修复与润饰等工作，其都可以轻松完成，从而得到符合用户需求的图像效果，如下图所示。

## 1.3 Photoshop 2021 新增功能

Photoshop 以其强大的图像编辑、图像处理以及灵活的绘图功能而得到广泛应用。在Photoshop 2021 中增加了部分人性化和智能化的新功能，如一键替换天空、智能 AI 修图的滤镜等。下面对 Photoshop 2021 中主要的新功能分别进行介绍。

### 1.3.1 自动替换天空

Photoshop 2021 增加了自动勾选天空的快速选择工具，在处理天空一类的图片时，通过它可以一键智能选择天空及天空以外的主体。单击"选择"菜单，可以看到"天空"命令，如下图所示。

### 1.3.2 智能 AI 滤镜

Photoshop 2021 的滤镜库新增了 Neural Gallery，暂译为"神经网格 AI 滤镜"，主要通过 AI 进行智能调节来修复人像，相当于一个人像处理的小型路径库，包含众多让人耳目一新的功能，如智能肖像、皮肤平滑度、蒙尘与划痕、肖像漫画等。选择"滤镜"菜单，可以看到"神经网络 AI 滤镜"命令，如下图所示。

### 1.3.3 实时形状

Photoshop 2021 中可以直接动态创建和编辑形状，并使用新功能来更改线条、矩形和三角形等。绘制矩形或多边形后，拖动其中的圆点，即可改变其形状，如下图所示。

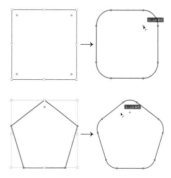

### 1.3.4 图案预览

Photoshop 2021 新增了"图案预览"功能，使用该功能可以快速可视化并无缝创建重复的图案。选择"视图"|"图案"选项即可执行该命令，然后可以对图像进行变换，实时设计图案的呈现形式。如下图所示为设计重复图案的效果。

### 1.3.5 内容感知临摹工具

Photoshop 2021新增了"内容感知描摹工具" ，使用该工具，只需将鼠标指针悬停在图像边缘处并单击，即可轻松地围绕对象绘制路径。

要使用"内容感知描摹工具"，需要首先选择"首选项"|"技术预览"选项，启用该工具，然后重启 Photoshop 软件，即可在钢笔工具组中找到该工具，如下图所示。

### 1.3.6 预设搜索

在 Photoshop 2021 中，"画笔""色板""渐变""图案"和"形状"面板中都包含搜索功能，这样可以花更少的时间搜索特定的预设，从而将更多的时间用于创意设计。

搜索到所需预设后，该预设组为展开状态，单击其中的颜色即可进行填充操作，如下图所示。

## 1.4 Photoshop 2021 工作界面

在学习 Photoshop 之前，首先需要对软件的操作界面中的各种组成部分有一个初步的了解。下面将详细介绍这方面的知识。

双击桌面上的 Photoshop 2021 快捷图标，可以快速启动 Photoshop 2021 应用程序。初次启动 Photoshop，将直接进入主页界面，如下图所示。单击界面左侧的 新建 或 打开 按钮，可以在对话框中新建或打开图像文件；界面右侧显示了多个之前打开过的图像文件，单击所需的图像，可以直接将其打开。

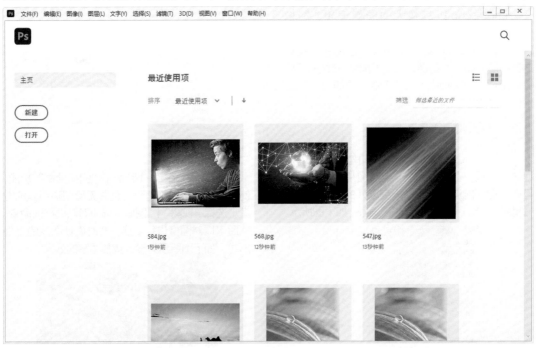

打开一个图像文件后，将进入 Photoshop 工作界面，如下图所示。工作界面主要由菜单栏、属性栏、工具箱、状态栏、图像窗口以及各式各样的面板组成。

菜单栏
属性栏
工具箱
面板
图像窗口
状态栏

## 1.4.1 菜单栏

Photoshop 2021 的菜单栏包括进行图像处理的各种命令，共有 11 个菜单项，各菜单项的作用说明如下。

- 文件：用于对文件的操作，如文件的打开、保存等。
- 编辑：包含一些编辑命令，如剪切、复制、粘贴及撤销操作等。
- 图像：主要用于对图像的操作，如处理文件和画布的尺寸，分析和修正图像的色彩，图像模式的转换等。
- 图层：执行图层的创建、删除等操作。
- 文字：用于打开字符和段落面板，以及用于文字的相关设置等。
- 选择：主要用于选取图像区域，且对其进行编辑。
- 滤镜：包含众多的滤镜命令，可以对图像或图像的某个部分进行模糊、渲染及扭曲等特殊效果的制作。
- 3D：用于创建 3D 图层，以及对图像进行 3D 处理等操作。
- 视图：主要用于对 Photoshop 2021 的编辑屏幕进行设置，如改变文档视图的大小，缩小或放大图像的显示比例，显示或隐藏标尺和网格等。
- 窗口：用于对 Photoshop 2021 工作界面的各个面板进行显示和隐藏。
- 帮助：可以快速访问 Photoshop 2021 的帮助手册，其中包括 Photoshop 2021 的所有功能、工具及命令等信息，还可以访问 Adobe 公司的站点、注册软件和插件信息等。

选择一个菜单项，系统会展开对应的菜单命令及子菜单命令，如下图所示是"图像"菜单中包含的命令。其中，灰色的命令表示未被激活，当前不能使用；命令后面的按键组合表示在键盘中按该组合键即可执行相应的命令。

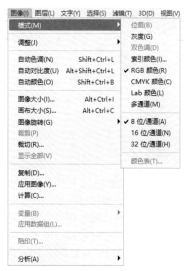

## 1.4.2 工具箱

默认状态下，Photoshop 的工具箱位于窗口左侧。工具箱是工作界面中最重要的面板，几乎可以完成图像处理过程中的所有操作。将鼠标指针移动到工具箱顶部，按住鼠标左键，可以将工具箱拖动到图像工作界面的任意位置。

工具箱中的部分工具按钮右下角带有黑色小三角形标记 ◢，表示这是一个工具组，其中隐藏了多个子工具，按住该工具按钮即可显示工具组，如下图所示。

将鼠标指针指向工具箱中的工具按钮，将会出现该工具的绘制图示，以及名称和注释，注释括号中的字母是对应此工具的快捷键，如下图所示。

### 1.4.3 属性栏

属性栏位于菜单栏的下方，在 Photoshop 中选择工具后，将在属性栏中显示对应的工具属性。选择不同的工具，属性栏也会随着当前工具的改变而变化，可以在其中设定该工具的各种属性。在工具箱中分别选择"修复画笔工具" 和"钢笔工具" 后，属性栏分别显示如下图所示的参数控制选项。

### 1.4.4 面板

通过面板可以进行选择颜色、编辑图层、新建通道、编辑路径和撤销编辑等操作。面板是 Photoshop 中非常重要的组成部分。

执行"窗口"|"工作区"命令，选择需要打开的面板。打开的面板默认为展开状态，都依附在工作界面右边。单击面板右上方的三角形按钮 ，可以将面板收缩为精美的图标，使用时直接在其中单击面板名称即可弹出面板，如下图所示。

### 1.4.5 图像窗口

图像窗口是对图像进行浏览和编辑操作的主要场所，具有显示图像文件、编辑或处理图像的功能。在图像窗口的上方是标题栏，标题栏中可以显示当前文件的名称、格式、显示比例、色彩模式、所属通道和图层状态，如下图所示。如果该文件未被存储过，则以"未命名"并加上连续的数字作为文件的名称。

### 1.4.6 状态栏

图像窗口底部的状态栏会显示图像的相关信息。最左端显示当前图像窗口的显示比例，在其中输入数值后按下 Enter 键即可改变图像的显示比例；中间显示当前图像文件的大小，如下图所示。

## 1.5 查看图像

查看图像有多种方式，如通过放大或缩小图像、移动图像进行查看等。下面分别介绍几种常用的查看图像的方式。

### 1.5.1 调整屏幕模式

在 Photoshop 中，可以调整屏幕模式。单击工具箱底部的"屏幕模式"按钮 ，可以得到三种屏幕显示模式。

（1）标准屏幕模式：默认屏幕模式，可以显示菜单栏、标题栏、滚动条等常规屏幕元素，如下图所示。

（2）带有菜单栏的全屏模式：将工作界面放大到全屏，并能显示菜单栏、工具箱、面板和 50% 灰色背景，如下图所示。

（3）全屏模式：仅显示黑色背景和打开的图像，如下图所示。

### 1.5.2　多窗口查看图像

在 Photoshop 中同时打开了多个图像窗口时，可以通过排列窗口的形式控制图像窗口的排列方式。具体的操作步骤如下。

**步骤 01** 打开多个图像文件，执行"窗口"|"排列"命令，可以查看图像的所有排列方式，如下图所示。

**步骤 02** 在第一组菜单命令中，可以选择将窗口按照几种固定的形式排列，如选择"全部水平拼贴"和"三联堆积"选项，排列效果分别如下图所示。

全部水平拼贴

三联堆积

**步骤 03** 在第二组菜单命令中，可以选择图像的排列状态，如选择"使所有内容在窗口中浮动"选项，可以得到如下图所示的排列效果。

☆ **新手注意** ·◦·

在选择"排列"命令时，可以多尝试几种排列方式，直至得到自己所需的排列效果。

### 1.5.3　用导航器查看图像

执行"窗口"|"导航器"命令，打开"导航器"面板，在其预览区域显示当前图像的预览效果，如下图所示。

在水平方向上拖动"导航器"面板下方的滑块，即可实现图像的缩小与放大显示。如下图所示为放大图像效果，即只显示导航器预览图中红色方框以内的图像。

### 1.5.4　用缩放工具调整窗口比例

在 Photoshop 中缩放图像时，使用缩放工具能够让操作更加便捷。具体的操作步骤如下。

**步骤 01** 打开一幅图像，选择工具箱中的"缩放工具" 🔍，并将鼠标指针移动到图像窗口中，此时鼠标指针会呈放大镜显示状态，放大镜内部出现加号，如下图所示。

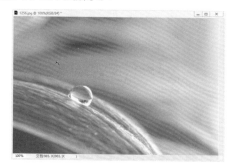

**步骤 02** 在图像窗口中单击，图像会根据当前图像的显示进行放大。如果当前显示为100%，则每单击一次放大一倍，且单击处的图像放大后会显示在图像窗口的中心，如下图所示。

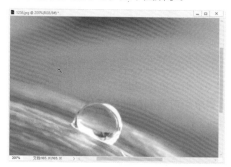

**步骤 03** 使用缩放工具后，按住 Alt 键，此时放大镜内部会出现减号，单击可以将图像缩小显示。

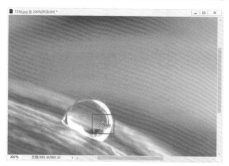

**步骤 04** 按住鼠标左键拖动绘制出一个区域，如下图所示。

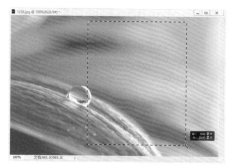

**步骤 05** 释放鼠标左键后可将区域内的图像窗口显示出来，如下图所示。

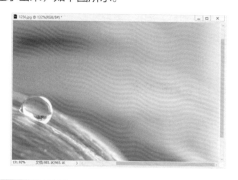

**☆ 高手点拨 ·**

在 Photoshop 中缩放图像还可以使用快捷键进行操作。按快捷键 Ctrl++ 将放大窗口的显示比例；按快捷键 Ctrl+− 将缩小窗口的显示比例；按快捷键 Ctrl+O 将自动调整图像的显示比例，并且可以显示完整的图像画面。

**1.5.5 通过抓手工具查看图像**

在实际应用中，抓手工具和缩放工具的使用频率都很高。选择"抓手工具" 🖐️，将显示对应的属性栏，如下图所示。

"抓手工具"属性栏中各选项的作用说明如下。

● 滚动所有窗口：选中该复选框，将允许滚动所有图像窗口。

● 100%：单击该按钮，当前选择的图像窗口将以1:1的方式显示。

● 适合屏幕：单击该按钮，可以在窗口中最大化显示完整图像。

● 填充屏幕：单击该按钮，可以在整个屏幕范围内最大化显示完整的图像。

在放大的图像窗口中按住鼠标左键拖动，可以移动图像的显示区域，如下图所示，将图像向左上方和右下方移动，可以查看不同位置的图像。

## 1.6 设置工作区

Photoshop 提供了多种预设工作区，以便用户选用。除此之外，还可以根据需要进行自定义设置，创建出适合个人需要的工作区布局。

### 1.6.1 使用预设区

执行"窗口"|"工作区"命令，在打开的菜单中可以选择预设的工作区，如 3D 工作区、动感工作区、摄影工作区等，如下图所示。

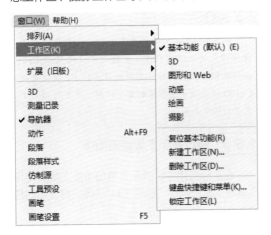

### 1.6.2 创建自定义工作区

自定义工作区可以帮助用户将常用的面板保留下来，关闭不需要的面板，在操作过程中让界面显得更加简洁，更利于图像的编辑。具体的操作步骤如下。

步骤 01 在工作区域中关闭不需要的面板，保留必要的面板，如下图所示。

步骤 02 执行"窗口"|"工作区"|"新建工作区"命令，如下图所示。

步骤 03 ❶ 在弹出的对话框中为工作区设置名称，❷ 单击"存储"按钮，存储工作区，如下图所示。

步骤 04 再次执行"窗口"|"工作区"命令，在其子菜单中可看到存储的工作区显示在最前面，为当前工作区，如下图所示。

**高手点拨**

如果要删除工作区，执行"窗口"|"工作区"|"删除工作区"命令即可。

## 1.7 Photoshop 辅助功能

Photoshop 提供了很多辅助用户处理图像的功能。利用辅助功能可以精确地绘制图像，以体现图像的严谨性。

### 1.7.1 使用标尺

默认情况下，标尺的圆点位于窗口左上方，使用标尺可以随时查看图像的大小。

**步骤 01** 执行"视图"|"标尺"命令，或者按 Ctrl+R 组合键，可以在图像窗口中显示标尺，如下图所示。再次按 Ctrl+R 组合键可以隐藏标尺。

**步骤 02** 在标尺上右击，在弹出的快捷菜单中可以选择各种单位选项，以更改标尺的单位，如下图所示。

**步骤 03** ❶ 将光标放置在窗口左上角的标尺原点上，❷ 按住鼠标左键拖动原点，画面中将会显示十字线，如下图所示。

**步骤 04** 释放鼠标左键后，释放处便成为原点的新位置，原点数字也会发生变化，如下图所示。

**新手注意**

执行"编辑"|"首选项"|"单位与标尺"命令，打开"首选项"对话框，在其中可以设置更为精确的标尺信息。

**1.7.2 使用参考线**

参考线能为设计者在构图时提供更为精确的定位，它只用于提供参考位置，是浮动在图像上的线条，不会被打印出来。具体的操作步骤如下。

**步骤 01** 执行"视图"|"新建参考线"命令，打开"新建参考线"对话框，在其中可以精确设置参考线的取向和位置。❶ 设置取向为"垂直"，❷ 位置为"3.5 厘米"，如下图所示。

**步骤 02** 设置参数后，单击"确定"按钮即可在画面中得到参考线，如下图左所示。

**步骤 03** 在标尺中按住鼠标左键向画面内拖动，可以将参考线拖动到所需位置，如下图右所示。

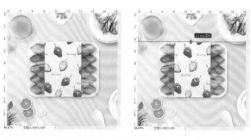

**步骤 04** 如果要移动已经添加的参考线，可以选择"移动工具" ![移动工具图标]，将光标放到参考线上，按住鼠标左键拖动参考线，即可将其移动到所需位置，如下图所示。

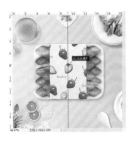 

**☼ 高手点拨·○**

在 Photoshop 中，按 Ctrl+H 组合键可以隐藏参考线；如果需要删除参考线，执行"视图"｜"清除参考线"命令即可。

### 1.7.3 使用网格

网格主要用来帮助用户对齐排列图像，与参考线一样，也属于辅助线条，不会被打印出来。执行"视图"｜"网格"命令，即可在画布中显示网格，如下图所示。

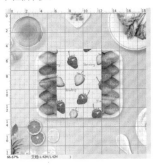

### 1.7.4 启用对齐功能

对齐功能主要是配合网格、参考线、图层和文档边界使用的。当图像中显示网格后，执行"视图"｜"对齐到"命令，在弹出的子菜单中可以选择需要对齐的命令。启用对齐功能后，在创建选区或移动图像时，对象将自动与参考线、网格或图层对齐。

### 1.7.5 添加注释

使用"注释工具" ▣可以在图像中添加文

字注释、内容等，可以用这种功能来协同制作图像、备忘录等。打开一幅图像，选择工具箱中的"注释工具" ▣，在图像上单击，此时会出现"记事本"图标 ✐，系统也会自动弹出"注释"面板，在其中可以输入注释内容，如下图所示。

**☼ 高手点拨·○**

如果要删除注释，单击"注释"面板右下方的"删除注释"按钮 ▥ 即可。

### 1.7.6 显示与隐藏额外内容

执行"视图"｜"显示额外内容"命令（使该选项处于勾选状态），然后执行"视图"｜"显示"命令，在其子菜单中可以选择显示图层边缘、选区边缘、目标路径、网格、参考线、智能参考线、切片等命令，如下图所示。

"显示"命令中各选项的作用说明如下。

● 图层边缘：显示图层内容的边缘。在编辑图像时，通常不会启用该功能。

● 选区边缘：显示或隐藏选区的边框。

● 目标路径：显示或隐藏路径。

● 网格：显示或隐藏网格。

- 参考线：显示或隐藏参考线。
- 智能参考线：显示或隐藏智能参考线。
- 切片：显示或隐藏切片的定界框。
- 注释：显示或隐藏添加的注释。
- 编辑图钉：在用图钉操控图像时，显示用于编辑的图钉。
- 全部：显示以上所有选项。
- 无：隐藏以上所有选项。
- 显示额外选项：选择该命令后，可以在打开的"显示额外选项"对话框中设置同时显示或隐藏以上多个项目。

## 1.8 图像相关知识

Photoshop 是当今处理图像最为强大的软件，深受用户的好评，也是目前优秀的平面图形图像处理软件之一。在学习软件操作技能之前，首先应该对图像的基本概念有一定的认识和了解。

### 1.8.1 像素与分辨率

像素是 Photoshop 中所编辑图像的基本单位。一个图像通常由许多像素组成，这些像素被排列成横行和竖列，用缩放工具将图像放到足够大时，就可以看到类似马赛克的效果，每个小方块就是一个像素。其中每个像素都有不同的颜色值，文件包含的像素越多，包含的信息也就越多，所以文件越大，图像品质也就越好。

图像分辨率是指单位面积内图像所包含像素的数目，通常用像素 / 英寸①和像素 / 厘米表示。分辨率的高低直接影响图像的效果，使用太低的分辨率会导致图像粗糙，在打印输出时图片会变得非常模糊；而使用较高的分辨率则会增加文件的大小，并降低图像的打印输出速度。下面两幅图分别为分辨率为 300 像素 / 英寸和 30 像素 / 英寸的对比效果，可以看到分辨率越高的图像的效果越细腻。

| 分辨率为 300 像素 / 英寸 | 分辨率为 30 像素 / 英寸 |

---

① 1 英寸 =254 厘米

### 1.8.2 位图与矢量图

位图也称为点阵图像，是由许多点组成的。其中每个点为一个像素，每个像素都有自己的颜色、强度和位置。将位图尽量放大后，可以发现图像是由大量的正方形小块构成的，不同的小块上显示不同的颜色和亮度。位图文件所占的空间较大，对系统硬件要求较高，且与分辨率有关。

矢量图是以数学的矢量方式来记录图像内容的，其中的图形组成元素被称为对象。这些对象都是独立的，具有不同的颜色和形状等属性，可以自由、无限制地重新组合。无论将矢量图放大到多少倍，图像都具有同样平滑的边缘和清晰的视觉效果。下面两幅图分别为 100% 原图显示和放大 2 倍的矢量图的显示效果，可以看到图像清晰度并无差别。

100% 显示效果　　放大 2 倍显示效果

### 1.8.3 图像的颜色模式

颜色模式有 RGB 模式、CMYK 模式、Lab 模式、灰度模式、索引模式、位图模式、双色调模式和多通道模式等。

颜色模式除了确定图像中能显示的颜色数之外，还影响图像通道数和文件大小。每个图像具有一个或多个通道，每个通道都存放着图像中颜色元素的信息。图像中默认的颜色通道数取决于其颜色模式。下面将介绍最为常见的三种颜色模式。

（1）RGB 模式：最常见的一种颜色模式，分别代表红、绿和蓝三种颜色，按不同比例混合而成，也称真彩色模式。在"颜色"和"通道"面板中显示的颜色和通道信息如下图所示。

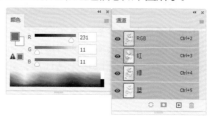

（2）CMYK 模式：印刷时使用的一种颜色模式，由青、洋红、黄和黑四种颜色组成。在"颜色"和"通道"面板中显示的颜色和通道信息如下图所示。

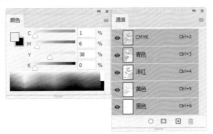

（3）Lab 模式：RGB 模式的三基色转换而来。其中 L 表示图像的明度，取值范围为 0 ~ 100；a 表示由绿色到红色的光谱变化，取值范围为 -120 ~ 120；b 表示由蓝色到黄色的光谱变化，取值范围和 a 分量相同。在"颜色"和"通道"面板中显示的颜色和通道信息如下图所示。

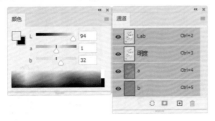

## 新 手 问 答

✎ Q1：在 Photoshop 中编辑处理图像时，为什么计算机的运行速度会变慢？

图像中包含的像素越多，图像的色彩就越丰富，图像文件也就越大，在处理过程中花费的时间就更长。针对该问题，可以通过清理内存来为 Photoshop 提速。

执行"编辑"｜"清理"命令，打开子菜单，如下图所示，在其中可以选择清理 Photoshop 制图过程中产生的还原操作、历史记录、剪贴板以及视频高速缓存，这样可以缓解因为编辑图形的操作过多而导致的运行速度变慢的问题。

执行"清理"命令后，系统会弹出一个警告对话框，提醒用户该操作会将缓冲区所存储的记录从内存中永久清除且无法还原，如下图所示。

✎ Q2：矢量图有什么特点，可以应用在哪些方面？

矢量图无论放大多少倍，图像都不会出现模糊失真的效果。由于它的独特性，其在设计中应用得较为广泛，如室外路牌广告、大型喷绘广告等，需要保证在放大数倍后画面依然清晰，所以使用矢量图非常合适。除此之外，还有一些标志设计、卡通动画形象，都适合制作成矢量图，在后期应用过程中可以随意放大、缩小，以便用户使用。

## 思考与练习

### 一、填空题

1. 执行"视图"｜"标尺"命令，或者按快捷键_____，可以在图像窗口中显示标尺。

2. 双击桌面上的_____，可以快速启动 Photoshop 2021 应用程序。

3. 状态栏最左端显示当前图像窗口的_____，在其中输入数值后按下_____键可以改变图像的显示比例。

### 二、选择题

1. 在 Photoshop 中缩放图像可以使用快捷键进行操作，如果要放大窗口的显示比例，可以按（　　）组合键。

    A. Shift+2　　　　　B. Ctrl++

    C. Ctrl+C　　　　　D. Ctrl+−

2. 在 Photoshop 中，分别有以下哪几种屏幕调整模式？（　　）

    A. 标准屏幕模式

    B. 带有菜单栏的全屏模式

    C. 黑屏模式

    D. 全屏模式

3.（　　）是指单位面积内图像所包含像素的数目，通常用像素 / 英寸和像素 / 厘米表示。

    A. 位图　　　　　　B. 像素

    C. 图像分辨率　　　D. 矢量图

### 三、上机题

1. 打开一幅素材图像，如下图所示，对其进行放大操作，并使用"抓手工具"查看图像。（素材位置："素材文件 \ 第 1 章 \ 火车 .jpg"）

操作提示：

（1）执行"文件"|"打开"命令，打开"火车.jpg"图像。

（2）选择"缩放工具"，在属性栏中单击"放大"按钮 ⊕。

（3）在图像中需要放大的位置单击，放大图像。

（4）选择"抓手工具"，在图像中按住鼠标左键拖动，即可查看图像。

2. 在 Photoshop 中重新组合面板，自定义一个适合自己的工作界面。

操作提示：

（1）执行"窗口"|"工作区"|"基本功能（默认）"命令，得到默认的工作区。

（2）分别选择"图案"和"通道"面板，将其关闭。

（3）打开"段落"和"字符"面板，将其依附到界面右侧。

（4）执行"窗口"|"工作区"|"新建工作区"命令，保存工作区。

## 本 章 小 结

本章主要介绍 Photoshop 最基本的理论知识，包括 Photoshop 的应用领域、工作界面的组成、图像的多种查看方式，以及工作区的设置和辅助功能。熟悉并掌握本章的内容后，能够帮助用户学习后面将要介绍的软件操作。

# 第 **2** 章

# 图像的基本操作

Photoshop

## 本章导读

本章主要介绍图像的基本操作，主要包括图像文件的基本操作，图像和画布大小的调整，复制与粘贴图像，裁剪与删除图像，以及图像的各种变换操作等。

在学习本章时牢记多个命令和快捷键的使用，能让工作更加便捷。

## 学完本章后应该掌握的技能

- Photoshop 文件的基本操作
- 设置图像和画布大小
- 复制与粘贴图像
- 裁剪与删除图像
- 图像的变换与变形操作
- 内容识别操作

## 2.1 Photoshop 文件的基本操作

Photoshop 中的图像编辑和操作都需要通过图像文件来实现。在学习图像处理前应掌握图像文件的基本操作。

### 2.1.1 新建图像文件

在 Photoshop 中不仅可以编辑一个现有的图像文件,还可以创建一个新的空白图像文件。具体的操作步骤如下。

**步骤 01** 执行"文件"|"新建"命令或按 Ctrl+N 组合键,打开"新建文档"对话框。

**步骤 02** 在对话框上方可以选择新建文件的规格,如选择 Web 选项中的"网页 - 大尺寸"选项,即可直接得到图像的尺寸和分辨率设置,如下图所示。

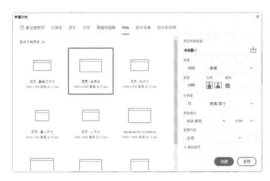

**步骤 03** ❶ 在"预设详细信息"选项组下方可以输入文件名称,❷ 自定义文件的宽度、高度、分辨率等信息,如下图所示。

**步骤 04** 单击"创建"按钮,得到新建的图像,如下图所示。

"新建文档"对话框中各选项的作用说明如下。

- 空白文档预设:用于设置新建文件的规格,当用户选择照片、打印、图稿和插图、移动设备、Web、移动设备、胶片和视频这几种选项时,可以在对话框中选择几种相应的图像规格。
- 宽度 / 高度:输入数值,可以设置新建文件的宽度和高度。
- 分辨率:可以输入图像的分辨率,在右侧列表框中可以选择分辨率单位,包括"像素 / 英寸"和"像素 / 厘米"。
- 颜色模式:可以设置新建图像的颜色模式,分别有位图、灰度、RGB 颜色、CMYK 颜色、Lab 颜色 5 种模式可供选择。
- 背景内容:可以设置新建图像的背景颜色,系统默认为白色,也可以设置为背景色和透明色。
- 高级选项:在"高级选项"区域中,可以对"颜色配置文件"和"像素长宽比"两个选项进行更专业的设置。

### 2.1.2 打开图像文件

如果要编辑已经存在的图像文件,可以在 Photoshop 中将其打开。具体的操作步骤如下。

**步骤 01** 执行"文件"|"打开"命令,或按 Ctrl+O 组合键,打开"打开"对话框,❶ 在对话框上方的下拉列表中找到要打开的文件所在位置,❷ 选择要打开的图像文件,如下图所示。

☀ 新手注意 •∘

　　在"打开"对话框右下方有一个文件格式下拉列表，默认选项为"所有格式"，此时对话框中将会显示所有文件。当文件数量较多时，可以选择一种文件格式，则对话框中只显示该类型的文件，这样做便于用户查找。

步骤 02 单击"打开"按钮，即可打开选择的图像文件，如下图所示。

☀ 高手点拨 •∘

　　在 Photoshop 窗口中的灰色区域双击，也可以弹出"打开"对话框。

2.1.3 保存图像文件

　　当用户对新建或打开的图像文件进行编辑后，需要及时保存到计算机中，以免因一些误操作导致工作失效。具体的操作步骤如下。

步骤 01 执行"文件" | "存储"命令，打开"另存为"对话框，❶ 单击对话框上方的下拉按钮，❷ 在打开的下拉列表中选择一个存储路径，如下图所示。

步骤 02 ❶ 在"文件名"文本框中输入文件

名称，❷ 单击"保存类型"右侧的下拉按钮，❸ 在其下拉列表中选择文件格式，如下图所示。

步骤 03 单击"保存"按钮，即可保存绘制完成的文件，之后按照保存的文件名称及路径就可以打开此图像文件了。

2.1.4 导入与导出图像

　　在 Photoshop 中除了处理图像文件外，还可以编辑视频帧、注释和 WIA 支持等不同格式的文件，并且可以将编辑好的图像导出到视频设备中进行操作，以便满足用户的不同使用需求。

　　执行"文件" | "导入"命令，在子菜单中可以查看导入的文件内容，如下图所示。在"导入"命令中最常用的就是图像的扫描和导入照片功能。首先确定计算机已经连接扫描仪或相机，然后执行"文件" | "导入"命令，在弹出的子菜单中选择"WIA 支持"选项，即可对图像进行扫描或将照片导入 Photoshop 中。

　　"导出"命令能够将路径保存并导入矢量软件中，如 CorelDRAW、Illustrator，如下图所示。除此之外，还可以将视频导出到相应的软件中进行编辑。

### 2.1.5 关闭图像文件

对于不需要的图像文件，可以将其关闭，这样能够提高计算机的运行速度。关闭图像文件的方法有如下几种。

- 执行"文件"｜"关闭"命令。
- 单击图像窗口标题栏最右端的"关闭"按钮×。
- 按 Ctrl+W 组合键。
- 按 Ctrl+F4 组合键。

### 2.1.6 实例——制作情人节卡片

本实例将制作一张情人节卡片，主要练习打开、保存和关闭图像文件的操作，最终效果如下图所示。

扫一扫，看视频

本实例具体的操作步骤如下。

**步骤 01** 执行"文件"｜"打开"命令,打开"打开"对话框, ❶ 在对话框上方选择文件路径"素材文件 \ 第2章", ❷ 单击需要打开的文件"红色背景 .jpg", ❸ 单击"打开"按钮,即可打开图像文件,如下图所示。

**步骤 02** 在软件界面的灰色工作区中双击,打开"素材文件 \ 第2章 \ 情人节文字 .psd"文件,使用"移动工具"将其拖动到画面中间,如下图所示。

**步骤 03** 执行"文件"｜"存储"命令,打开"另存为"对话框, ❶ 在该对话框上方选择文件路径, ❷ 在"文件名"文本框中输入文件名称,❸ 在"保存类型"选项中选择文件格式,❹ 单击"确定"按钮,即可保存文件,如下图所示。

**步骤 04** 保存文件后,单击图像窗口右上方的"关闭"按钮×,关闭图像,如下图所示。

在保存图像文件后，会弹出一个提示对话框，如下图所示，提醒用户是否保存为与其他版本的 Photoshop 或软件程序兼容的效果。默认选择"最大兼容"选项，单击"确定"按钮。

## 2.2 设置图像和画布大小

为了更好地在 Photoshop 中对图像进行绘制和处理，还需要掌握图像和画布大小的调整操作，以及旋转画布操作。

### 2.2.1 修改图像大小

图像大小的调整包括修改图像的像素、高度、宽度和分辨率，这些内容的调整都可以影响图像的大小。具体的操作步骤如下。

**步骤 01** 执行"文件"|"打开"命令，打开一个图像文件。单击图像窗口底端的状态栏，即可显示当前图像文件的宽度、高度、分辨率等信息，如下图所示。

**步骤 02** 执行"图像"|"图像大小"命令，或按 Ctrl+Alt+I 组合键，打开"图像大小"对话框，如下图所示。

**步骤 03** 在对话框左侧将显示预览图像，❶在"调整为"下拉列表中直接选择图像的大小，❷在"宽

度"和"高度"及"分辨率"选项中可以设置图像尺寸和单位，❸调整后的图像大小将显示在对话框最上方，如下图所示。

**步骤 04** 单击 ⑧ 按钮，将取消限制长宽比，然后改变文档大小的宽度和高度，图像将不按比例进行调整，如下图所示。

默认情况下，图像按比例进行缩放，⑧ 按钮为按下状态。

**步骤 05** 完成后单击"确定"按钮，得到的图像效果如下图所示。

### 2.2.2 修改画布大小

在 Photoshop 中，画布是指整个图像文档的工作区域，如下图所示。

修改画布大小具体的操作步骤如下。

步骤 01 执行"图像"|"画布大小"命令,打开"画布大小"对话框,❶ 在"宽度"和"高度"数值框中可以调整画布尺寸和单位,❷ 选择定位选项,这里设置为中间,如下图所示。

步骤 02 单击"画布扩展颜色"下拉列表右侧的色块,在打开的"拾色器(画布扩展颜色)"对话框中可以设置扩展画布后的颜色,如下图所示。

步骤 03 逐一单击"确定"按钮,即可得到修改画布后的效果,如下图所示。

☼ 高手点拨 ◦

当用户设置的画布参数小于原有参数时,将弹出一个提示对话框,如下图所示。单击"继续"按钮,将得到裁剪后的图像。

2.2.3 实例——调整照片尺寸

本实例将调整照片的尺寸,主要练习修改图像的尺寸,最终效果如下图所示。

扫一扫,看视频

本实例具体的操作步骤如下。

步骤 01 执行"文件"|"打开"命令,打开"素材文件\第2章\花朵.jpg",在图像窗口的标题栏中右击,在弹出的快捷菜单中选择"图像大小"命令,如下图所示。

步骤 02 打开"图像大小"对话框,设置"宽度"为20厘米,高度也将随之发生变化,分辨率不变,如下图所示,单击"确定"按钮。

步骤 03 右击图像窗口的标题栏，在弹出的快捷菜单中选择"画布大小"命令，打开"画布大小"对话框，❶ 设置"宽度"为 23 厘米，❷ 设置定位为左侧，如下图所示。

步骤 04 ❶ 单击"画布扩展颜色"下拉列表，❷ 选择"白色"选项，如下图所示。

步骤 05 单击"确定"按钮，得到画布的扩展效果，如下图所示。

步骤 06 打开"素材文件 \ 第 2 章 \ 文字 .psd"文件，使用"移动工具"将其拖动到"花朵"图像中，放到画面右侧，如下图所示，完成本实例的制作。

## 2.2.4 旋转画布

除了调整图像和画布大小外，还可以对图像进行旋转。执行"图像"|"图像旋转"命令，在其子菜单中可以选择旋转选项，如下图所示，选择相应的选项，可以旋转或翻转整个图像。

下图所示为将图像水平翻转画布后的效果。

## 2.2.5 显示画布以外的图像

当将一个较大的图像拖入一个较小的图像文档中时，图像中的一些内容就会被置于画布之外，如果需要将其显示出来，可以执行"图像"|"显示全部"命令，系统将自动扩大画布，显示全部图像，如下图所示。

## 2.3 复制与粘贴图像

通过复制和粘贴图像，可以得到相同的图像，让用户在工作中更加方便。下面将详细介绍复制图像文件、复制图像、粘贴图像等操作。

## 2.3.1 复制图像文件

在 Photoshop 中，通过复制图像文件可以快捷地制作出相同的图像，并且将图像中的图层、图层蒙版和通道等都复制过来。具体的操作步骤如下。

**步骤 01** 选择需要复制的图像，右击图像标题栏，在弹出的快捷菜单中选择"复制"命令，如下图所示。

**步骤 02** 这时将打开"复制图像"对话框，默认复制的文档名称为"XX 拷贝"，如下图所示。

**步骤 03** 单击"确定"按钮，即可得到复制的图像文件副本，如下图所示。

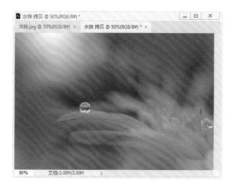

## 2.3.2 复制、剪切与粘贴图像

通过复制和粘贴图像，能够复制特定选区的图像，如对选区内的图像进行复制。具体的操作步骤如下。

**步骤 01** 打开一幅图像，选择"矩形选框工具"，在图像中绘制一个矩形选区，如下图所示。

**步骤 02** 执行"编辑"|"复制"命令，或按 Ctrl+C 组合键，即可复制选区内的图像，然后按 Ctrl+V 组合键即可粘贴一次图像，并且自动得到一个新的图层，使用"移动工具"将其移动到右侧，如下图所示。

**步骤 03** 选择"背景"图层，使用"矩形选框工具"框选绿色蛋糕图像，然后选择"移动工具"在选区内按住鼠标左键拖动，可以直接移动图像，如下图所示。

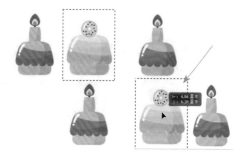

**高手点拨**

在 Photoshop 中还可以执行"编辑"|"剪切"命令，然后选择另一个图像文件，将其粘贴到图像中。

## 2.3.3 选择性粘贴图像

当用户在 Photoshop 中复制或剪切图像后，除了普通的粘贴图像外，还可以通过执行"编辑"|"选择性粘贴"菜单中的命令进行粘贴。粘贴方式有以下三种。

● 原位粘贴：将图像按照原位置粘贴到图像中。
● 贴入：在图像中创建选区后，选择"贴入"命令，可以将图像粘贴到选区内并自动生成一个图层蒙版，同时隐藏选区以外的图像，如下图所示。

● **外部粘贴**：在图像中创建选区后，选择"外部粘贴"命令，可以粘贴图像并自动创建蒙版，同时隐藏选区内的图像，如下图所示。

### 2.3.4 实例——制作双彩虹图像

本实例将制作双彩虹图像，主要练习复制、剪切与粘贴图像的操作，最终效果如下图所示。

扫一扫，看视频

本实例具体的操作步骤如下。

**步骤 01** 执行"文件"|"打开"命令，打开"素材文件\第2章\风景.jpg"文件，如下图所示。

**步骤 02** 打开"素材文件\第2章\彩虹.psd"文件，如下图所示，可以看到彩虹图像位于"图层1"。

**步骤 03** 执行"编辑"|"拷贝"命令，或按 Ctrl+C 组合键，复制图像，如下图所示。

**步骤 04** 切换到"风景.jpg"图像中，按 Ctrl+V 组合键将彩虹粘贴到图像中，并使用"移动工具" ⊕ 将其放到画面右上方，如下图所示。

**步骤 05** 选择"彩虹.psd"图像文件，按住 Ctrl 键单击"图层1"，载入图像选区，如下图所示。

**步骤 06** 执行"编辑"|"剪切"命令，剪切图像，然后切换到"风景.jpg"图像中，按 Ctrl+V 组合键粘贴图像，然后按 Ctrl+T 组合键适当缩小图像，得到双彩虹图像的效果如下图所示。

### 2.3.5 清除图像

清除图像只能针对选区中存在的图像。在图像中创建选区后，执行"编辑"|"清除"命令，即可清除选区中的图像，如下图所示。

如果清除的图像为"背景"图层，则清除的图像区域会自动填充为背景颜色，如下图所示。

## 2.4 裁剪并删除图像

对于一些数码照片来说，经常需要裁剪掉多余的内容，使画面更加完美。Photoshop 中的裁剪功能能够帮助用户裁剪多余的图像并删除。

### 2.4.1 裁剪图像

裁剪是指隐藏或删除部分图像，以突出或加强构图效果的过程。具体的操作步骤如下。

**步骤 01** 打开一幅需要调整的图像，选择工具箱中的"裁剪工具" 口，在图像中按住鼠标左键拖动，绘制出一个矩形裁剪区域，如下图所示。

**步骤 02** 此时未被框选的区域将呈现灰色透明状态，如下图所示。

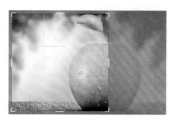

**步骤 03** 将鼠标移动到裁剪框的右侧中间，当其变为双向箭头时，左右拖动可以改变裁剪框的宽度，如下图所示。

**步骤 04** 将鼠标移动到裁剪框右上方，当其变为旋转箭头时拖动鼠标，即可旋转裁剪框，如下图所示。

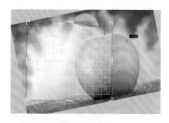

**步骤 05** 确定裁剪的角度和大小后，单击工具属性栏中的"提交"按钮 ✓ 或按 Enter 键，即可得到裁剪后的效果，如下图所示。

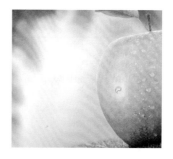

### 2.4.2 透视裁剪图像

"透视裁剪工具" 口 可以在图像中绘制正确的透视裁剪区域，然后通过系统自动校正图像。具体的操作步骤如下。

**步骤 01** 打开一幅需要调整的图像，选择"透视裁剪工具" 口，在图像中绘制出裁剪区域，如下图所示。

**步骤** 02 分别选择裁剪框的 4 个定界点，然后做细致的调整，得到所需的图像角度，如下图所示。

**步骤** 03 调整完成后，按 Enter 键确认裁剪操作，此时 Photoshop 会自动校正透视效果，效果如下图所示。

## 2.5 恢复图像操作

在编辑图像时，常常会由于操作错误而导致对效果不满意，这时可以撤销或返回所做的步骤，然后重新编辑图像。

### 2.5.1 还原与重做

在编辑图像的过程中偶尔会执行一些错误的操作，使用还原与重做图像操作即可轻松返回到之前的状态。

"还原"和"重做"两个命令是相互关联在一起的。执行"编辑"|"还原"命令或按 Ctrl+Z 组合键，可以撤销最近的一次操作，将其还原到上一步操作状态中；如果想要取消还原操作，可以执行"编辑"|"重做"命令或按 Shift+Ctrl+Z 组合键。

### 2.5.2 切换最终状态

使用"还原"操作只能一步步地还原图像。如果需要快速恢复到初始的图像效果，执行"编辑"|"切换最终状态"命令或按 Alt+Ctrl+Z 组合键即可一步到位，恢复到最初的图像效果。

### 2.5.3 在"历史记录"面板中还原操作

在 Photoshop 中所有操作都将被记录在"历史记录"面板中，因此在"历史记录"面板中可以恢复到某一步的状态，同时可以再次返回到当前的操作状态。

执行"窗口"|"历史记录"命令，打开"历史记录"面板，如下图所示。

还原操作具体的操作步骤如下。

**步骤** 01 打开"素材文件\第 2 章\骑车 .jpg"文件，执行"窗口"|"历史记录"命令，打开"历史记录"面板，如下图所示，可以看到其中已经记录了一个"打开"命令。

**步骤** 02 执行"图像"|"调整"|"曲线"命令，打开"曲线"对话框，❶ 单击"预设"下拉列表，❷ 选择"增加对比度"选项，❸ 单击"确定"按钮，增加图像的对比度，如下图所示。

**步骤** 03 执行"滤镜"|"模糊"|"径向模糊"命令，打开"径向模糊"对话框，❶ 选择"模糊方法"为"缩放"，❷ "品质"为"好"，❸ 设置"数量"为 20，如下图所示。

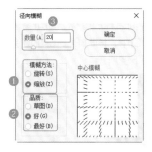

**步骤** 04 单击"确定"按钮，得到径向模糊的图像效果，如下图所示。

**步骤** 05 如果需要将步骤还原到调整曲线的状态，直接单击"历史记录"面板中的"曲线"，即可将图像恢复到该步骤时的编辑状态，如下图所示。

**步骤** 06 在图像中执行各种操作后，单击"历史记录"面板中的快照区，即可直接撤销所有操作，恢复到最初打开的状态；如果要恢复所有被撤销的操作，单击最后一步操作即可，如下图所示。

**☀高手点拨•∘**

在 Photoshop 2021 中，"历史记录"面板默认的保存步骤为 50。如果要扩大该数量，可以执行"编辑"|"首选项"|"性能"命令，在打开的对话框中修改"历史记录状态"的数值。

历史记录状态(H): 50
高速缓存级别(C): 4
高速缓存拼贴大小(Z): 1024K

ⓘ 将"高速缓存级别"设置为 2 或更高以获得最佳的 GPU 性能。

**2.5.4** **用快照还原图像**

在"历史记录"面板中保存的操作步骤始终有限。这时可以创建一个新的快照，将当前操作状态保存为一个快照，然后绘制新的步骤，这样不会覆盖之前的步骤，并且可以通过单击快照将图像恢复为快照所记录的效果。具体的操作步骤如下。

**步骤** 01 当用户在图像中做了一定的操作后，在"历史记录"面板中选择需要创建快照的状态，如下图所示。

**步骤** 02 单击"创建新快照"按钮，此时 Photoshop 会自动为新建的快照命名，如下图所示。

☀ 新手注意·。

将当前画面保存为快照后，无论以后绘制了多少步，都可以通过单击这个快照将图像恢复到快照记录的效果。在操作步骤较多时，可以通过该功能创建多个快照来保存步骤。

## 2.6 图像的变换与变形操作

除了对整个图像进行调整外，还可以对文件中单一的图像进行操作，包括移动图像、缩放图像、旋转与斜切图像、扭曲与透视图像、翻转图像等。

### 2.6.1 定界框、中心点和控制点

在执行"编辑"|"自由变换"命令或执行"编辑"|"变换"命令时，当前对象的周围会出现一个用于变换的定界框，定界框的中间有一个中心点，四周有 8 个控制点，如下图所示。默认情况下，中心点位于变换对象的中心，用于定义对象的变换中心，拖动中心点可以移动它的位置，控制点主要用来变换图像。

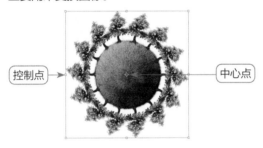

### 2.6.2 移动图像

"移动工具" ⊕ 是 Photoshop 中使用得最频繁、最重要的工具之一。移动图像有以下两种方式。

#### 1. 在同一个图像文件中移动图像

在"图层"面板中选择需要移动的图像所在图层，然后选择"移动工具" ⊕，在画布中拖动鼠标左键即可移动选中的对象，如下图所示。

#### 2. 在不同图像文件中移动图像

打开两个图像文件，选择需要移动的图像窗口，使用"移动工具" ⊕ 将选定的图像拖动到另外一个图像窗口中，如下图所示。

停留片刻后释放鼠标，即可将图像拖动到另一个图像窗口中，同时 Photoshop 会生成一个新的图层，如下图所示。

### 2.6.3 图像变换

执行"编辑"|"变换"命令，其子菜单中提供了各种变换命令，如下图所示。用这些命令可以对图层、路径、矢量图以及选区中的图像进行变换操作。另外，还可以对矢量蒙版和 Alpha 应用变换。

#### 1. 缩放图像

使用"缩放"命令可以调整图像大小，主要

是相对于变换对象的中心点对图像进行缩放。将光标放到控制点上，按住鼠标左键拖动，即可调整图像大小，如下图所示。按住 Shift 键可以中心缩放图像。

### 2. 旋转图像

使用"旋转"命令可以围绕中心点转动变换对象，操作方式与缩放图像一样，拖动方框中的任意一角，即可对图像进行旋转，如下图所示。按住 Shift 键，可以以 15°为单位旋转图像。

### 3. 斜切图像

使用"斜切"命令可以在任意方向上倾斜图像。拖动方框中的任意一角，即可对图像进行斜切操作，如下图所示。按住 Shift 键，可以在垂直或水平方向上倾斜图像。

### 4. 扭曲图像

使用"扭曲"命令可以对图像进行扭曲。拖动方框中的任意一角，即可对图像进行扭曲操作，如下图所示。按住 Shift 键，可以在垂直或水平方向上扭曲图像。

### 5. 透视图像

使用"透视"命令可以为图像添加透视效果。拖动定界框 4 个角上的控制点，可以在垂直或水平方向上对图像应用透视，如下图所示。

### 6. 变形图像

使用"变形"命令，可以对图像的局部内容进行扭曲。选择该命令，在图像四周将出现控制手柄，通过对手柄的调整即可达到变形的效果，如下图所示。

### 7. 按特定角度旋转图像

执行"编辑"｜"变换"命令，在其子菜单中可以选择三种以特定角度旋转图像的命令，分别是"旋转 180 度""顺时针旋转 90 度"和"逆时针旋转 90 度"。如执行"顺时针旋转 90 度"命令，得到的图像效果如下图所示。

### 8. 翻转图像

在图像编辑过程中，若需要使用对称的图像，则可以对图像进行水平或垂直翻转。执行"水平翻转"命令，可以将图像水平翻转，效果如下图所示。

执行"垂直翻转"命令，可以将图像垂直翻转，效果如下图所示。

### 9. 自由变换

"自由变换"命令其实是"变换"命令的加强版，它可以对图像应用旋转、缩放、斜切、扭曲、透视和变形效果，并且不必选取其他变换命令。执行"编辑"|"自由变换"命令，或按 Ctrl+T 组合键即可使用该功能，使用方法与其他变换命令一致。

### 2.6.4 操控变形

"操控变形"命令能够随意地扭曲图像区域，是一种非常灵活的变形工具。借助网格，可以随意地扭曲特定图像区域，并保持其他区域不变。"操控变形"命令通常用来修改人物的动作、发型等。具体的操作步骤如下。

步骤 01 打开"素材文件\第2章\跑步.jpg"文件，其中人物为单独的一个图层，如下图所示。

步骤 02 执行"编辑"|"操控变形"命令，图像上将布满网格，如下图所示。

步骤 03 在网格中分别单击，即可添加图钉，每个图钉都将起到固定该部分图像位置的作用。

步骤 04 按住鼠标左键拖动图钉，可以修改人物的一些动作，如下图所示。

步骤 05 按 Enter 键即可完成操作，如下图所示。

☼ 高手点拨 ·◦

除了对图像图层、形状图层和文字图层应用"操控变形"命令之外，还可以对图层蒙版和矢量蒙版应用。如果要以非破坏性的方式变形图像，则需要将图像转换为智能对象。

### 2.7 内容识别缩放

内容识别缩放是一个非常神奇的功能，它不同于普通的缩放方法，在调整图像大小时对主体图像不会有较大影响，能够帮助用户更好地调整图像。

### 2.7.1 用内容识别比例功能缩放图像

在调整图像大小时，普通的缩放方法会统一影响所有像素，而"内容识别缩放"命令可以在不更改重要可视内容（如人物、建筑、动物等）的情况下缩放图像大小。下图分别为原图、普通缩放效果、内容识别缩放效果。

原图

普通缩放

内容识别缩放

### 2.7.2 实例——用保护肤色功能缩放人像

本实例将使用保护肤色功能无损地缩放人物，主要练习"内容识别缩放"命令的灵活应用，最终效果如下图所示。

扫一扫，看视频

本实例具体的操作步骤如下。

步骤 01 打开"素材文件\第2章\小女孩.jpg"文件，按住Alt键双击"背景"图层的缩略图文件，将其转换为普通图层，如下图所示。

步骤 02 执行"编辑"|"内容识别缩放"命令，进入内容识别缩放状态。单击属性栏中的"保护肤色"按钮，然后分别拖动左右两侧的控制点，人物将按正常比较进行缩放，如下图所示。按Enter键即可确认变换。

步骤 03 打开"素材文件\第2章\刷子.psd"文件，在"图层"面板中可以看到两个图层，如下图所示。

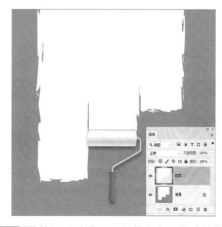

步骤 04 使用"移动工具"将人物图像直接拖动到"刷子"图像文件中，将其缩放至白色图像大小，如下图所示。

步骤 05 执行"图层"|"创建剪贴图层"命令，隐藏白色图像以外的人物图像，得到剪贴图像效果，如下图所示。

**步骤 06** 打开"素材文件\第2章\彩色文字.psd"文件，使用"移动工具"将文字拖动到当前编辑的图像中，放到画面右下方，如下图所示，完成本实例的制作。

## 综合演练：制作童装网店海报

扫一扫，看视频

在实际工作中，常常会在广告设计时运用多幅素材图像，然后再对其进行各种编辑。本实例通过制作一个童装网店海报，练习和巩固本章所学的知识。首先绘制图像，然后添加素材图像，调整图层顺序，最后输入广告装饰文字，并做好文字排版。

本实例具体的操作步骤如下。

**步骤 01** 执行"文件"|"新建"命令，打开"新建文件"对话框，在对话框右侧设置文件名称为"童装网店海报"，"宽度"和"高度"分别为1920像素和900像素，如下图所示。

**步骤 02** 设置前景色为淡黄色（R249,G235,B181），按Alt+Delete组合键填充背景，如下图所示。

**步骤 03** 选择"钢笔工具"，❶ 在属性栏中选择工具模式为"形状"，❷ 设置"填充"和"描边"为白色，❸ 大小为32像素，在图像中绘制一个不规则图形，如下图所示。

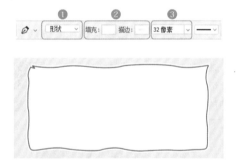

**步骤 04** 继续使用"钢笔工具"，在属性栏中改变"填充"为无，"描边"为橘黄色（R254,G220, B146），大小为7像素，然后绘制一条曲线，如下图所示。

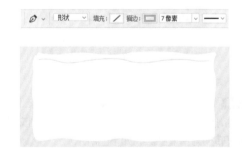

步骤 05 按 Ctrl+J 组合键复制一次对象，然后选择"移动工具"将其向下移动，如下图所示。

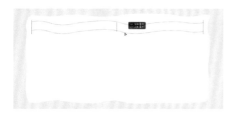

步骤 06 使用相同的方法，复制对象，然后向下移动，多次操作后，得到如下图所示的排列效果。

步骤 07 执行"文件"|"打开"命令，打开"打开"对话框，❶ 选择路径"素材文件\第2章"，❷ 选择"童装.psd"素材图像，❸ 单击"打开"按钮，如下图所示。

步骤 08 打开图像后，可以在"图层"面板中看到衣服图像为单独的图层，如下图所示。

步骤 09 执行"编辑"|"拷贝"命令，复制图像，然后切换到新建的图像文件中，按 Ctrl+V 组合键将其粘贴到画面中，如下图所示。

步骤 10 选择"移动工具"将其拖动到画面右侧，如下图所示。

步骤 11 打开"素材文件\第2章\网店文字.psd"文件，执行"编辑"|"剪切"命令，如下图所示。

步骤 12 选择"童装网店海报"图像文件，执行"编辑"|"粘贴"命令，将文字粘贴到图像中，如下图所示。

步骤 13 按 Ctrl+T 组合键自由变换图像，将鼠标放到定界框右上方，按住 Shift 键等比例缩小图像，如下图所示。

步骤 14 打开"素材文件\第2章\多图像.psd"

文件，使用"移动工具"将其拖动到当前编辑的图像中，放到画面周围，如下图所示，完成本实例的制作。

## 举一反三：在通道中无损缩放图像

扫一扫，看视频

使用"内容识别缩放"功能缩放图像时，如果系统不能识别需要保护的对象，则可以通过 Alpha 通道保护图像，使其不产生变形。如下图所示为缩放前后的对比效果。

原图

调整图

本实例具体的操作步骤如下。

**步骤 01** 打开"素材文件\第 2 章\美少女 .jpg"文件，选择"磁性套索工具"，沿着人物图像的边缘绘制选区，如下图所示。

**步骤 02** 打开"通道"面板，单击"将通道存储为选区"按钮，得到一个 Alpha 1 通道，如下图所示，然后双击背景图层将其转换为普通图层，并取消选区。

**步骤 03** 执行"编辑"|"内容识别缩放"命令，在属性栏中设置"保护"为 Alpha 1 通道，接着拖动定界框中的控制点，此时无论怎样缩放图像，人物图像的形态始终保持不变，如下图所示。

**步骤 04** 按 Enter 键确定变换后，选择"裁剪工具"，在图像中按住鼠标左键拖动，将多余的图像裁掉，得到缩小的图像效果，如下图所示。

## 新手问答

✏ Q1：为什么有时候打不开图像文件？

如果遇到与文件实际格式不匹配的文件或没有扩展名的图像文件，可能会导致不能打开文件。这时可以执行"文件"|"打开为"命令，打开"打开"对话框，在该对话框的右下方选择正确的文件格式即可，如下图所示。如果选择文件格式后还是不能打开该文件，则可能是文件已经被损坏，或是文件的实际格式与软件不匹配。

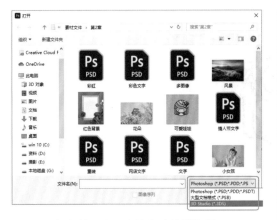

✏ Q2：如何将 PSD 文件自动分层存储？

Photoshop 的分层图像文件中包含了多个图像元素，如果需要将这些图层分别保存为单独的文件，则可以运用生成图像资源功能，在 PSD 文件中自动提取图像资源，并且存储到计算机中。具体的操作步骤如下。

**步骤 01** 打开"素材文件＼第 2 章＼卡通动物 .psd"文件，在"图层"面板中可以看到图像的分层效果，如下图所示。

**步骤 02** 执行"文件"｜"生成"｜"图像资源"命令，使该命令为勾选状态，如下图所示。

**步骤 03** 在"图层"面板中分别选择卡通图像所在图层，为其添加名称后缀 .jpg，如下图所示。

**步骤 04** 完成后，即可自动在该图像所在文件夹中生成图像资源，并生成单独的图像文件，如下图所示。

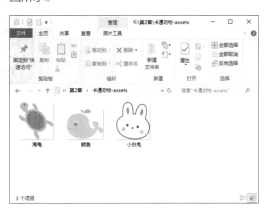

## 思考与练习

### 一、填空题

1. 选择"图像"｜"图像大小"命令，或按_____组合键，可以打开"图像大小"对话框。

2. 在"新建文档"对话框中，设置文件名称和尺寸后，单击_____按钮，可以得到新建的图像。

3. 编辑图像的过程中偶尔会执行一些错误的操作，使用_____和_____图像操作即可轻松返回到之前的状态。

### 二、选择题

1. 执行"编辑"｜"切换最终状态"命令或按（　　）组合键，即可一步到位，恢复到最初的图像效果。

　　A．Alt+Ctrl+Z　　　B．Ctrl+J

　　C．Ctrl+Z　　　　　D．Shift+E

2. 使用"扭曲"命令后，按住（　　）键，可以在垂直或水平方向上扭曲图像。

　　A．Alt+Shift　　　　B．Shift

　　C．Alt　　　　　　　D．Ctrl

3. 执行"文件"｜"导入"命令，在弹出的子菜单中选择（　　）命令，即可对图像进行扫描或将照片导入 Photoshop 中。

　　A. 共享　　　　　　B. 扫描

　　C. WIA 支持　　　　D. 导出

### 三、上机题

1. 通过打开素材图像，绘制选区，剪切和粘贴图像，制作如下图所示的可爱娃娃桌面。（素材位置："素材文件＼第 2 章＼爱心背景 .jpg、可爱娃娃 .jpg"）

操作提示：

（1）执行"文件" | "打开"命令，或按 Ctrl+O 组合键，打开"爱心背景 .jpg"和"可爱娃娃 .jpg"文件。

（2）选择"可爱娃娃"图像文件，使用"椭圆选框工具"绘制一个圆形选区，框选娃娃头像。

（3）执行"编辑"|"拷贝"命令，或按 Ctrl+C 组合键，复制选区内的图像。

（4）切换到"爱心背景"图像文件中，按 Ctrl+V 组合键粘贴图像。

（5）按 Ctrl+T 组合键，调整图像大小。

（6）使用"移动工具"调整图像位置，将其放到中间的白色圆形中。

2. 新建图像文件，并添加素材图像，然后分别调整图像的大小和位置，得到如下图所示的美食店招贴海报。（素材位置："素材文件 \ 第 2 章 \ 炸鸡 .psd、炸鸡文字 .psd、美食 .psd"）

操作提示：

（1）新建一个图像文件，填充背景色为深灰色（R41,G41,B41）。

（2）添加"炸鸡文字 .psd"素材图像，执行"编辑"|"变换"|"缩放"命令，调整文字大小。

（3）打开"炸鸡 .psd"和"美食 .psd"素材图像，使用"移动工具"分别将其拖动到当前编辑的图像中。

（4）调整素材图像的大小，放到画面四周。

（5）在图像中输入其他文字，调整位置和大小。

## 本 章 小 结

在学习 Photoshop 的过程中，本章所讲内容属于图像的基本操作知识，主要是学习与掌握图像文件的各种编辑操作。本章的知识点不复杂，都是在实际调整和编辑图像中常用的操作。熟悉并掌握这些知识，能够为后面的软件学习打下坚实的基础。

# 第 **3** 章

# 图层的基本操作

## 本章导读

在 Photoshop 中图层的应用是非常重要的功能。

本章将详细介绍图层的基本操作，主要包括图层的概念，"图层"面板，图层的创建、复制、删除与选择等基本操作，图层顺序的调整，以及图层的管理等内容。

## 学完本章后应该掌握的技能

■ 什么是"图层"面板
■ 图层的创建
■ 图层的基本操作

## 3.1 图层的基础知识

在 Photoshop 中，图层是非常重要的核心功能之一。图像本身存在于图层之中，对图像的编辑和修饰都需要借助图层来完成。图层功能的使用让设计人员通过 Photoshop 可以处理出更加优秀的作品。本节首先介绍图层的基本概念，以及"图层"面板的相关选项。

### 3.1.1 什么是图层

在 Photoshop 中，图像通常是由若干个图层组成的，如果没有图层，就没有图像存在。图层就像是重叠在一起的一张张透明的纸，每张纸上都保存着不同的图像。

在新建一个图像文档时，系统会自动在新建的图像窗口中生成"背景"图层，可以通过绘图工具在图层上进行绘图。打开如下图所示的图像。

在"图层"面板中可以看到图像主要由"背景"图层和三个普通图层组成，而这三个普通图层分别承载了不同的图像，如果分解开，将得到如下图所示的几种图像展示效果。

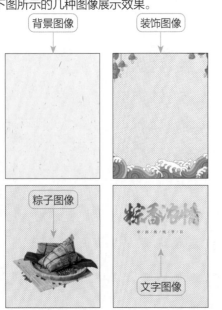

新手注意

在"图层"面板中，除了"背景"图层外，其他图层都可以进行调整不透明度、调整图层混合模式，以及添加图层样式等编辑。图层中的透明背景将以灰白色方格显示。

### 3.1.2 "图层"面板

在学习图层的基本操作之前，首先需要了解"图层"面板。在"图层"面板中可以实现对图层的管理和编辑，如新建图层、复制图层、设置图层混合模式及添加图层样式等。设置"图层"面板具体的操作步骤如下。

步骤 01 执行"文件"|"打开"命令，打开"素材文件\第3章\新年背景.psd"文件，如下图所示。

步骤 02 可以在工作界面右侧的"图层"面板中查看图层，如下图所示。

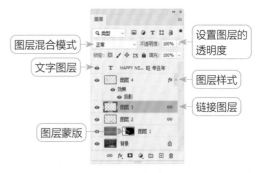

步骤 03 ❶ 单击面板右侧的 ☰ 按钮，❷ 在弹出的菜单中选择"面板选项"命令，如下图所示。

步骤 04 ❶ 打开"图层面板选项"对话框,可以对外观进行设置,如选择缩览图为最大。❷ 单击"确定"按钮,得到调整图层缩览图大小和显示方式的效果,如下图所示。

 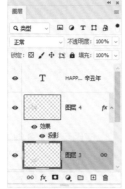

"图层"面板中各项的作用说明如下。

● 类型 按钮:单击该按钮,在其下拉列表中有 8 种类型,分别是"名称""效果""模式""属性""颜色""智能对象""选定"和"画板",当"图层"面板中图层较多时,可以根据需要选择所对应的图层类型。如选择"颜色",即可在"图层"面板中显示标有颜色的图层,如下图所示。

● ▣ ● T ▢ ⚑ 按钮:该组按钮分别代表"像素图层过滤镜""调整图层过滤镜""文字图层过滤镜""形状图层过滤镜"和"智能对象过滤镜",根据需要选择对应的按钮即可显示单一类型的图层。如单击"文字图层过滤镜"按钮 T,即可在"图层"面板中只显示文字图层,如下图所示。

● 锁定按钮 锁定: ▣ ✔ ✛ ▢ 🔒:用于设置图层的锁定方式,其中有"锁定透明像素"按钮 ▣、"锁定图像像素"按钮 ✔、"锁定位置"按钮 ✛ 和"锁定全部"按钮 🔒。

● 填充 填充:用于设置图层填充的透明度。

● 链接图层 ∞:选择两个或两个以上的图层,再单击该按钮,可以链接图层,链接的图层可以同时进行各种变换操作。

● 添加图层样式 fx:单击该按钮,在弹出的菜单中选择相应选项来设置图层样式。

● 添加图层蒙版 ▢:单击该按钮,可以为图层添加蒙版。

● 创建新的填充或调整图层 ●:在弹出的菜单中选择命令,可以创建新的填充或调整图层。可以调整当前图层下所有图层的色调效果。

● 创建新组 ▢:单击该按钮,可以创建新的图层组。可以将多个图层放置在一起,方便用户进行查找和编辑操作。

● 创建新图层 ▣:单击该按钮,可以创建一个新的空白图层。

● 删除图层 🗑:用于删除当前选取的图层。

## 3.2 图层的基本操作

在"图层"面板中,可以对图层进行选择、新建、复制、删除等基本操作。通过这些操作,才能更好地制作出所需的图像。

### 3.2.1 选择图层

在 Photoshop 中,只有正确地选择了图层,才能正确地对图像进行编辑及修饰。可以通过以下三种方法来选择图层。

方法一:打开"几何图形 .psd"图像文件,在"图层"面板中单击"正方形"图层,即可选择该图层,如下图所示。

方法二:选择"正方形"图层,按住 Shift 键的同时单击"长方形"图层,即可选择它们之

间的所有图层，如下图所示。

方法三：选择"长方形"图层，按住 Ctrl 键的同时单击"正方形"图层和"背景"图层，即可同时选择多个不连续图层，如下图所示。

### 3.2.2 新建图层

在 Photoshop 中，可以在"图层"面板中创建一个新的空白图层，并且新建的图层位于所选择图层的上方。

#### 1. 使用面板新建图层
具体的操作步骤如下。

**步骤 01** 单击"图层"面板底部的"创建新图层"按钮 ，可以快速创建一个新的空白图层，如下图所示。

**步骤 02** 创建的新图层为默认名称，依次为图层1、图层 2、图层 3……，新建的图层呈透明状态，

如下图所示。

#### 2. 使用菜单命令新建图层
使用菜单命令创建图层，可以提前设置图层属性。具体的操作步骤如下。

**步骤 01** 执行"图层"|"新建"|"图层"命令，或者按 Ctrl+Shift+N 组合键，如下图所示，将打开"新建图层"对话框。

**步骤 02** ❶ 在"新建图层"对话框中设置图层名称，❷ 设置其他选项，如设置"模式"为"滤色"，❸ "不透明度"为 64%，如下图所示。

**步骤 03** 单击"确定"按钮，即可创建一个指定的新图层，如下图所示。

在 Photoshop 中除了创建空白图层，还可以创建文字图层、形状图层等。如选择横排文字工具，在图像中输入文字，将在"图层"面板中自动生成一个文字图层；选择钢笔或形状工具，并在属性栏中选择"形状"模式，然后在图像中绘制一个路径形状，即可创建形状图层。

### 3.2.3 复制图层

复制图层是在已有图层的基础上创建一个副本，无论是有图像的图层还是空白图层，都可以进行复制。具体的操作步骤如下。

**步骤 01** 打开"素材文件\第3章\几何图形.psd"文件，在"图层"面板中可以看到"长方形""圆形"和"正方形"三个图层，如下图所示。

**步骤 02** ❶ 选择"正方形"图层，❷ 执行"图层"|"复制图层"命令，如下图所示。

**步骤 03** 打开"复制图层"对话框，保持对话框中的默认设置，单击"确定"按钮即可得到复制的"正方形 拷贝"图层，如下图所示。

**步骤 04** ❶ 选择"圆形"图层，❷ 在"图层"面板中将该图层直接拖动到下方的"创建新图层"按钮 ⊞ 上，即可直接得到复制的图层，如下图所示。

选择需要复制的图层，按 Ctrl+J 组合键也可以快速得到复制的图层。

### 3.2.4 实例——鲜榨果汁广告

本实例将制作一个鲜榨果汁广告，主要练习新建空白图层，创建文字图层和形状图层的操作，最终效果如下图所示。

扫一扫，看视频

本实例具体的操作步骤如下。

**步骤 01** 执行"文件"|"新建"命令，打开"新建文档"对话框，❶ 在右侧设置文件名称为"鲜榨果汁广告"，❷ "宽度"和"高度"分别为 20

厘米和 30 厘米，❸ 单击"创建"按钮，创建一个新的图像文件，如下图所示。

步骤 02 单击工具箱底部的前景色的色块，打开"拾色器（前景色）"对话框，设置颜色为淡蓝色（R158,G226,B229），如下图所示，按 Alt+Delete 组合键填充背景。

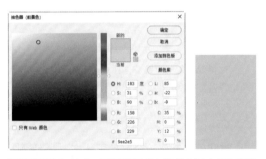

步骤 03 ❶ 单击"图层"面板底部的"创建新图层"按钮 ⊞，新建"图层 1"，❷ 选择"矩形选框工具" ▢，在图像中绘制一个矩形选框，如下图所示。

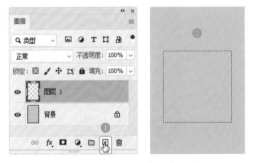

步骤 04 执行"编辑"|"描边"命令，打开"描边"对话框，❶ 设置"宽度"为 30 像素，❷"颜色"为粉蓝色，❸"位置"为"内部"，如下图所示。

步骤 05 单击"确定"按钮，得到描边图像，如下图所示。

步骤 06 新建两个图层，选择"多边形套索工具" ▷，在其中绘制三角形选区，分别填充为白色和黄色（R255,G215,B98），如下图所示。

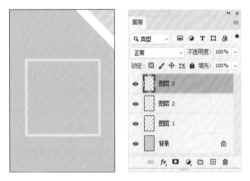

步骤 07 选择"横排文字工具" T，在图像中输入文字，在属性栏中设置字体为"方正兰亭特黑"，这时"图层"面板中将自动生成一个文字图层，如下图所示。

步骤 08 选择"自定形状工具" ，❶ 在属性栏中选择工具模式为"形状"，❷ 设置"填充"为黄色（R255,G187,B0）、"描边"为无，如下图所示。

步骤 09 ❶ 单击属性栏中"形状"右侧的下拉按钮 ，❷ 在打开的面板中选择样式为"会话 6"，如下图所示。

步骤 10 在文字中间按住鼠标左键拖动，绘制图形，"图层"面板中将自动生成一个形状图层，如下图所示。

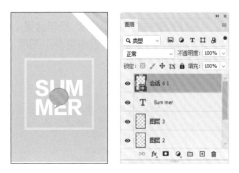

步骤 11 选择"横排文字工具" ，在黄色会话图形中输入文字，填充为黑色，如下图所示。

步骤 12 打开"素材文件\第3章\冰块 .psd"文件，使用移动工具将素材图像拖入当前编辑的图像中，将冰块放到图像下方，如下图所示。

步骤 13 打开"素材文件\第3章\伞和树叶 .psd"文件，使用"移动工具"将素材图像拖动过来，放到画面上方，如下图所示，完成本实例的制作。

3.2.5 隐藏与显示图层

当一幅图像有较多的图层时，为了便于操作，可以将其中不需要显示的图层隐藏。隐藏与显示图层具体的操作步骤如下。

步骤 01 打开"素材文件\第3章\迎新春 .psd"文件，在"图层"面板中将显示对应的图层，如下图所示。

步骤 02 单击"装饰"图层前面的眼睛图标 ，隐藏该图层，只显示其他图层的图像，如下图所示。

**步骤 03** 单击"文字"和"牛"图层前面的眼睛图标 👁 ，隐藏图层，则只显示背景图像。

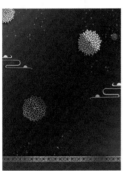

**步骤 04** ❶ 单击所有普通图层前面的眼睛图标 👁 ，显示图像。❷ 单击"背景"图层前面的眼睛图标，背景为透明状态，系统将以灰白色方格显示。

**3.2.6** **删除图层**

删除图层是直接删除该图层和其中包含的图像内容。可以通过以下两种方法来删除图层。

方法一：选择要删除的图层，执行"图层"|"删除"|"图层"命令，即可删除选择的图层，如下图所示。

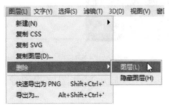

方法二：❶ 选择要删除的图层，❷ 单击"图层"面板底部的"删除图层"按钮 🗑 ，即可删除选择的图层，如下图所示。

⚡ **新手注意** •○

选择需要删除的图层，按 Delete 键即可直接删除该图层。

**3.2.7** **调整图层顺序**

默认情况下，在 Photoshop 中创建的图层会按照由上到下的先后顺序排列，可以通过调整图层的排列顺序创造不同的图像效果。具体的操作步骤如下。

**步骤 01** 打开"素材文件\第3章\新年背景 .psd"文件，可以看到"图层"面板中有多个图层，选择"图层4"，如下图所示。

**步骤 02** 执行"图层"|"排列"命令，在打开的子菜单中可以选择不同的顺序，如下图所示，可以根据需要选择相应的排列顺序。

**步骤 03** 选择"置为顶层"命令，即可将"图层4"

调整到"图层"面板的顶部,如下图所示。

**步骤 04** 选择"后移一层"命令,可以将"图层4"移动到"图层3"的下方,如下图所示。

还可以在"图层"面板中通过直接移动图层来调整其顺序。❶ 在"图层"面板中选择"图层1",❷ 按住鼠标左键向上拖动,可以直接将其向上移动,如下图所示。

**3.2.8 对齐图层**

如果要将多个图层中的图像对齐,则可以通过图层对齐方式进行操作。具体的操作步骤如下。

**步骤 01** 打开"素材文件\第3章\水晶图标.psd"文件,选择"图层1",然后按住Ctrl键选择除"背景"图层以外的所有图层,如下图所示。

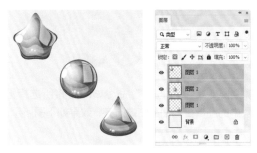

**步骤 02** 执行"图层"|"对齐"命令,在打开的子菜单中选择需要的对齐方式,如下图所示。

**步骤 03** 选择"顶边"命令,即可将每个所选择图层中的图像进行顶边对齐,效果如下图所示。

**步骤 04** 选择"垂直居中"命令,即可将所选择图层中的图像进行垂直居中对齐,效果如下图所示。

**步骤 05** 选择"底边"命令,即可将所选择图层中的图像在画面最底端对齐,效果如下图所示。

**步骤 06** 选择"左边"命令，即可将所选择图层中的图像在画面最左端对齐，效果如下图所示。

**步骤 07** 选择"水平居中"命令，即可将所选择图层中的图像进行水平居中对齐，效果如下图所示。

**步骤 08** 选择"右边"命令，即可将所选择图层中的图像在画面最右端对齐，效果如下图所示。

### 3.2.9 分布图层

使用"分布图层"命令可以让三个以上选择或链接的图层采用一定的规律在画面中均匀分布。执行"图层"|"分布"命令，在打开的子菜单中选择所需的命令，即可按指定的方式分布图层，如下图所示。

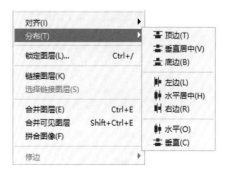

"分布"命令中各选项的作用说明如下

- 顶边：可均匀分布各链接图层或所选择图层的位置，使它们最上方的图像相隔同样的距离。
- 垂直居中：可将各链接图层或所选择图层之间垂直方向的图像相隔同样的距离。
- 底边：可将链接图层或所选择图层最下方的图像相隔同样的距离。
- 左边：可将链接图层或所选择图层最左侧的图像相隔同样的距离。
- 水平居中：可将链接图层或所选择图层水平方向的图像相隔同样的距离。
- 右边：可将链接图层或所选择图层最右侧的图像相隔同样的距离。

### 3.2.10 链接图层

通过链接图层可以将多个图层进行整体操作，如对链接的图层进行移动、变换等操作，还能将链接在一起的多个图层同时复制到另一个图像窗口中。下面分别介绍链接图层的两种方法。

方法一：❶ 按住 Ctrl 键选择"图层 2"和"图层 3"，❷ 单击"图层"面板底部的"链接图层"按钮 ，即可将选择的图层链接在一起，链接图层的右侧会出现链接图标 ，如下图所示。

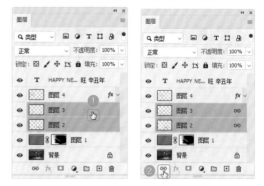

方法二：❶ 选择不连续的几个图层，❷ 单击"图层"面板底部的"链接图层"按钮 ，即可将不连续的图层链接在一起，如下图所示。

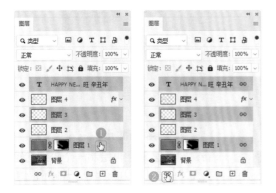

## 3.2.11 合并图层

合并图层是指将几个图层合并成一个图层，这样做不仅可以减小文件的大小，还可以方便地对合并后的图层进行编辑。具体的操作步骤如下。

步骤 01 打开"素材文件\第3章\新年背景.psd"文件，❶选择"圆形"图层，❷执行"图层"|"合并图层"命令，或按Ctrl+E组合键，打开的菜单如下图所示。

步骤 02 选择"向下合并"命令，即可将"圆形"图层中的内容向下合并到"正方形"图层中，如下图所示。

步骤 03 按Ctrl+Z组合键后退一步操作。单击"圆形"图层前面的眼睛图标，隐藏该图层。执行"图

层"|"合并可见图层"命令，将只合并可见图层，如下图所示。

步骤 04 显示"圆形"图层，执行"图层"|"拼合图像"命令，可以将所有可见图层进行合并。

### 综合演练：制作商场促销海报

在实际工作中，绘制图像之前需要创建图层，然后对图层进行各种编辑。本实例将通过制作一个商场新品促销海报，练习和巩固本章所学的知识。首先在图像中新建图层，绘制图像，然后对部分图层进行复制，调整图层顺序，最后输入广告装饰文字，并做好文字排版。

扫一扫，看视频

本实例具体的操作步骤如下。

**步骤 01** 执行"文件"|"打开"命令，打开"素材文件\第3章\红色背景.jpg"文件，单击"创建新图层"按钮，新建"图层1"，如下图所示。

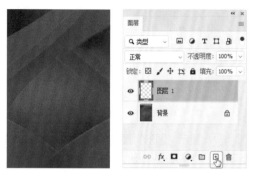

**步骤 02** 选择"多边形套索工具" ，在图像中间绘制一个四边形选区，然后设置前景色为橘黄色（R253,G161,B0），按 Alt+Delete 组合键填充选区，如下图所示。

**步骤 03** ❶ 新建"图层2"，该图层将自动位于"图层1"上方，❷ 选择"矩形选框工具" ，绘制一个长条矩形，填充为红色（R191,G1,B1），如下图所示。

**步骤 04** 按 Ctrl+T 组合键在图像周围将出现变换框，将鼠标放到变换框外侧，按住鼠标左键拖动，即可旋转图像，如下图所示。

**步骤 05** 新建"图层3"，再绘制一个较细的矩形选区，填充为红色（R191,G1,B1），并做相同角度的旋转，如下图所示。

**步骤 06** 按 Ctrl+J 组合键复制"图层3"，得到"图层3拷贝"图层，然后使用"移动工具" 移动该图像位置，如下图所示。

 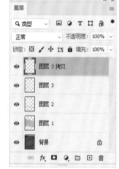

**步骤 07** 新建"图层4"，选择"矩形选框工具" ，在图像中再绘制几个不同粗细的矩形选区，填充为橘红色（R253,G95,B0），按 Ctrl+T 组合键进行旋转，放到如下图所示的位置。

**步骤 08** 按 Ctrl+J 组合键复制图层，得到"图

层 4 拷贝"图层，并将复制得到的图像向左上方移动，如下图所示。

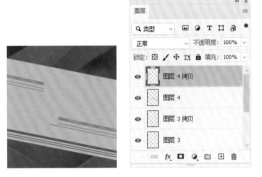

**步骤 09** ❶ 选择"图层 1"，按住 Shift 键单击"图层 4 拷贝"图层，连续选择两者之间的相关图层。❷ 单击"链接图层"按钮 ，将图层进行链接，如下图所示。

**步骤 10** 打开"素材文件\第 3 章\文字 .psd"文件，使用"移动工具"将其直接拖动到当前编辑的图像中，放到画面中间，"图层"面板中将自动添加一个普通图层，如下图所示。

**步骤 11** 新建一个图层，选择"矩形选框工具"

，在文字下方绘制一个矩形选区，填充为黄色（R255,G218,B11），如下图所示。

**步骤 12** 选择"横排文字工具" ，在图像周围输入广告文字，并参照下图进行排列。

**步骤 13** 打开"素材文件\第 3 章\标志 .psd"文件，使用"移动工具"将其拖动到当前编辑的图像中，放到画面左上方，如下图所示，完成本实例的制作。

### 举一反三："背景"图层的转换

在 Photoshop 中除了普通图层、文字图层、形状图层以外，还有最底部的"背景"图层，该图层处于锁定状态，不能进行图层编辑，如调整图

扫一扫，看视频

层不透明度、添加图层样式等。

"背景"图层也可以转换为普通图层，进行普通图层的编辑操作。本实例主要通过"背景"图层与普通图层之间的转换为素材图像添加画框。

本实例具体的操作步骤如下。

步骤 01 执行"文件"|"打开"命令，打开"素材文件\第3章\科幻.jpg"文件，如下图所示。

步骤 02 在"图层"面板中可以看到，该图像只有一个"背景"图层，面板上方的选项都处于不可编辑状态，如下图所示。

步骤 03 双击"背景"图层，打开"新建图层"对话框，❶ 在"名称"文本框中输入图层名称，默认为"图层0"，❷ 单击"确定"按钮，如下图所示。

步骤 04 "背景"图层将直接被转换为普通图层，如下图所示，面板上方的所有选项显示为可编辑状态。

步骤 05 按 Ctrl+T 组合键对图像进行变换，再按住 Alt 键中心缩小图像，如下图所示。

步骤 06 ❶ 单击"创建新图层"按钮 ⊞，新建一个图层，❷ 选择"图层1"，并按住鼠标左键向下拖动，如下图所示。

步骤 07 设置前景色为蓝色（R168,G211,B241），按 Alt+Delete 组合键填充图像，效果如下图所示。

步骤 08 ❶ 执行"图层"|"新建"命令，❷ 在子菜单中选择"背景图层"命令，如下图所示。

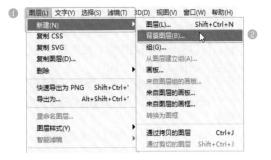

**步骤 09** "图层 1"将转换为"背景"图层，如下图所示。

**步骤 10** 打开"素材文件\第3章\边框.psd"文件，使用"移动工具" ⊕ 将其拖动到当前编辑的图像中，框住科幻画面，如下图所示，完成本实例的制作。

## 新手问答

✎ Q1：如何为图层重命名与修改颜色？

在一个图层较多的文档中，修改图层名称及其颜色可以帮助用户快速地找到相应的图层。具体的操作步骤如下。

**步骤 01** ❶ 选择"图层"菜单，❷ 在打开的子菜单中选择"重命名图层"命令，如下图所示。

**步骤 02** "图层"面板的名称输入框将被激活，在输入框中输入新名称即可，如下图所示。

**步骤 03** 选择"图层2"，在图层缩略图或图层名称上右击，在弹出的快捷菜单中选择相应的颜色即可。如选择"红色"选项，在"图层"面板的眼睛图标中将得到红色的显示状态，如下图所示。

◆ **新手注意**

在"图层"面板中双击普通图层的名称，可以激活名称输入框，同样可以对图层进行重命名。

✎ Q2：如何管理图层？

随着图像的编辑，图层的数量会越来越多。要在众多图层中找到需要的图层，会花费不少时间。使用图层组来管理同一个内容部分的图层，就可以使"图层"面板中的图层结构更加有条理，寻找起来也更加快捷。具体操作方法如下。

步骤 01 ❶ 单击"图层"面板底部的"创建图层组"按钮 ⊞，可以创建一个空白的图层组，❷ 在该组中新建的图层都将位于该组中，如下图所示。

步骤 02 ❶ 选择图层 3，❷ 按住鼠标左键拖动，可以直接将其加入"组 1"中，如下图所示。

步骤 03 ❶ 按住 Ctrl 键，选择"椭圆形"图层和"图层 2"，❷ 按 Ctrl+G 组合键，可以直接将其放到一个新的图层组中，如下图所示。

☼ 高手点拨

　　创建图层组后，如果要取消图层编组，则可以使用以下几种方式。

　　（1）执行"图层"|"取消图层编组"命令。

　　（2）按 Shift+Ctrl+G 组合键。

　　（3）在图层组名称上右击，在弹出的快捷菜单中选择"取消图层编组"命令。

✎ Q3：如何快速隐藏多个图层？

　　每个图层前面都有一个眼睛图标 ◉，单击该图标，可以显示与隐藏图层。如果要快速隐藏多个图层，则有以下几种方式。

　　（1）如果同时选择了多个图层，执行"图层"|"隐藏图层"命令，可以将这些选中的图层隐藏起来。

　　（2）将光标放在一个图层的眼睛图标 ◉ 上，按住鼠标左键垂直向上或垂直向下拖动，可以快速隐藏多个相邻的图层。这种方法也可以快速显示已隐藏的图层。

　　（3）如果文档中存在两个或两个以上的图层，按住 Alt 键单击眼睛图标 ◉，可以快速隐藏该图层以外的所有图层，按住 Alt 键再次单击该图标，可以显示被隐藏的图层。

## 思考与练习

**一、填空题**

　　1. 在 Photoshop 中，一个图像通常是由＿＿＿＿组成的，如果没有＿＿＿＿，就没有图像存在。

　　2. 选择需要复制的图层，按＿＿＿＿组合键可以快速得到复制的图层。

　　3. 默认情况下，在 Photoshop 中创建的图层会按照＿＿＿＿的先后顺序排列。

**二、选择题**

　　1. 在 Photoshop 中，执行"图层"|"合并图层"命令可以合并图层，可以按（　　）组合键。

　　　　A．Shift+Ctrl+E

　　　　B．Shift+E

　　　　C．Ctrl+E

　　　　D．Ctrl+J

　　2. 在 Photoshop 中创建一个新的空白图层后，图层将以（　　）状态显示。

　　　　A．透明　　　　　　B．背景色

　　　　C．方格　　　　　　D．前景色

　　3. 当图层面板中有较多图层时，选择不连续的图层，需要按住（　　）键。

　　　　A．Enter　　　　　　B．Shift

　　　　C．Alt　　　　　　　D．Ctrl

**三、上机题**

　　1. 通过创建普通图层和文字图层，以及调整图层顺序等操作，绘制如下图所示的淘宝价格标签。（素材位置："素材文件 \ 第 3 章 \ 帽子 .psd"）

**操作提示：**

（1）分别创建普通图层，选择椭圆选框工具绘制圆形选区，分别填充为深红色（R146,G17,B26）和绿色（R21,G76,B63）。

（2）复制图层，并中心缩小图像，为图像描边。

（3）新建图层，绘制一个较小的圆形，然后在其中分别绘制圆形选区和矩形选区，并删除选区内的图像。

（4）选择横排文字工具，在图像中输入价格文字，得到文字图层。

（5）复制文字图层，填充为较深的颜色，并调整前后顺序，得到文字阴影。

2. 打开素材图像，并新建图层，绘制和编辑图形，得到如下图所示的母亲节海报。（素材位置："素材文件 \ 第 3 章 \ 花束 .psd"）

**操作提示：**

（1）填充背景为粉红色（R253,G238,B230），然后绘制一个多边形选区，填充为淡黄色（R250,G233,B128）。

（2）添加"花束 .psd"素材图像，并新建图层，绘制一个矩形选区。

（3）执行"编辑"|"描边"命令，为选区应用白色描边。

（4）在白色描边方框中绘制多个较小的选区，删除选区内的图像。

（5）在图像中输入文字，得到文字图层。

## 本 章 小 结

在学习 Photoshop 的过程中，本章所讲内容属于图层的基本操作知识，是为图层的高级操作和编辑做铺垫的。本章重点学习"图层"面板的各种操作方法，以及图层的创建和基本操作，熟悉并掌握这些知识将为今后的学习带来极大的便利。

第**4**章

# 图像选区的创建

## 本章导读

　　本章主要介绍选区的创建和编辑等操作，主要包括认识选区，选区的基本操作，使用各种选框工具创建选区，以及选区的编辑等。

　　学习本章时牢记多个命令和快捷键的使用，能让工作更加便捷。

## 学完本章后应该掌握的技能

■ 选区的基本操作
■ 使用选框工具创建选区
■ 使用套索工具创建选区
■ 使用魔棒工具和快速选择工具
■ 细化选区
■ 编辑选区

Photoshop

## 4.1　初识选区

在 Photoshop 中，大多数操作都不是针对整个图像的。如果要在 Photoshop 中处理图像的局部效果，就需要为图像指定一个有效的编辑区域，这个区域就是选区。通过选择特定区域，可以对该区域进行编辑并保持未选定区域不被改动。在图像中建立选区后，图像周围会呈现浮动的线段，该线段就是选区，如下图所示。

浮动的选区

Photoshop 中可以创建两种类型的选区，一种是普通选区，另一种是羽化选区。普通选区具有明确的边界，使用它选择的图像边界清晰、准确，羽化选区的边界会呈现逐渐透明的效果，与周围图像可以自然过渡，其合成效果显得更加自然，如下图所示。

普通选区效果　　羽化选区效果

## 4.2　选区的基本操作

在 Photoshop 中，选区的运用非常重要。用户常常需要通过选区对图像进行选择，或者通过填充选区得到实际的图像。本章将详细介绍选区的基本操作。

### 4.2.1　全选与反选

全选选区为选择整个图像边界内的图像。执行"选择"|"全选"命令或按 Ctrl+A 组合键即可全选选区，效果如下图所示。

在图像中创建选区后，执行"选择"|"反选"命令或按 Shift+Ctrl+I 组合键，即可反选选区，对比效果如下图所示。

原选区　　反选后

### 4.2.2　取消选择与重新选择

在图像中创建或获取选区后，再应用其他操作时，应及时取消选区，这样才能避免对后面的操作产生影响。执行"选择"|"取消选择"命令或按 Ctrl+D 组合键即可取消选区。

重新获取选区，只需执行"选择"|"重新选择"命令或按 Shift+Ctrl+D 组合键即可，但该命令只针对最近一次建立的选区有效。

### 4.2.3　选区运算

在图像中创建选区后，再使用任何选区绘制工具时，属性栏中会出现选区运算的相关工具，如下图所示。

选区工具的具体作用说明如下。

- 新选区 ■：单击该按钮，可以创建一个新选区，如下图所示。如果已经存在选区，则新创建的选区将替代原来的选区。

- 添加到选区 ■：单击该按钮或按住 Shift 键，可以将当前创建的选区添加到原来的选区中，如下图所示。

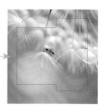

- 从选区减去 ■：单击该按钮或按住 Alt 键，可以将当前创建的选区从原来的选区中减去，如

下图所示。

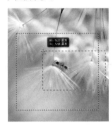 

● 与选区交叉 ⬚：单击该按钮或按 Alt+Shift 组合键，新建选区时只保留原有选区与新创建的选区相交的部分，如下图所示。

### 4.2.4 移动选区

使用选框工具可以在选区内部按住鼠标左键直接移动选区，也可以使用移动工具将选区和图像一起移动。具体的操作步骤如下。

**步骤 01** 打开"素材文件\第4章\界面.jpg"文件，使用"磁性套索工具" ⬚选择画面左侧手机边缘，为其创建选区，如下图所示。

**步骤 02** 将鼠标放到选区中，当鼠标变成 ⬚ 形状时，按住鼠标左键进行拖动，即可移动选区，如下图所示。

**步骤 03** 选择"移动工具" ✛，按住 Alt 键移动选区，可以移动并且复制选区中的图像，如下图所示。

**步骤 04** 如果直接用"移动工具"移动选区，则移动后的原位置将以背景色填充，如下图所示。

### 4.2.5 隐藏与显示选区

创建选区以后，执行"视图"|"显示"|"选区边缘"命令或按 Ctrl+H 组合键，可以隐藏选区；如果要将隐藏的选区显示出来，则可以再次执行"视图"|"显示"|"选区边缘"命令或按 Ctrl+H 组合键。

> **⬚ 高手点拨**
>
> 隐藏选区后，选区仍然存在，这只是在视觉上给人的一种假象。当选区被隐藏后，后面执行的操作依然只能针对选区内的图像。

## 4.3 使用选框工具创建选区

在 Photoshop 中选择或绘制图像时，通常可以通过创建选区来实现。下面将介绍各种选框工具的使用方法。

### 4.3.1 矩形选框工具

通过"矩形选框工具" ⬚可以绘制矩形选区，并且可以配合属性栏中的各项设置绘制一些特定大小的矩形选区。在工具箱中选择"矩形选框工具" ⬚，其属性栏如下图所示。

"矩形选框工具"属性栏中各选项的作用说明如下。

-  按钮：主要用于控制选区的创建方式。

得到的图像效果如下图所示。

- 羽化：在该文本框中输入数值，在创建选区后得到选区边缘柔化的效果，羽化值越大，则选区的边缘越柔和。
- 消除锯齿：只有选择"椭圆选框工具"时该选项才可以启用，主要用于消除选的锯齿边缘。
- 样式：在该下拉列表中可以设置选区的形状。其中"正常"为默认设置，可以创建不同大小的选区；选择"固定比例"选项，创建的选区长宽比与设置保持一致；"固定大小"选项用于锁定选区大小。
- 选择并遮住：单击该按钮，将进入相应的界面中，在左侧工具箱中使用选区工具进行修改，在右侧的"属性"面板中可以定义边缘的半径、对比度和羽化程度等，并对选区进行收缩和扩充，以及选择多种显示模式。

使用矩形选框工具的操作步骤如下。

步骤 01 打开"素材文件\第4章\绿色框.jpg"文件，如下图所示。

步骤 02 选择"矩形选框工具" ，在绿叶外框左上方单击并按住鼠标左键拖动，绘制一个矩形选区，如下图所示。

步骤 03 执行"图像"|"裁剪"命令，将矩形选区以外的内容裁剪掉，按Ctrl+D组合键取消选区，

### 4.3.2 椭圆选框工具

"椭圆选框工具" ⬭ 主要用来制作椭圆选区和圆形选区。选择"椭圆选框工具" ⬭，在图像中按住鼠标左键拖动，即可绘制一个椭圆形选区，如下图所示。

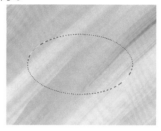

如果按住 Shift 键和鼠标左键拖动，则可以创建一个正圆形选区，如下图所示。

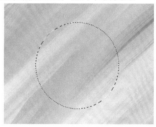

### 4.3.3 实例——绘制卡通笑脸

本实例将为卡通图像添加一个笑脸，主要练习"椭圆选框工具"的应用，最终效果如下图所示。

扫一扫，看视频

本实例具体的操作步骤如下。

步骤 01 打开"素材文件\第4章\卡通图像.jpg"文件，如下图所示。

步骤 02 选择"椭圆选框工具" ⊙，按住 Shift 键和鼠标左键在黄色图像中拖动，绘制一个较小的圆形选区，如下图所示。

步骤 03 设置前景色为深红色（R165,G38,B49），然后按 Alt+Delete 组合键填充选区，如下图所示。

步骤 04 将鼠标指针放到选区内部，按住鼠标左键向右侧拖动，移动选区，如下图所示。

步骤 05 将选区填充为深红色（R165,G38,B49），如下图所示。

步骤 06 继续使用"椭圆选框工具" ⊙，在深红色圆形中绘制较小的圆形选区，并填充为白色，得到眼睛，如下图所示。

步骤 07 在眼睛下方绘制一个椭圆形选区，填充为粉红色（R246,G144,B119），如下图所示。

步骤 08 移动选区到右侧，填充相同的颜色，如下图所示，完成操作。

### 4.3.4 单行和单列选框工具

通过"单行选框工具"或"单列选框工具"，可以在图像窗口中绘制1个像素大小的水平或垂直选区，绘制的选区长度与图像窗口的尺寸一致。

在工具箱中选择"单行选框工具"或"单列选框工具"，然后在图像中单击，即可创建出1个像素大小的选区，如下图所示。

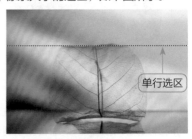

单行选区

中文版 Photoshop 2021 从入门到精通（案例视频版）

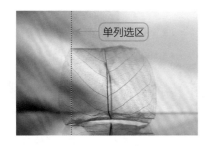

单列选区

## 4.4 使用套索工具创建选区

运用套索工具组中的工具可以绘制形状不规则的选区，并且根据图像的边缘进行绘制，让用户在工作中更加方便。套索工具组中的属性栏选项及功能与选框工具组相同。下面将详细介绍套索工具组中各种工具的操作。

### 4.4.1 套索工具

"套索工具" 主要用于创建手绘类的不规则选区，一般不用来精确定制选区。具体的操作步骤如下。

**步骤 01** 将鼠标移到要选取的图像的起点，然后按住鼠标左键，沿图像的轮廓移动，如下图所示。

**步骤 02** 完成后释放鼠标左键，绘制的选区将自动闭合，如下图所示。

### 4.4.2 多边形套索工具

"多边形套索工具" 与 "套索工具" 的使用方法类似。使用 "多边形套索工具" 可以轻松地绘制出多边形形态的图像选区，适用于边界为直线型图像的选取。具体的操作步骤如下。

**步骤 01** ❶ 在图像中单击所创建选区的起点，❷ 拖动鼠标再次单击，以创建选区中的其他点，

如下图所示。

**步骤 02** 继续拖动鼠标，在其他位置单击，回到起点处，绘制多条直线，如下图所示。

**步骤 03** 当鼠标指针变成 形态时单击，即生成最终的选区，如下图所示。

### 4.4.3 实例——添加电脑桌面图

本实例将为笔记本电脑添加一个桌面图，主要练习 "多边形套索工具" 的应用，最终效果如下图所示。

扫一扫，看视频

本实例具体的操作步骤如下。

**步骤 01** 执行 "文件" | "打开" 命令，打开 "素材文件 \ 第 4 章 \ 电脑 .jpg" 文件，将在电脑屏幕中添加一个画面，如下图所示。

步骤 02 选择"多边形套索工具" ，在屏幕左上方单击，并按住鼠标左键向下拖动，拉出一条直线，如下图所示。

步骤 03 再继续向右侧拖动鼠标，到屏幕右下角后单击，如下图所示。

步骤 04 继续移动鼠标到屏幕其他角单击，然后回到起点处单击，得到闭合的选区，如下图所示。

步骤 05 ❶ 单击"图层"面板底部的"创建新图层"按钮 ，得到"图层1"，❷ 将选区填充为白色，然后按 Ctrl+D 组合键取消选区，如下图所示。

步骤 06 打开"素材文件\第4章\彩色背景.jpg"文件，使用"移动工具" 拖动，按 Ctrl+T 组合键适当旋转并缩小图像，如下图所示。

步骤 07 完成后按 Enter 键确认变换，执行"图层"|"创建剪贴蒙版"命令，隐藏超出白色图像以外的图像，如下图所示，得到电脑桌面图。

步骤 08 新建一个图层，选择"多边形套索工具" ，在屏幕左侧绘制一个四边形选区，如下图所示。

步骤 09 填充选区为白色，然后按 Ctrl+D 组合键取消选区，如下图所示。

**步骤** 10 ❶ 选择"橡皮擦工具" ，在属性栏中设置"不透明度"为 50%，❷ 在白色图像中适当擦除图像，得到透明图像效果，如下图所示，完成本实例的制作。

**4.4.4** 磁性套索工具

使用"磁性套索工具"可以轻松绘制外边框很复杂的图像选区，它可以在图形颜色与背景颜色反差较大的区域创建选区。具体的操作步骤如下。

**步骤** 01 选择"磁性套索工具" ，在花朵图像边缘单击，确定起点，如下图所示。

**步骤** 02 按住鼠标左键，沿图像的轮廓拖动鼠标，鼠标指针经过的地方会自动产生锚点，并且自动捕捉图像中对比度较大的图像边界，如下图所示。

**步骤** 03 回到起点时单击，即可得到一个封闭的选区，效果如下图所示。

## 4.5 魔棒工具和快速选择工具

选择图像区域可以有多种形式，针对不同的图像外形和背景可以灵活运用工具。本节将详细介绍在复杂图像中魔棒工具和快速选择工具的使用方法。

**4.5.1** 使用"魔棒工具"创建选区

"魔棒工具"常用来选择颜色对比较强的图像，即可以通过选择颜色一致的图像来获取选区。选择工具箱中的"魔棒工具" ，其属性栏如下图所示。

"魔棒工具"属性栏中各选项的作用说明如下。

- 容差：用于设置选取的色彩范围值，单位为像素，取值范围为 0 ～ 255。输入的数值越大，选择的颜色范围也越大；数值越小，选择的颜色值就越接近，得到选区的范围就越小。
- 消除锯齿：用于消除选区的锯齿边缘。
- 连续：选中该选项，表示只选择颜色相邻的区域；取消选中该选项，表示选取颜色相同的所有区域。
- 对所有图层取样：当选中该选项后，可以在所有可见图层上选取相近的颜色区域。

使用魔棒工具创建选区的操作步骤如下。

**步骤** 01 打开一个需要调整的图像文件，在属性栏中设置"容差"值为5,并且选中"连续"复选框,然后单击背景图像区域,即可获取部分图像选区,如下图所示。

**步骤 02** 改变属性栏中的"容差"值为20,然后取消选中"连续"复选框,再次单击图像背景,将得到如下图所示的图像选区。

### 4.5.2 使用"快速选择工具"创建选区

"快速选择工具" ![图标] 可以根据拖动鼠标范围内的相似颜色来创建选区,该工具位于魔棒工具组中。选择"快速选择工具" ![图标],其属性栏如下图所示。

"快速选择工具"中各按钮的作用说明如下。

- 新选区 ![图标]:单击该按钮,可以创建一个新的选区。
- 添加到选区 ![图标]:单击该按钮,可以在原有选区的基础上添加新的选区。
- 从选区减去 ![图标]:单击该按钮,可以在原有选区的基础上减去当前绘制的选区。
- 画笔选项:单击 ![图标] 按钮,可以在弹出的"画笔选项"面板中设置画笔的大小、硬度、间距、角度及圆度。在绘制选区的过程中,可以按"]"键或"["键增大或减小画笔的大小。
- 对所有图层取样:如果选中该选项,Photoshop会根据所有图层建立选取范围,而不仅是只针对当前图层。

- 增强边缘:用于降低选取范围边界的粗糙度与区块感。

在属性栏中设置画笔大小,如50像素,然后在图像中按住鼠标左键拖动,鼠标所到之处即成为选区,如下图所示。

### 4.5.3 实例——快速抠图

本实例将利用"魔棒工具"和"快速选择工具",将人物图像抠取出来,最终效果如下图所示。

扫一扫,看视频

本实例具体的操作步骤如下。

**步骤 01** 打开"素材文件\第4章\小孩.jpg"文件,选择"魔棒工具" ![图标],在属性栏中设置"容差"为10,在图像左上方单击,获取选区,如下图所示。

**步骤 02** 按住 Shift 键继续单击左侧未被选取的图像,获取更多的背景图像选区,如下图所示。

步骤 03 选择"快速选择工具" ，在属性栏中单击"画笔选项"右侧的 按钮，在弹出的"画笔选项"面板中设置画笔大小等参数，如下图所示。

步骤 04 在右侧背景图像中拖动鼠标，绘制出选区，如下图所示。

步骤 05 继续拖动鼠标绘制出选区，对于选择的区域，可以按住 Alt 键减选选区，得到整个背景图像选区，如下图所示。

步骤 06 按 Shift+Ctrl+I 组合键反选选区，得到小孩和小熊图像选区，如下图所示。

步骤 07 打开"素材文件\第4章\云朵.jpg"文件，使用"移动工具" 将选区内的图像拖动到云朵图像中，如下图所示。

步骤 08 打开"素材文件\第4章\文字.psd"文件，使用"移动工具" 将选区内的图像拖动到画面右侧，如下图所示，完成本实例的制作。

## 4.6 细化选区

在选择图像时还有更加细腻的选择方法，如自动选择图像主体，通过调整选区边缘来获取更加准确的选区。下面将分别进行介绍。

### 4.6.1 选择主体

打开一幅图像，在选择"魔棒工具"或"快速选择工具"后，单击属性栏中的 选择主体 按钮，系统将自动识别图像中的主体并创建选区，如选择人物图像，如下图所示。

### 4.6.2 调整选区边缘

使用"选择并遮住"命令，可以在不同的背景下查看选区，并且提高选区边缘的品质。

在图像中创建选区后，单击属性栏中的

选择并遮住… 按钮，打开"属性"面板，展开"边缘检测""全局调整"两个选项组，在其中可以设置选区的半径、平滑度、羽化、对比度、边缘位置等属性，如下图所示。

在"视图"下拉列表中可以选择多种视图模式，如选择"图层"模式，调整"属性"面板中的各项参数，可以预览选区效果，如下图所示。

设置"半径"参数，可以调整选区的边缘大小，数值越大，边缘越靠近被选择的物体。下图分别为半径 10 像素和 20 像素的图像效果，可以明显地看到，半径越大，图像边缘越小。

调整"平滑"和"羽化"参数，数值越大，选区边缘越圆滑，图像边缘也呈现透明效果，如下图所示。

设置"移动边缘"参数，可以扩展或收缩选区边界。如下图所示为扩展选区边界的效果。

设置"对比度"参数，可以锐化选区边缘，并去除模糊的不自然感。对于一些羽化后的选区，可以减弱或消除羽化效果，如下图所示。

### 4.6.3 实例——抠取毛发

本实例将抠取一只可爱的猫咪，为其更换背景，主要练习细化选区，并调整选区边缘，最终效果如下图所示。

扫一扫，看视频

本实例具体的操作步骤如下。

**步骤** 01 执行"文件"|"打开"命令，打开"素材文件\第4章\猫咪.jpg"文件，选择"魔棒工具" ，单击属性栏中的 选择主体 按钮，系统将自动根据猫咪图像外轮廓创建选区，如下图所示。

**步骤** 02 获取选区后，单击属性栏中的 选择并遮住... 按钮，打开"属性"面板，在"视图"下拉列表中选择"黑白"选项，得到黑白显示效果，如下图所示。

**步骤** 03 展开"边缘检测"选项，设置"半径"为39像素，可以在图像中观察到动物边缘已经

有了毛发效果，如下图所示。

**步骤** 04 选择"调整边缘画笔工具" ，对耳朵、脚部和边缘毛发进行涂抹，以完善图像，如下图所示。

**步骤** 05 展开"输出设置"选项，❶ 选中"净化颜色"复选框，设置"数量"为40%，❷ 在"输出到"下拉列表中选择"新建带有图层蒙版的图层"选项，如下图所示。

**步骤** 06 完成设置后，按 Enter 键确认，得到抠取出来的图像效果，如下图所示。

**步骤** 07 选择"海绵工具" ，在属性栏中设置模式为"去色"，流量为50%，然后对图像边缘进行涂抹，去除图像边缘的蓝色，如下图

所示。

步骤 08 打开"素材文件\第4章\彩虹.psd"文件，使用"移动工具" ，将抠取出来的猫咪图像拖动到画面中，如下图所示，完成本实例的制作。

## 4.7 编辑选区

绘制选区后，还需要对选区做一定的编辑操作，包括增加选区边界，扩展和收缩选区，羽化选区，为选区描边等，下面将分别进行介绍。

### 4.7.1 增加选区边界

在 Photoshop 中绘制选区后，可以在原有选区的基础上增加一个边界，使其变为一个外框。具体的操作步骤如下。

步骤 01 打开"素材文件\第4章\太阳.jpg"文件，选择"椭圆选框工具" ，在图像中间绘制一个圆形选区，如下图所示。

步骤 02 执行"选择"|"修改"|"边界"命令，

打开"边界选区"对话框，设置"宽度"为 18 像素，如下图所示。

步骤 03 单击"确定"按钮，得到一个边界选区，原选区会分别向外和向内扩展 18 像素，如下图所示。

步骤 04 设置前景色为白色，按 Alt+Delete 组合键填充选区，填充后的图像边缘与周围图像呈现过渡效果，如下图所示。

### 4.7.2 扩展和收缩选区

扩展选区是将原有选区进行扩展；收缩选区是扩展选区的逆向操作，可以将选区向内缩小。具体的操作步骤如下。

步骤 01 打开"素材文件\第4章\笑脸.jpg"文件，选择"磁性套索工具" ，沿着卡通笑脸的图像边缘拖动鼠标，绘制选区，如下图所示。

步骤 02 执行"编辑"|"修改"|"扩展"命令，

打开"扩展选区"对话框,"扩展量"参数可以控制扩展选区的范围,如下图所示。

**步骤 03** 单击"确定"按钮,得到扩展后的选区,如下图所示。

**步骤 04** 如果要向内收缩选区,可以执行"编辑"|"修改"|"收缩"命令,打开"收缩选区"对话框,在其中设置"收缩量"参数,如下图所示。

**步骤 05** 单击"确定"按钮,得到收缩选区的效果,如下图所示。

### 4.7.3 平滑选区

通过"平滑"命令可以消除选区边缘的锯齿,使绘制的选区变得平滑。具体的操作步骤如下。

**步骤 01** 打开"素材文件\第4章\花朵.jpg"文件,选择"多边形工具" ,为钻石图像绘制选区,如下图所示。

**步骤 02** 执行"选择"|"修改"|"平滑"命令,打开"平滑选区"对话框,设置"取样半径"为50像素,如下图所示。

**步骤 03** 单击"确定"按钮,即可得到平滑的选区。可以在边角处观察到选区的平滑状态,如下图所示。

### 4.7.4 羽化选区

"羽化"命令可以柔和模糊选区的边缘,主要是通过扩散选区的轮廓来达到模糊边缘的目的。羽化选区可以平滑选区边缘,并产生淡出的效果。具体的操作步骤如下。

**步骤 01** 打开"素材文件\第4章\钻石.jpg"文件,使用"多边形套索工具" 在图像中沿着钻石图像边缘外侧绘制选区,如下图所示。

**步骤 02** 执行"选择"|"修改"|"羽化"命令,打开"羽化选区"对话框,设置"羽化半径"为50像素,如下图所示。

**步骤** 03 单击"确定"按钮，得到的羽化选区效果如下图所示。

**步骤** 04 执行"选择"｜"反选"命令，得到背景图像选区，然后为选区填充任意一种颜色，可以观察到填充羽化选区的图像效果，如下图所示。

### 4.7.5 实例——制作火焰拳

本实例将制作一个火焰拳特效，主要练习羽化选区的应用，最终效果如下图所示。

扫一扫，看视频

本实例具体的操作步骤如下。

**步骤** 01 执行"文件"｜"打开"命令，打开"素材文件\第4章\火焰.jpg"文件，选择"椭圆选框工具" ○，在图像中绘制一个圆形选区，如下图所示。

**步骤** 02 执行"选择"｜"修改"｜"羽化"命令，打开"羽化选区"对话框，设置"羽化半径"为40 像素，如下图所示。

**步骤** 03 单击"确定"按钮，得到羽化选区，按Ctrl+J 组合键复制选区内的图像到新的图层，然后隐藏"背景"图层，效果如下图所示。

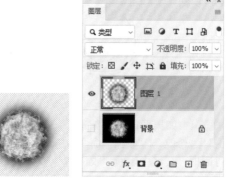

**步骤** 04 打开"素材文件\第4章\拳头.jpg"文件，使用"移动工具" ⊕，将火焰图像直接拖动到画面中间，如下图所示。

**步骤** 05 在"图层"面板中设置"图层1"的图层混合模式为"叠加"，效果如下图所示，完成本实例的制作。

### 4.7.6 选区描边

"描边"命令可以使用一种颜色填充选区边界，还可以设置填充的宽度。

在图像中绘制选区后，执行"编辑"|"描边"命令，打开"描边"对话框，在该对话框中可以设置描边的宽度、位置和颜色等，如下图所示。

单击"确定"按钮，即可得到选区的描边效果，如下图所示。

"描边"对话框中主要选项的作用说明如下。

- 宽度：在其中输入数值，可以设置描边后生成描边线条的宽度。
- 颜色：单击选项右侧的色块，打开"选取描边颜色"对话框，在其中可以设置描边的颜色。
- 位置：用于设置描边的位置，包括"内部""居中"和"居外"三个单选按钮。
- 混合：与图层混合模式相同，用于设置描边后颜色的不透明度和着色模式。
- 保留透明区域：选中该选项，描边时将不影响原图层中的透明区域。

### 4.7.7 使用"色彩范围"命令

使用"色彩范围"命令可以在图像中创建与预设颜色相似的图像选区，并且可以根据需要调整预设颜色，该命令比魔棒工具选取的区域更广。具体的操作步骤如下。

步骤 01 打开"素材文件\第4章\酒杯.jpg"文件，如下图所示。

步骤 02 执行"选择"|"色彩范围"命令，打开"色彩范围"对话框。在图像中单击背景中的黑色图像，再设置"颜色容差"为50，如下图所示。

步骤 03 ❶ 单击对话框右侧的"添加到取样"按钮，❷ 调整"颜色容差"为25，❸ 在预览框中单击背景中右上方的深黑色区域，如下图所示。

**步骤 04** 单击"确定"按钮回到画面中，按 Shift+Ctrl+I 组合键反选选区，得到酒杯和部分光斑图像选区，如下图所示。

**步骤 05** 打开"素材文件\第4章\红色背景.jpg"文件，使用"移动工具" ⊕ 将酒杯图像拖动到红色背景图像中，适当调整图像大小，效果如下图所示。

## 4.7.8 替换天空

Photoshop 2021 中增加了自动替换天空的功能。可以通过菜单命令自动抠取天空，再应用系统自带的多种天空图样进行替换。具体的操作方法如下。

**步骤 01** 打开"素材文件\第4章\风景.jpg"文件，如下图所示。

**步骤 02** 执行"选择"|"天空"命令，系统将自动识别天空图像区域，并创建选区，如下图所示。

**步骤 03** 执行"编辑"|"天空替换"命令，打开"天空替换"对话框，如下图所示。

**步骤 04** ❶单击"天空"右侧的下拉按钮，❷在展开的面板中选择天空样式，如下图所示。

**步骤 05** 选择天空样式后，在"天空替换"对话框中设置"移动边缘"和"渐隐边缘"参数值，以设置天空图像边缘与原图像的自然过渡效果，然后设置"亮度""色温"和"缩放"参数值，调整天空颜色和大小，如下图所示。

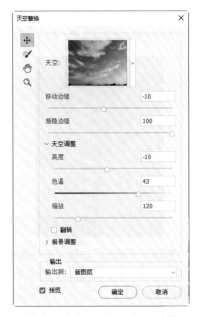

**步骤** 06 单击"确定"按钮，得到替换天空后的图像效果。"图层"面板中将得到添加的天空替换组，可以通过双击相关图层进行编辑，如下图所示。

**4.7.9** 存储与载入选区

在图像中绘制选区后，还可以将其存储起来，以便在今后需要时直接载入后使用，这样可以有效地提高工作效率。具体的操作步骤如下。

**步骤** 01 打开"素材文件\第4章\戒指.jpg"文件，选择"磁性套索工具" ，沿着戒指边缘绘制选区，如下图所示。

**步骤** 02 执行"选择"|"存储选区"命令，打开"存储选区"对话框，在"名称"文本框中设置选区名称为"戒指选区"，其他选项保持默认设置，如下图所示。

"存储选区"对话框中各选项的作用说明如下。

● 文档：选择保存选区的目标文件。默认情况下将选区保存在当前文档中，也可以将其保存在一个新建的文档中。

● 通道：选择将选区保存到一个新建的通道中，或保存到其他 Alpha 通道中。

● 名称：在文本框中可以输入存储选区的名称。

● 操作：用于选择通道的处理方式，包括"新建通道""添加到通道""从通道中减去"和"与通道交叉"四个选项。

**步骤** 03 单击"确定"按钮，选区将被保存在"通道"面板中，如下图所示。

**步骤** 04 如果要使用存储的选区，则可以执行"选择"|"载入选区"命令，打开"载入选区"对话框，在"通道"下拉列表中选择存储的选区，单击"确定"按钮，即可载入选区，如下图所示。

"载入选区"对话框中各选项的作用说明如下。

- **文档**：在该下拉列表中可以选择包含选区的目标文件。
- **通道**：在该下拉列表中可以选择包含选区的通道内容。
- **反相**：选中该复选框后，可以反转选区，相当于载入选区后执行"选择"｜"反向"命令。
- **操作**：选择选区运算的操作方式，与选择选框工具属性栏中的运算方式是同一个道理。

### 综合演练：制作商场春季活动海报

扫一扫，看视频

在图像的绘制过程中，经常会运用各种选框工具来绘制图像。本实例将结合多个选框工具，制作一张商场春季活动海报。首先填充背景颜色，然后运用单行／单列选框工具绘制背景图案，再通过矩形选框工具和椭圆选框工具绘制其他图像，并对选区进行羽化、减选的操作，最后输入文字。

本实例具体的操作步骤如下。

**步骤 01** 执行"文件"｜"新建"命令，打开"新建文件"对话框，在对话框右侧设置文件名称为"商场春季活动海报"，"宽度"和"高度"分别设为 30 厘米和 41 厘米，如下图所示，单击"创建"按钮。

**步骤 02** 设置前景色为深绿色（R12,G44,B43），按 Alt+Delete 组合键填充背景，如下图所示。

**步骤 03** 新建一个图层，选择"单行选框工具"和"单列选框工具"分别在图像中绘制多条细长选区，填充为橘黄色（R255,G185,B75），如下图所示。

**步骤 04** 新建一个图层，选择"椭圆选框工具"，按住 Shift 键在图像中绘制一个圆形选区，如下图所示。

**步骤 05** 执行"编辑"｜"描边"命令，打开"描边"对话框，设置"宽度"为 10 像素，"颜色"为橘黄色（R255,G185,B75），"位置"选择"居外"，得到图像的描边效果，如下图所示。

**步骤 06** 保持选区状态,执行"选择"|"羽化选区"命令,打开"羽化选区"对话框,设置"羽化半径"为 40 像素,如下图所示。

**步骤 07** 单击"确定"按钮,得到羽化选区,适当向下移动,新建一个图层,将其填充为黑色,如下图所示。

**步骤 08** 在"图层"面板中将该图层放到蓝色圆形图像所在图层的下方,得到阴影效果,如下图所示。

**步骤 09** 打开"素材文件\第4章\树叶.psd"

文件,使用"移动工具" <kbd>⊕</kbd> 拖动,分别放到画面上下两侧,如下图所示。

**步骤 10** 打开"素材文件\第4章\文字.psd"文件,使用"移动工具" <kbd>⊕</kbd>,将其拖动到绿色圆形中,如下图所示。

**步骤 11** 选择"矩形选框工具" <kbd>□</kbd>,在文字下方绘制一个矩形选区,然后选择"多边形套索工具" <kbd>⊻</kbd>,按住 Alt 键在矩形左上方和右下方分别绘制三角形选区,减去部分选区,如下图所示。

**步骤 12** 将选区填充为橘黄色( R255,G185,B75 ),然后按 Ctrl+D 组合键取消选区,如下图所示。

**步骤** 13 选择"横排文字工具",在橘黄色图像中输入文字,并在属性栏中设置字体为黑体,颜色为白色,然后在画面右上方输入地址信息,填充为白色和橘黄色(R255,G185,B75),如下图所示,完成本实例的制作。

## 举一反三:制作网格效果

扫一扫,看视频

　　单行/单列选框工具只能绘制极细的选区,常用来在图像中添加线条效果。下面将运用这两个工具绘制网格,效果如下图所示。

　　本实例具体的操作步骤如下。

**步骤** 01 打开"素材文件\第4章\小狐狸.jpg",如下图所示。

**步骤** 02 执行"视图"|"显示"|"网格"命令,显示网格,如下图所示。

**步骤** 03 选择工具箱中的"单行选框工具" ,在图像上方第二条网格线上单击,创建一个单行选区,如下图所示。

**步骤** 04 按住 Shift 键每隔一个网格创建一个单行选区,完成后的效果如下图所示。

**步骤** 05 单击"图层"面板底部的"创建新图层"按钮,新建一个图层,设置前景色为红色(R255,G0,B0),按 Alt+Delete 组合键填充选区,效果如下图所示。

**步骤** 06 执行"选择"|"变换选区"命令,在定界框内右击,在弹出的快捷菜单中选择"顺时针

旋转 90 度"命令,如下图所示。

步骤 07 调整旋转后选区的位置,填充为红色(R255,G0,B0),执行"视图"|"显示"|"网格"命令,取消显示网格,得到绘制的网格效果,如下图所示。

## 新手问答

✎ Q1:"色彩范围"命令和"魔棒工具"创建的选区有什么不同?

使用"色彩范围"命令及"魔棒工具"和"快速选择工具",可以在图像中基于色调差异创建选区。不同的是,"色彩范围"命令创建的选区带有羽化效果,选取的图像边缘会呈现透明的过渡效果,"魔棒工具"和"快速选择工具"创建的选区边缘是生硬的过渡效果,如下图所示。

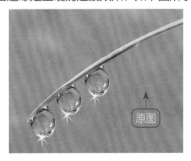

原图

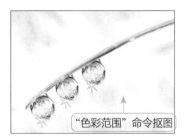

"色彩范围"命令抠图

"魔棒工具"抠图

✎ Q2:"变换"命令和"变换选区"命令的作用相同吗?

在 Photoshop 中,执行"编辑"|"变换"命令,可以对图像进行缩放、旋转、斜切、扭曲等操作。如果创建选区后使用这些命令,则会将选区内的图像一同变换。如果只想对选区进行变换操作,可以执行"选择"|"变换选区"命令,则只针对选区形状进行操作,而不会影响选区以外的图像。具体的操作步骤如下。

步骤 01 打开"素材文件\第 4 章\灯泡 .jpg"文件,选择"磁性套索工具" ,沿着灯泡图像外轮廓绘制选区,如下图所示。

步骤 02 执行"形状"|"变换选区"命令,选区四周将出现定界框,如下图所示。

步骤 03 在选区中右击,即可在弹出的快捷菜单中选择变换命令,操作方法和作用与"变换"命令一致,如下图所示。

步骤 04 如选择"旋转"命令，将光标放到定界框外侧按住鼠标左键拖动，即可旋转选区，如下图所示。

**操作提示：**

（1）新建一个图像文件，使用"椭圆选框工具"，在图像中绘制一个圆形选区，填充为红色。

（2）执行"编辑"|"描边"命令，为选区添加白色描边。

（3）使用"椭圆选框工具"，绘制一个较小的圆形选区，填充为白色。

（4）使用"多边形套索工具"，在白色圆形下方绘制四边形选区，填充为红色。

（5）输入文字。

2. 在人物图像边缘绘制选区，然后创建羽化效果，制作成添加投影的效果。（素材位置："素材文件 \ 第 4 章 \ 跳舞 .jpg"）

**操作提示：**

（1）打开"跳舞 .jpg"素材文件。

（2）使用"套索工具"，沿着人物图像边缘手动绘制一个选区。

（3）为选区应用羽化效果。

（4）适当变换选区，调整其高度和位置。

（5）新建图层，填充选区，并设置图层混合模式为"叠加"。

## 思考与练习

**一、填空题**

1. 执行"选择"|"取消选择"命令或按_____组合键即可取消选区。

2. 扩展选区就是将原有选区进行扩展；收缩选区是扩展选区的_____，可以将选区_____。

3. _____命令可以柔和模糊选区的边缘，主要是通过扩散选区的轮廓来达到模糊边缘的目的。

**二、选择题**

1. 执行"选择"|"全选"命令可以全选图像，可以按（　　）组合键。

    A. Alt+A        B. Ctrl+A

    C. Ctrl+Z       D. Shift+A

2. 选区运算的方式有（　　）。

    A. 添加到选区    B. 新建选区

    C. 从选区减去    D. 与选区交叉

3. 既可以使用一种颜色填充选区边界，又可以设置填充的宽度的命令是（　　）。

    A. 扩展         B. 描边

    C. 平滑         D. 边界

**三、上机题**

1. 通过"椭圆选框工具"绘制选区，并填充图像，再为选区应用描边、缩小等操作，制作如下图所示的促销价格标签。

## 本章小结

在学习 Photoshop 的过程中，本章所讲内容属于必须掌握的基本操作。选区的绘制和编辑并不复杂，但应用非常广泛，应重点学习选区工具的使用方法，以及属性栏中各选项的设置。熟悉并掌握这些知识，能够为后面的软件学习打下坚实的基础。

# 第 5 章

# 调整图像的颜色与色调

**Photoshop**

## 本章导读

本章将学习图像的影调、色彩与色调的调整方法，利用"调整"菜单中的各种颜色调整命令，可以对图像进行偏色矫正、反相处理、明暗度调整等操作。

学习本章时需要重点掌握以下几个色彩调整命令，其中包括"色阶""亮度 / 对比度""曲线""色相 / 饱和度""色彩平衡""可选颜色"和"去色"等。

## 学完本章后应该掌握的技能

■ 快速调整图像色彩

■ 图像的影调调整

■ 图像的色调调整

## 5.1 调色前的准备工作

在 Photoshop 中，经常会对图像颜色进行调整。调整颜色之前通过观察颜色获取一定的信息，才能更好地对图像进行调整。本章将介绍"信息"面板和"直方图"面板的作用与使用方法。

### 5.1.1 "信息"面板

通过"信息"面板，可以快速、准确地查看各种信息，包括光标所处的坐标、颜色信息、选区大小、定界框和文档大小等。具体的操作步骤如下。

步骤 01 打开一幅图像，执行"窗口"|"信息"命令，打开"信息"面板，将光标移动到图像中，面板中将会显示光标所在位置的精确坐标和颜色值，如下图所示。

步骤 02 选择"椭圆选框工具"，在图像中创建选区，面板中会随鼠标的拖动显示选框区域的宽度和高度，即 W 值和 H 值，如下图所示。

步骤 03 当图像中有变换操作时，面板中也可以显示宽度和高度的百分比变化，以及旋转角度（A）、水平/垂直切线（H）或缩放大小（W、H），如下图所示。

步骤 04 使用"裁剪工具"或"缩放工具"时，

面板中会显示相应的定界框的宽度和高度，即 W 值和 H 值，如下图所示。

### 5.1.2 "直方图"面板

直方图是用图形来表示图像的每个亮度级别的像素数量，并展示像素在图像中的分布情况。通过观察直方图，可以更好地对图像进行校正。

打开一幅图像，执行"窗口"|"直方图"命令，即可打开"直方图"面板，如下图所示。

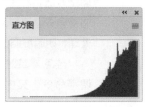

单击面板右上方的 ▤ 按钮，在打开的菜单中可以选择显示方式，如下图所示。其中，"紧凑视图"为默认显示方式，显示不带统计数据或控件的直方图；"扩展视图"显示带有统计数据和控件的直方图；"全部通道视图"不仅显示带有统计数据和控件的直方图，还将显示该模式下单个通道的直方图。

当"直方图"面板显示为"扩展视图"或"全部通道视图"时，面板中将显示统计数据，在直方图中拖动光标，可以显示所选范围内的数据信息，如下图所示。

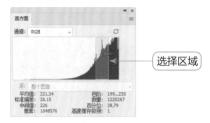

"直方图" 面板中各选项的作用说明如下

- 通道：在此下拉列表中可以选择显示亮度分布的通道，"明度" 表示复合通道的亮度，"红" "绿" 和 "蓝" 表示单个通道的亮度，"颜色" 表示在直方图中以不同颜色显示，如下图所示。

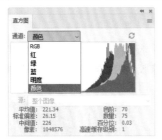

- 平均值：显示图像像素的平均亮度值，通过观察该值可以判断图像的色调类型。如直方图中的山峰位置偏左，说明该图像色调整体偏暗。
- 标准偏差：显示图像像素亮度值的变化范围。该值越高，则图像的亮度变化越大。
- 中间值：显示亮度值范围内的中间值。图像的色调越亮，中间值越大。
- 像素：显示用于计算直方图的像素总数。
- 色阶 / 数量：色阶显示光标所指区域的亮度级别；数量显示光标所指亮度级别的像素总数，如下图所示。

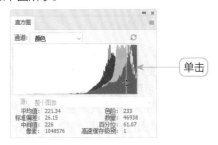

- 百分位：显示光标所指的级别或该级别以下的像素累计数。该值表示图像中所有像素的百分数，从最左侧的 0% 到最右侧的 100%。

## 5.2 快速调整图像的色彩

在 Photoshop 中，有些命令可以快速调整图像的整体色彩，如自动命令、"照片滤镜" 和 "反相" 命令等。

### 5.2.1 自动调整颜色

"自动色调" "自动对比度" 和 "自动颜色" 命令没有对话框，它们可以根据图像的色调、对比度和颜色进行快速调整，但只能进行简单的调整，并且调整效果不是很明显。如下图所示分别为原图和执行这三个命令后的效果。

### 5.2.2 照片滤镜

"照片滤镜" 命令是模拟相机镜头前的色片滤镜，通过为图像添加带颜色的滤镜来调整图像颜色。具体的操作步骤如下。

步骤 01 打开需要调整颜色的图像文件，如下图所示。

步骤 02 执行 "图像" | "调整" | "照片滤镜" 命令，打开 "照片滤镜" 对话框，如下图所示。

步骤 03 选择 "滤镜" 单选按钮，在其右侧的下拉列表中可以选择预设的滤镜效果应用到图像

中，如选择"青"滤镜，调整"浓度"参数，图像效果如下图所示。

步骤 04 选中"颜色"单选按钮，单击右侧的颜色框，在打开的"拾色器"对话框中可以设置过滤颜色，效果如下图所示。

5.2.3 去色

"去色"命令没有对话框，使用该命令可以去掉图像中的颜色，使其成为黑白色调图像。打开一幅图像，执行"图像"|"调整"|"去色"命令或按 Shift+Ctrl+U 组合键，可以将其调整为灰度效果，如下图所示。

5.2.4 反相

使用"反相"命令可以将图像的色彩反相，常用于制作胶片的效果。执行"图像"|"调整"|"反相"命令，可得到彩色负片效果，如下图所示。

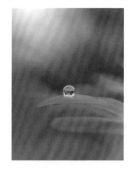

5.2.5 色调均化

"色调均化"命令可以重新分布图像中像素的亮度值，以便更均匀地呈现所有范围的亮度（即 0 ~ 255）。在使用该命令时，图像中最亮的值将变成白色，最暗的值将变成黑色，中间的值将分布在整个灰度范围内。打开一幅图像，执行"图像"|"调整"|"色调均化"命令，效果如下图所示。

5.2.6 实例——制作黑白底片效果

扫一扫，看视频

本实例将制作一个黑白底片效果，主要练习"反相"和"去色"命令的使用，最终效果如下图所示。

本实例具体的操作步骤如下。

步骤 01 执行"文件"|"打开"命令，打开"素材文件\第5章\杯子.jpg"文件，如下图所示。

步骤 02 执行"图像"|"调整"|"反相"命令，得到反相图像效果，如下图所示。

步骤 03 执行"图像"|"调整"|"去色"命令，将图像转变为黑白色调，如下图所示。

步骤 04 打开"素材文件\第5章\胶卷.jpg"文件，使用"移动工具" ，将制作好的黑白图像拖动到反相图像中，适当调整图像大小，如下图所示。

步骤 05 在"图层"面板中设置该图层的混合模式为"正片叠底"，得到底片效果，如下图所示。

## 5.3 调整图像的影调

在图像处理过程中很多时候需要进行明暗度（影调）的调整。通过对图像明暗度的调整可以提高图像的清晰度，使图像看上去更加生动。

### 5.3.1 亮度/对比度

"亮度/对比度"命令是常用的调整影调的命令，可以快速调整图像中整体的亮度/对比度，从而实现对图像影调的调整。具体的操作步骤如下。

步骤 01 打开"素材文件\第5章\湖边.jpg"文件，如下图所示。

步骤 02 执行"图像"|"调整"|"亮度/对比度"命令，打开"亮度/对比度"对话框，设置"亮度"为68，"对比度"为18，如下图所示。

**步骤 03** 单击"确定"按钮，得到调整亮度和对比度后的效果，如下图所示。

### 5.3.2 色阶

"色阶"命令能够做更加精确的调整，除了调整图像中颜色的亮度和对比度外，还能分别针对图像中的阴影、中间调和高光强度做调整，使画面更有层次感。具体的操作步骤如下。

**步骤 01** 执行"文件"|"打开"命令，打开一幅需要调整色阶的图像，如下图所示。

**步骤 02** 执行"图像"|"调整"|"色阶"命令，打开"色阶"对话框，❶ 选择"输入色阶"右下方的三角形滑块，向左拖动，❷ 选择中间的三角形滑块，向左拖动，如下图所示。

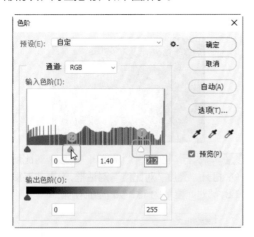

"色阶"对话框中主要选项的作用说明如下。

- 预设：其中预存了多种色调的明暗模式，选择所需的命令可以快速设置图像的色阶。
- 通道：包括图像的色彩模式和原色通道，用于选择需要调整的颜色通道。

- 输入色阶：从左至右分别用于设置图像的暗部色调、中间色调和亮部色调，可以在文本框中直接输入相应的数值，也可以拖动色调直方图底部的三个滑块进行调整。
- 输出色阶：左边的编辑框用于调整图像的亮度和对比度，范围为 0 ~ 255；右边的编辑框用来降低亮部的亮度，范围为 0~255。
- 自动：单击该按钮，可自动调整图像的整体色调。

**步骤 03** 选择"输出色阶"左下方的三角形滑块，向左拖动即可调整图像暗部的色调，如下图所示。

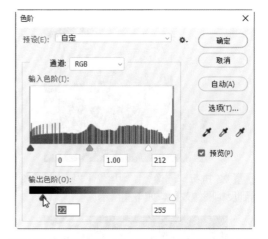

**步骤 04** 单击"确定"按钮，得到调整色阶后的图像效果，如下图所示。

### 5.3.3 曲线

"曲线"命令是非常重要且强大的调整命令，也是实际工作中使用频率最高的调整命令之一。它能够通过调整曲线的形状，对图像的色调进行非常精确的调整。

执行"图像"|"调整"|"曲线"命令，打开"曲线"对话框，如下图所示，该对话框中包含一个色调曲线图，其中曲线的水平轴代表图像原来的亮度值，即输入值；垂直轴代表调整后的亮度值，即输出值。

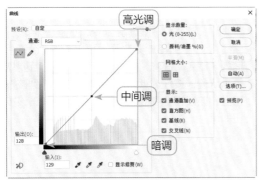

"曲线"对话框中主要选项的作用说明如下。

- 通道：用于显示当前图像文件的色彩模式，可以从中选取单色通道，对单一的色彩进行调整。
- 输入：用于显示原来图像的亮度值，与色调曲线的水平轴相同。
- 输出：用于显示图像处理后的亮度值，与色调曲线的垂直轴相同。
- 编辑点以修改曲线 ∿：系统默认的曲线工具，用来在图表中的各处制造节点，从而产生色调曲线。
- 通过绘制来修改曲线 ✎：用铅笔工具在图表上画出需要的色调曲线后，单击该按钮，当鼠标指针变成画笔后，可用画笔徒手绘制色调曲线。

设置并调整曲线的操作步骤如下。

步骤 01 执行"文件"|"打开"命令，打开一幅色调较暗的图像，如下图所示。

步骤 02 执行"图像"|"调整"|"曲线"命令，打开"曲线"对话框，在曲线上方单击，创建一个节点，再按住鼠标左键向上拖动，增加高光区域的亮度，如下图所示。

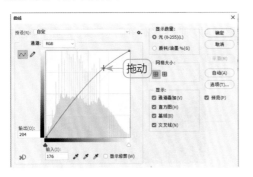

步骤 03 在曲线中间单击，创建一个节点，然后向上方拖动鼠标，增加暗部图像的亮度，如下图所示。

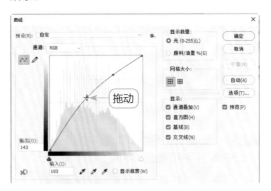

步骤 04 在曲线下方单击，创建一个节点，适当向下拖动鼠标，降低暗部色调，增加图像的对比度，如下图所示。

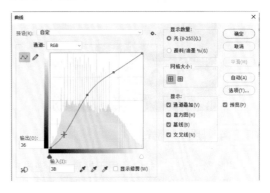

步骤 05 在"通道"下拉列表中可以选择通道进行调整。如选择"蓝"通道，如下图所示。

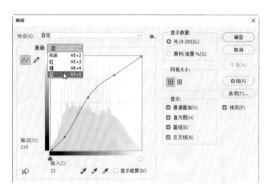

**步骤 06** 在曲线中间添加节点，并向下拖动鼠标，降低中间色调中蓝色的饱和度，如下图所示。

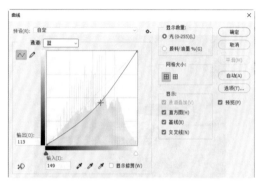

**步骤 07** 单击"确定"按钮，完成图像的调整，如下图所示。

### 5.3.4 阴影 / 高光

"阴影 / 高光"命令适用于处理一些逆光拍摄的照片。在调整图像的阴影区域时，对高光区域的影响很小，而调整高光区域又对阴影区域的影响很小。

执行"图像"|"调整"|"阴影 / 高光"命令，打开"阴影 / 高光"对话框，选中"显示更多选项"复选框，可以将该命令中的所有选项显示出来，如下图所示。

"阴影 / 高光"对话框中各选项的作用说明如下。

- "阴影"选项组：用来增加或降低图像中的暗部色调。
- "高光"选项组：用来增加或降低图像中的高光部分。
- "调整"选项组：用于调整图像中的颜色偏差。
- 存储默认值：单击该按钮，可以将当前设置存储为"暗部 / 高光"命令的默认设置。若要恢复默认值，按住 Shift 键，将鼠标指针移到该按钮上，该按钮会变成"恢复默认值"，单击该按钮即可。

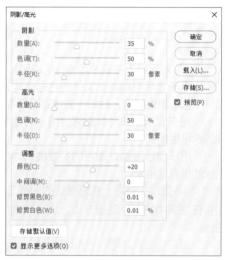

### 5.3.5 实例——调整灰暗照片

扫一扫，看视频

本实例将通过调整图像的光影，去除灰暗色调，得到更加明亮通透的图像效果，主要练习"阴影 / 高光"和"亮度 / 对比度"命令的使用，最终效果如下图所示。

本实例具体的操作步骤如下。

**步骤 01** 执行"文件"|"打开"命令，打开"素材文件\第 5 章\背影 .jpg"文件，如下图所示。通过观察可以发现照片整体的色调偏灰，画面不够通透。

步骤 02 执行"图像"|"调整"|"阴影/高光"命令,打开"阴影/高光"对话框,通过默认设置,图像将自动得到调整,如下图所示。

步骤 03 ❶ 选中"显示更多选项"复选框,将显示其他选项,❷ 调整"阴影"选项组的参数,提高图像中的阴影区域,❸ 调整"高光"选项组的参数,降低图像中的高光区域,❹ 设置"调整"选项组的参数,增加图像中的颜色饱和度,如下图所示。

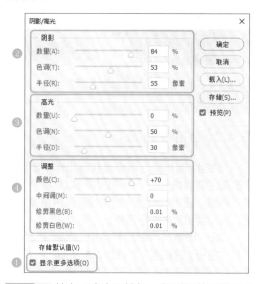

步骤 04 单击"确定"按钮,得到调整后的图像效果,如下图所示。

步骤 05 执行"图像"|"调整"|"亮度/对比度"命令,打开"亮度/对比度"对话框,增加图像的亮度,并降低对比度,如下图所示。

步骤 06 单击"确定"按钮,得到增加整体亮度的图像效果,如下图所示,完成本实例的制作。

### 5.3.6 曝光度

"曝光度"命令主要用于调整 HDR 图像的色调,也可用于 8 位和 16 位图像。

打开一幅图像,执行"图像"|"调整"|"曝光度"命令,打开"曝光度"对话框,如下图所示。

"曝光度"对话框中各选项的作用说明如下。

- 预设:其中预设了 4 种曝光效果,分别是"减 1.0""减 2.0""加 1.0"和"加 2.0",选择预设选项后可以快速对图像进行调整。如下图所示为选择"减 2.0"和"加 2.0"选项的效果。

- 预设选项 ⚙ :单击该按钮,可以对当前设置的参数进行保存,或载入一个外部的预设来调整文件。
- 曝光度:向左拖动滑块,可以降低曝光效果;

向右拖动滑块，可以增强曝光效果，如下图所示。

- 位移：主要对阴影和中间调起作用，可以使色调变暗，但对高光基本不会产生影响。
- 灰度系数校正：使用一种乘方函数来调整图像的灰度系数。

## 5.4 调整图像的色调

对于偏色、低饱和度的图像，可以应用色调调整命令对图像进行调整，同时可以将彩色图像调整为黑白色调。下面将分别进行介绍。

### 5.4.1 自然饱和度

使用"自然饱和度"命令能够更加精细地调整图像的饱和度，让图像最大限度地减少颜色的流失。"自然饱和度"命令在调整人物图像时还可以防止肤色过度饱和。

步骤 01 打开一幅图像，如下图所示。

步骤 02 执行"图像"|"调整"|"自然饱和度"命令，打开"自然饱和度"对话框。如果增加图像的饱和度，可以将"自然饱和度"和"饱和度"下面的三角形滑块向右拖动，如下图所示。

"自然饱和度"对话框中各选项的作用说明如下。

- 自然饱和度：用于增加或减少颜色的饱和度，在颜色过度饱和时使颜色不流失。
- 饱和度：可以将相同的饱和度调整量用于图像中所有的颜色。

步骤 03 调整图像的饱和度到合适的值后，通过预览，可以得到如下图所示的效果。

步骤 04 如果要降低图像的饱和度，则可以将"自然饱和度"和"饱和度"下面的三角形滑块向右拖动，效果如下图所示。

### 5.4.2 色相 / 饱和度

"色相 / 饱和度"命令是实际工作中使用频率最高的调整命令之一。通过它可以对单个通道进行调整，还可以对整个图像或选区内图像的色相、饱和度和明度进行调整。

执行"图像"|"调整"|"色相 / 饱和度"命令，打开"色相 / 饱和度"对话框，如下图所示。

"色相 / 饱和度"对话框中各选项的作用说明如下。

- 预设：提供了8种色相/饱和度预设，如下图所示，选择不同的选项可以得到不同的图像效果。

- 通道下拉列表：用于选择作用范围。如选择"全图"选项，将对图像中所有颜色的像素起作用，其余选项表示对某一颜色成分的像素起作用。如选择"绿色"通道，然后调整"色相""饱和度"和"明度"参数，得到的效果如下图所示。

- 色相/饱和度/明度：通过拖动滑块或输入参数，可以调整所选颜色的色相、饱和度和明度。
- 着色：选中该复选框，可以将图像调整为灰色或单色的效果，如下图所示。

### 5.4.3 实例——制作高饱和度图像

　　本实例将调整照片色调，提高图像的饱和度和明暗对比度，得到一幅明亮鲜艳的风景画。主要练习"色

扫一扫，看视频

相/饱和度"和"曲线"命令的使用，最终效果如下图所示。

　　本实例具体的操作步骤如下。

**步骤 01** 执行"文件"|"打开"命令，打开"素材文件\第5章\湖光山色.jpg"文件，如下图所示。通过观察可以发现照片色调暗淡，饱和度较低，需要进行调整。

**步骤 02** 执行"图像"|"调整"|"色相/饱和度"命令，打开"色相/饱和度"对话框，拖动"饱和度"下方的三角形滑块，增加图像整体的饱和度，如下图所示。

**步骤 03** 在通道下拉列表选择"蓝色"，然后通过设置"色相"和"饱和度"参数来调整天空的色调，如下图所示。

步骤 04 单击"确定"按钮，执行"图像"｜"调整"｜"曲线"命令，打开"曲线"对话框，在曲线中间添加节点并按住鼠标左键向上拖动，增加画面整体的亮度，如下图所示，得到更加明亮的图像效果，完成本实例的调整。

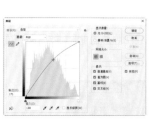

💡 高手点拨

使用"曲线"命令调整画面整体的亮度，是为了调整后的图像可以显得更加柔和。如果使用"亮度／对比度"或"色相／饱和度"命令中的"明度"选项调整，画面会显得更加生硬。

### 5.4.4 色彩平衡

使用"色彩平衡"命令可以对图像色彩进行校正，并更改图像总体颜色的混合程度。打开一幅图像，如下图所示。

执行"图像"｜"调整"｜"色彩平衡"命令或按 Ctrl+B 组合键，打开"色彩平衡"对话框，如下图所示。

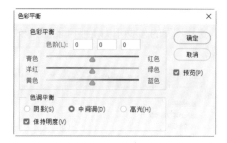

"色彩平衡"对话框中各选项的作用说明如下。

- 色彩平衡：用于调整各种颜色在图像中所占的比例，可以直接输入参数值，也可以拖动滑块进行调整。如向右拖动"青色 - 红色"滑块，可以在图像中增加红色，同时减少其补色青色；向左拖动"青色 - 红色"滑块，可以在图像中增加青色，同时减少其补色红色，如下图所示。

- 色调平衡：选择调整色彩平衡的方式，包含"阴影""中间调"和"高光"三个选项。如下图所示，分别是在"阴影""中间调"和"高光"添加蓝色以后的效果。如果选中"保持明度"复选框，还可以保持图像的色调不变，以防止亮度值随着颜色的改变而改变。

选择阴影

选择中间调

选择高光

## 5.4.5　实例——校正照片色调

　　本实例将校正照片中的色调，对偏色的图像进行调整，得到一张色彩正常并丰富的照片。主要练习"色相 / 饱和度"和"色彩平衡"命令的使用，最终效果如下图所示。

扫一扫，看视频

　　本实例具体的操作步骤如下。

**步骤 01** 执行"文件"|"打开"命令，打开"素材文件\第5章\偏色照片.jpg"文件，如下图所示。

　　通过观察可以发现照片整体偏绿，下面将为其添加红色调和黄色调，校正图像颜色。

**步骤 02** 执行"图像"|"调整"|"色相 / 饱和度"命令，打开"色相 / 饱和度"对话框，对全图进行调整，设置"色相"参数为 -15。

**步骤 03** 通过预览得到调整后的图像效果，如下图所示。

**步骤 04** ❶ 在通道下拉列表中选择"黄色"通道，❷ 设置"色相"参数为 +5，将图像偏向红色调，如下图所示。

**步骤 05** 单击"确定"按钮，得到调整后的图像效果，如下图所示。

**步骤 06** 执行"图像"|"调整"|"色彩平衡"命令，打开"色彩平衡"对话框，❶选中"阴影"单选按钮，❷为图像添加一些蓝色调，使阴影图像偏红，如下图所示。

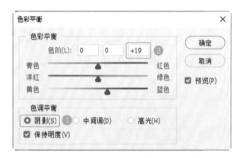

**步骤 07** ❶选中"中间调"单选按钮，分别为图像添加红色调和黄色调，❷设置"色阶"参数为 +19、–7、–50，如下图所示。

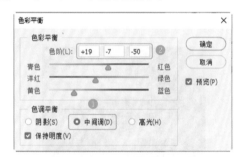

**步骤 08** 单击"确定"按钮，得到调整完成的效果，如下图所示。

**5.4.6 匹配颜色**

使用"匹配颜色"命令可以将两幅图像的颜色混合，达到改变当前图像色彩的目的，还可以通过更改图像的亮度，颜色强度及中和色调来调整图像中的颜色。具体的操作步骤如下。

**步骤 01** 执行"文件"|"打开"命令，打开"素材文件 \ 第 5 章 \ 城堡 .jpg、背景 .jpg"文件，如下图所示，选择"城堡"图像为当前编辑的文件。

**步骤 02** 执行"图像"|"调整"|"匹配颜色"命令，打开"匹配颜色"对话框，"目标"已经自动选择"城堡"文件，❶在"源"下拉列表中选择"背景"文件，❷分别调整图像的"明亮度""颜色强度"和"渐隐"参数，如下图所示。

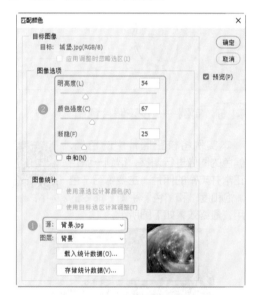

"匹配颜色"对话框中各选项的作用说明如下。

- 目标图像：用来显示当前图像文件的名称。
- 图像选项：用于调整匹配颜色时的亮度、颜色强度和渐隐效果。其中"中和"复选框用于选择是否将两幅图像的中性色进行色调的中和。

● 图像统计：用于选择匹配颜色时图像的来源或所在的图层。

步骤 03 完成后单击"确定"按钮，对图像进行匹配颜色的效果如下图所示。

### 5.4.7 替换颜色

使用"替换颜色"命令可以调整图像中选取的特定颜色区域的色相、饱和度和亮度值，将指定的颜色替换掉。具体的操作步骤如下。

步骤 01 执行"文件"|"打开"命令，打开一幅需要替换颜色的图像，如下图所示。

步骤 02 执行"图像"|"调整"|"替换颜色"命令，打开"替换颜色"对话框，❶ 使用吸管工具在图像中单击背景图像，❷ 设置"颜色容差"为 72，❸ 设置替换颜色的色相、饱和度和明度，如下图所示。

"替换颜色"对话框中各选项的作用说明如下。

● 吸管工具组：三个吸管工具分别用于拾取、增加和减少颜色。

● 颜色容差：用于调整图像中替换颜色的范围。

● 选区：预览框中以黑白选区蒙版的方式显示图像。

● 图像：预览框中以原图的方式显示图像。

● 色相 / 饱和度 / 明度：通过拖动滑块或输入数值来调整所替换颜色的色相、饱和度和明度。

步骤 03 设置各参数后，单击"确定"按钮，得到替换颜色后的图像效果，如下图所示。

### 5.4.8 可选颜色

使用"可选颜色"命令可以对图像中的某种颜色进行调整，只修改图像中某种颜色的数量而不影响其他颜色。具体的操作步骤如下。

步骤 01 执行"文件"|"打开"命令，打开一幅需要调整颜色的图像，如下图所示。

步骤 02 执行"图像"|"调整"|"可选颜色"命令，打开"可选颜色"对话框，在"颜色"下拉列表中选择需要调整的颜色，如调整人物肌肤，这里选择"红色"，降低"洋红""黄色"以及"黑色"参数，如下图所示。

"可选颜色"对话框中各选项的作用说明如下。

● 颜色：用于选择要调整的颜色。

● 青色 / 洋红 / 黄色 / 黑色：通过拖动滑块，为选择的颜色增加或降低当前颜色。

● 方法：选中"相对"单选按钮表示按 CMYK 总量的百分比调整颜色；选中"绝对"单选按钮表示按 CMYK 总量的绝对值调整颜色。

步骤 03 在"颜色"下拉列表中选择"黄色"，调整其参数值，如下图所示，

步骤 04 单击"确定"按钮后，得到的图像效果如下图所示，人物肌肤变得更加白皙嫩滑。

⊙ 高手点拨·。

　　在调整人物肌肤时，通常在"颜色"下拉列表中选择"黄色"和"红色"进行调整，降低或增加图像中的"洋红"和"黑色"值，都能很好地调整肌肤色彩。

### 5.4.9 通道混合器

　　通过"通道混合器"命令可以创建高品质的灰度图像，还可以对图像中某个通道的颜色进行调整，以创建出各种不同色调的图像。打开一幅图像，执行"图像"|"调整"|"通道混合器"命令，

打开"通道混合器"对话框，如下图所示。

　　"通道混合器"对话框中各选项的作用说明如下。

● 预设：Photoshop 提供了 6 种制作黑白图像的预设效果，如下图所示。

● 预设选项 ✿.：单击该按钮，可以对当前设置的参数进行保存，或载入一个外部的预设来调整文件。
● 输出通道：可以选择一种通道对图像的色调进行调整。
● 源通道：用来设置源通道在输出通道中所占的百分比。选择输出通道后，将滑块向左拖动，可以减小该通道在输出通道中所占的百分比；向右拖动，可以增加其百分比，如下图所示。

● 总计：显示源通道的计数值。如果计数值大于 100%，则有可能会丢失一些阴影和高光细节。

- 常数：用来设置输出通道的灰度值，负值可以在通道中增加黑色，正值可以在通道中增加白色。
- 单色：选中该复选框后，图像将变成黑白效果，如下图所示。

### 5.4.10 渐变映射

顾名思义，渐变映射就是将渐变色映射到图像上。在映射过程中，首先将图像转换为灰度色调，然后将相等的图像的灰度范围映射到指定的渐变填充色中。

打开"素材文件\第5章\劳动.jpg"文件，执行"图像"|"调整"|"渐变映射"命令，打开"渐变映射"对话框，如下图所示。

"渐变映射"对话框中各选项的作用说明如下。

- 灰度映射所用的渐变：单击下面的渐变色条，打开"渐变编辑器"对话框，在其中可以编辑一种渐变色并应用到图像上，如下图所示。

- 仿色：选中该复选框后，Photoshop 会添加一些随机的杂色来平滑渐变效果。
- 反向：选中该复选框后，可以反转渐变的填充方向，如下图所示。

### 5.4.11 色调分离

使用"色调分离"命令，可以指定图像中每个通道的色调级（或亮度值）的数目，然后将像素映射为最接近的匹配级别。打开一幅素材图像，如下图所示。

执行"图像"|"调整"|"色调分离"命令，打开"色调分离"对话框，设置"色阶"参数为4，得到如下图所示的效果。"色阶"选项用于设置图像色调变化的程度，数值越大，图像色调的变化越大，效果越明显。

### 5.4.12 黑白

使用"黑白"命令可以轻松地将彩色图像转换为丰富的黑白图像，精细调整图像整体色调值和浓淡，并且可以将图像制作为单色调图像。具体的操作步骤如下。

步骤 01 打开一幅图像，如下图所示。

步骤 02 执行"图像"|"调整"|"黑白"命令，打开"黑白"对话框，系统默认将图像转换为灰度色彩，如下图所示。

步骤 03 原画面中蓝色和绿色较多，可以适当调整这两种颜色的参数，增强画面的对比度，设置参数后确定，即可得到调整图像后的效果，如下图所示。

步骤 04 如果要为图像添加单一色调，则可以选中"色调"复选框，然后调整"色相"和"饱和度"的三角形滑块，如调整色相为 39、饱和度为 47%，效果如下图所示。

### 5.4.13 阈值

通过"阈值"命令可以将一幅彩色或灰度图像变成只有黑白两种色调的黑白图像。该命令常用来制作版画效果。

打开一幅需要调整颜色的图像，如下图所示。

执行"图像"|"调整"|"阈值"命令，打开"阈值"对话框，拖动下面的三角形滑块或设置阈值参数，完成后单击"确定"按钮，即可调整图像的效果，如下图所示。

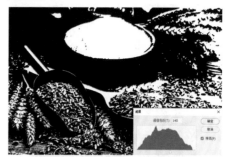

**综合演练：制作咖啡馆代金券**

扫一扫，看视频

对于一些产品照片，原片往往会因为灯光和环境的影响，颜色不如人意，还需要进行后期调整。本实例将结合多个颜色调整命令的运用，制作一张咖啡馆代金券。首先对产品图片进行调整，校正图像颜色、增加图像饱和度与亮度，然后添加广告文字和地址电话等信息，得到完整的画面效果。

本实例具体的操作步骤如下。

步骤 01 打开"素材文件\第 5 章\咖啡 .jpg"文件，如下图所示。

步骤 02 执行"图像"|"调整"|"色相/饱和度"命令,打开"色相/饱和度"对话框,调整全图的色相,设置"色相"为 –13,使图像整体偏红,如下图所示。

步骤 06 执行"图像"|"调整"|"自然饱和度"命令,打开"自然饱和度"对话框,增加图像的饱和度,设置"自然饱和度"和"饱和度"分别为 +37 和 +23,如下图所示。

步骤 03 单击"确定"按钮,得到校正色调后的图像效果,如下图所示。

步骤 07 单击"确定"按钮,完成产品图片颜色的调整,如下图所示。

步骤 08 执行"文件"|"新建"命令,打开"新建文档"对话框,设置文件名称为"咖啡馆代金券","宽度"和"高度"分别为 17.6 厘米和 7.6 厘米,"分辨率"为 300 像素/英寸,如下图所示,单击"确定"按钮。

步骤 04 执行"图像"|"调整"|"亮度/对比度"命令,打开"亮度/对比度"对话框,增加图像整体的亮度,设置"亮度"为 46,如下图所示。

步骤 05 单击"确定"按钮,得到增加图像亮度的效果,如下图所示。

步骤 09 新建图像文件，然后使用"移动工具" ⊕，将咖啡图像拖动到新建文档中，放到画面左侧，如下图所示。

步骤 10 选择"矩形选框工具" □，在画面右侧绘制一个矩形选区，填充为深红色（R81,G30,B0），如下图所示。

步骤 11 打开"素材文件\第5章\咖啡素材.psd"文件，选择"移动工具" ⊕，将素材图像拖动到画面上方，如下图所示。

步骤 12 选择"横排文字工具" T.在画面左上方输入广告文字，在属性栏中设置字体为黑体，填充为橘黄色（R247,G192,B2），再适当调整文字大小，如下图所示。

步骤 13 继续在代金券右侧输入文字，将数字字体设置为 Impact，其他文字设置为黑体，然后填充为白色，参照如下图所示的方式排列。

步骤 14 打开"素材文件\第5章\咖啡豆.psd"文件，使用"移动工具" ⊕，将其拖动到画面右侧，如下图所示，完成本实例的制作。

## 举一反三：制作新鲜水果海报

扫一扫，看视频

通过对图像色调的校正，得到正确的产品图像颜色，再配以文字和排版效果，制作出一张新鲜水果海报，如下图所示。

本实例具体的操作步骤如下。

步骤 01 执行"文件"|"打开"命令，打开"素材文件\第5章\柚子.jpg"文件，如下图所示。首先调整产品图像颜色，将柚子的果肉颜色调整得鲜艳明亮。

步骤 02 执行"图像"|"调整"|"色彩平衡"命令，打开"色彩平衡"对话框，选中"中间调"单选按钮，然后为图像添加红色和黄色，设置"色阶"

为 +26、0、-14，如下图所示。

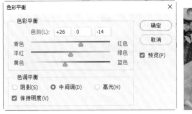

增加洋红和黄色的参数值，并适当降低黑色的参数值，单击"确定"按钮，得到如下图所示的效果，果肉颜色变得更加红艳。

**步骤 03** 执行"图像"|"调整"|"曲线"命令，打开"曲线"对话框，❶ 在曲线中间添加一个控制点，向上拖动鼠标，❷ 在下方再添加一个控制点，向下拖动鼠标，增加图像的亮度和对比度，如下图所示。

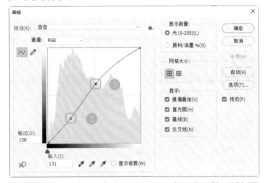

**步骤 07** 打开"素材文件\第5章\文字.psd"文件，选择"移动工具" ⊕，将其拖动到画面左上方，如下图所示。

**步骤 04** 单击"确定"按钮，得到调整后的图像效果，如下图所示。

**步骤 08** 选择"矩形选框工具" ▱，在画面下方绘制一个矩形选区，填充为粉红色（R223,G186,B158），如下图所示。

**步骤 05** 执行"图像"|"调整"|"可选颜色"命令，打开"可选颜色"对话框，❶ 选择"颜色"为"红色"，❷ 增加红色调中每种颜色的参数值，如下图所示。

**步骤 06** ❶ 选择"颜色"为"黄色"，❷ 适当

**步骤 09** 选择"横排文字工具" T，在粉红色矩形中输入地址、电话等文字信息，在属性栏中设置字体为方正非凡体简体，颜色为红色（R203,G20,B32），如下图所示。

## 新手问答

**Q1：能否在"通道"面板中调整图像色调？**

在"通道"面板中选择某一通道后，可以对其应用部分色调命令，并且在调整时，在对话框中将自动显示已选定的通道。具体的操作步骤如下。

步骤 01 打开"素材文件 \ 第 5 章 \ 冬季 .jpg"文件，如下图所示。

步骤 02 打开"通道"面板，选择其中一个通道，如"绿"通道，如下图所示。

步骤 03 执行"图像"|"调整"命令，在打开的子菜单中有部分命令为灰色状态，表示这部分命令在单色通道中不能使用，如下图所示。

步骤 04 选择"曲线"命令，打开"曲线"对话框，在通道中已经自动选择"绿"通道，调整曲线，如下图所示。

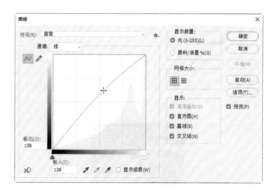

步骤 05 单击"确定"按钮，在"通道"面板中选择 RGB 通道，显示调整后的效果，如下图所示。

**Q2："去色"命令与"黑白"命令有何不同？**

使用"去色"命令会让图像失去部分细节，并且只能简单地去掉图像中的颜色，只保留原图像中单纯的黑白灰关系。"黑白"命令则可以通过参数的设置，调整多个颜色在黑白图像中的亮度，最大限度地保留图像细节。要制作高质量的黑白图像，通常会使用"黑白"命令。

思考与练习

**一、填空题**

1. 在 Photoshop 中，自动调整命令有＿＿＿＿＿、＿＿＿＿＿和＿＿＿＿＿。

2. ＿＿＿＿＿命令能够通过调整曲线的形状，对图像的色调进行非常精确的调整。

3. "色阶"命令能够做更加精确的调整，除了调整图像中颜色的亮度和对比度外，还能分别针对图像中的＿＿＿＿＿、＿＿＿＿＿、＿＿＿＿＿进行调整。

**二、选择题**

1. 用图形来表示图像的每个亮度级别的像素数量，并能展示像素在图像中的分布情况的是（　　　）。

 A. 直方图   B. "色阶"命令   C. "信息"面板   D. "曲线"命令

2. 使用（　　　）命令可以将两张图像颜色进行混合，达到改变当前图像色彩的目的。

 A. 通道混合器  B. 可选颜色   C. 黑白   D. 匹配颜色

3. "曝光度"命令主要用于调整（　　　）图像的色调。

 A. 灰度   B. HDR   C. 黑白   D. 彩色

**三、上机题**

1. 通过"曲线"对话框中的通道，调整图像的颜色、亮度和对比度等，再添加素材图像，制作如下图所示的电影色调。（素材位置："素材文件\第5章\自行车.jpg、夏天.psd"）

操作提示：

（1）打开"自行车.jpg"素材图像。

（2）执行"图像"|"调整"|"曲线"命令，打开"曲线"对话框。

（3）分别选择"绿"和"红"通道，在曲线中间添加节点，向下拖动曲线。

（4）执行"图像"|"调整"|"自然饱和度"命令，打开"自然饱和度"对话框，适当增加图像的饱和度。

（5）添加"夏天.psd"素材图像。

2. 通过"黑白"命令，将一张彩色照片制作成黑白色调的老照片，效果如下图所示。（素材位置："素材文件\第5章\田间.jpg"）

操作提示：

（1）打开"田间.jpg"素材图像。

（2）执行"图像"|"调整"|"黑白"命令，打开"黑白"对话框，通过默认设置得到黑白色调图像。

（3）执行"滤镜"|"杂色"|"添加"命令，打开"添加杂色"对话框。

（4）选中"单色"复选框，然后适当设置参数，增加图像中的杂点，得到老照片效果。

## 本 章 小 结

本章主要学习了在 Photoshop 中运用图像调整命令来调整图像的影调、色调和色彩。想将一幅图像调整到需要的效果，通常需要结合多个色调调整命令的使用。

# 第6章

# 绘制图像

**Photoshop**

## 本章导读

在 Photoshop 中绘制图像前，首先要设置颜色，然后才能填充颜色并绘制图像。

本章将详细介绍颜色的各种设置方法，以及填充图像和绘制图像的操作，主要包括前景色与背景色的设置，"拾色器"对话框的设置，画笔工具的使用，油漆桶工具的使用，以及渐变填充操作等。

## 学完本章后应该掌握的技能

■ 设置颜色
■ 填充图像
■ 绘制图像

## 6.1 设置颜色

任何图像都离不开颜色，使用任何工具绘制图像都需要设置颜色或填充颜色。在 Photoshop 中提供了很多种设置颜色的方法，下面将分别进行介绍。

### 6.1.1 前景色和背景色

在 Photoshop 工具箱底部有一组前景色和背景色设置按钮，如下图所示。默认情况下，前景色为黑色，背景色为白色。

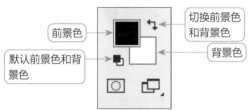

各个按钮的作用说明如下。

● 前景色：单击前景色图标，将打开"拾色器（前景色）"对话框，单击色域区或者输入颜色值，即可设置前景色，如下图所示。

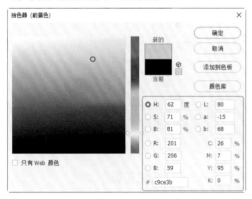

● 背景色：单击背景色图标，在打开的"拾色器（背景色）"对话框中，可以设置一种颜色作为背景色。
● 切换前景色和背景色：单击"切换前景色和背景色"图标 ，或按 X 键，可以切换所设置的前景色和背景色。
● 默认前景色和背景色：单击"默认前景色和背景色"图标 ，或按 D 键，可以恢复默认的前景色和背景色。

### 6.1.2 使用"拾色器"

在 Photoshop 中，颜色的设置几乎都需要用到拾色器。在"拾色器"对话框中，可以设置 HSB、RGB、Lab 和 CMYK 颜色模式的参数值，如下图所示。

"拾色器"对话框中各选项的作用说明如下。
● 色域 / 所选颜色：在对话框左侧的色域中拖动鼠标，可以改变当前拾取的颜色。
● 新的 / 当前："新的"颜色块中显示的是当前设置的颜色；"当前"颜色块中显示的是上一次用过的颜色。
● 溢色警告 ：HSB、RGB 以及 Lab 颜色模式中的部分颜色在 CMYK 印刷模式中不能准确印刷出来，这些颜色称为"溢色"。出现警告以后，单击警告图标下面的色块，可以将颜色替换为与 CMYK 颜色中最接近的颜色。
● 非 Web 安全色警告 ：出现该警告图标表示当前所设置的颜色不能在网络上准确显示出来。单击警告图标下面的色块，可以将颜色替换为与其最接近的 Web 安全颜色。
● 颜色滑块：拖动颜色滑块可以更改当前可选的颜色范围。
● 颜色值：显示当前所设置颜色的数值，也可以通过输入数值来设置精确的颜色。
● 只有 Web 颜色：选中该复选框后，只能在色域中显示 Web 安全色，如下图所示。

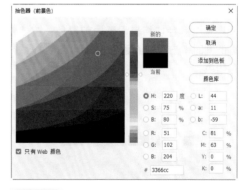

● 添加到色板 ：单击该按钮，可以将当前设置的颜色添加到"色板"面板中。
● 颜色库 ：单击该按钮，可以打开"颜色库"对话框，如下图所示，可以对照色标在色库中选择所需的标准颜色。

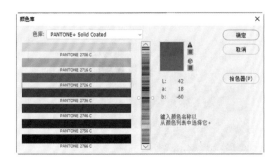

### 6.1.3 使用"颜色"面板组

"颜色"面板组中包含 4 个面板，分别是"颜色"面板、"色板"面板、"渐变"面板和"图案"面板，可以通过多种方法设置颜色。各面板的作用说明如下。

- "颜色"面板：执行"窗口"|"颜色"命令，打开"颜色"面板，面板左上方的色块分别代表前景色与背景色，如下图所示。选择其中一个色块，分别拖动R、G、B中的滑块或输入参数值即可设置颜色，设置后的颜色将应用到前景色框或背景色框中，还可以在"颜色"面板下方的颜色样本框中单击选择颜色。

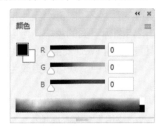

- "色板"面板：执行"窗口"|"色板"命令，打开"色板"面板，面板上方将显示用过的颜色，下方有多组颜色列表，如下图所示。单击任意一个颜色块将其设置为前景色，按住 Alt 键的同时单击其中的颜色块，则可将其设置为背景色。

- "渐变"面板：执行"窗口"|"渐变"命令，打开"渐变"面板，在面板上方显示用过的渐变颜色，下面的列表分别集合了多种渐变色和图案组合，如下图所示。在"渐变"面板中单击任意一个颜色块，即可得到预设的渐变颜色。

- "图案"面板：在"图案"面板中单击选择任意一种图案，即可得到预设的图案样式，如下图所示。

### 6.1.4 使用"吸管工具"

在使用"吸管工具" ![吸管] 前应先打开或新建图像文件，然后使用"吸管工具"吸取图像或面板中的颜色，以作为前景色或背景色，

选择工具箱中的"吸管工具" ![吸管] ，其属性栏如下图所示。

"吸管工具"属性栏中各个选项的作用说明如下。

- 取样大小：可以设置采样区域的像素大小，采样时取其平均值。
- 样本：可以设置采样的图像为当前图层还是所有图层。

将光标移动到图像窗口中,单击所需要的颜色,吸取的颜色将作为前景色;选择"吸管工具" 🖊️,然后按住 Alt 键在图像中单击,得到背景色,如下图所示。

### 6.1.5 存储颜色

在 Photoshop 中,可以设置任意颜色,并且可以将设置的颜色存储在"色板"面板中,方便以后直接调用。具体的操作步骤如下。

步骤 01 在前景色中设置需要保存的颜色,执行"窗口"|"色板"命令,打开"色板"面板,单击面板底部的"创建新色板"按钮 ⊞,如下图所示。

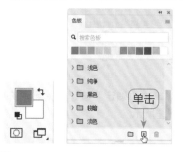

步骤 02 系统将自动打开"色板名称"对话框,设置存储颜色的名称后,单击"确定"按钮,完成对颜色的存储,存储的颜色将显示在面板底端,如下图所示。

## 6.2 填充图像

选择颜色后,就需要将其填充到合适的位置。下面详细介绍各种填充图像的工具和命令的使用方法。

### 6.2.1 使用"油漆桶工具"

使用"油漆桶工具" 🖌️可以对图像进行前

景色或图案填充。单击"油漆桶工具" 🖌️,其属性栏的设置如下图所示。

"油漆桶工具"属性栏中各选项的作用说明如下。

- 前景/图案:在该下拉列表中可以设置填充的对象是前景色或图案。
- 模式:用于设置填充图像颜色时的混合模式。
- 容差:用于设置填充内容的范围。
- 消除锯齿:用于设置是否消除填充边缘的锯齿。
- 连续的:用于设置填充范围。选中此复选框时,只填充相邻的区域;取消选中此复选框,则不相邻的区域也会被填充。
- 所有图层:选中该复选框,油漆桶工具将对图像中的所有图层起作用。

填充图像具体的操作步骤如下。

步骤 01 打开"素材文件\第6章\玫瑰背景.jpg"文件,选择"矩形选框工具" ⬚,在图像中绘制一个矩形选区,如下图所示。

步骤 02 新建一个图层,设置前景色为白色。然后选择"油漆桶工具" 🖌️,在属性栏中选择填充区域的源为"前景","不透明度"为 50%,如下图所示。

步骤 03 在选区内单击,得到填充效果,如下图所示。

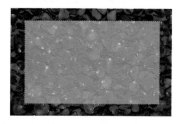

步骤 04 再绘制一个较小的矩形选区,设置前景色为粉红色(R248,G185,B185),改变属性栏中的"不透明度"为 100%。选择"油漆桶工具" 🖌️,

在选区内单击填充图像，如下图所示。

步骤 05 再绘制一个较小的矩形选区，如下图所示。

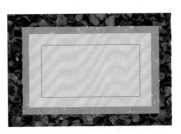

步骤 06 选择"油漆桶工具" ，在属性栏中选择填充区域的源为"图案"，然后单击右侧的下拉按钮，在弹出的面板中选择一种图案样式，如下图所示。

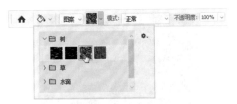

步骤 07 选择图案后，将光标移动到矩形选区中单击，即可在矩形选区中填充选择的图案，如下图所示。

☼ 新手注意 ·-○

　　填充图像颜色时，按 Alt + Delete 组合键填充前景色；按 Ctrl + Delete 组合键填充背景色。

### 6.2.2 使用"填充"命令

　　使用"填充"命令，不仅可以填充单一的颜色，还可以对图像进行图案填充。具体的操作步骤如下。

步骤 01 打开"素材文件\第 6 章\图案 .jpg"

文件，在工具箱中选择"魔棒工具" ，在属性栏中设置"容差"为 20，单击背景图像获取选区，如下图所示。

步骤 02 设置前景色为淡蓝色（ R198,G230,B247 ），执行"编辑"｜"填充"命令，打开"填充"对话框，在"内容"下拉列表中选择"前景色"选项，如下图所示。

步骤 03 单击"确定"按钮，得到填充的颜色，效果如下图所示。

步骤 04 使用"魔棒工具" ，单击深蓝色图像区域获取选区，打开"填充"对话框，❶ 单击"自定图案"选项右侧的下拉按钮，❷ 在弹出的面板中选择一种图案，如下图所示。

**步骤 05** 单击"确定"按钮，即可将选择的图案填充到选区中，效果如下图所示。

**6.2.3** **实例——为卡通图像添加颜色**

　　本实例是为一个黑白卡通图像添加颜色，主要练习"油漆桶工具"和"填充"命令的操作，最终效果如下图所示。

扫一扫，看视频

本实例具体的操作步骤如下。

**步骤 01** 执行"文件"|"打开"命令，打开"素材文件\第6章\卡通图像.jpg"文件，如下图所示。

**步骤 02** 单击工具箱下方的前景色图标，打开

"拾色器（前景色）"对话框，❶ 在对话框中间拖动颜色滑块到顶部，❷ 在色域中选择粉红色（R252,G221,B227），如下图所示。

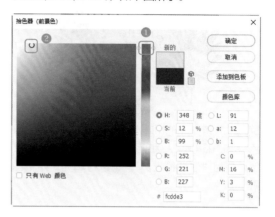

**步骤 03** 单击"确定"按钮，得到前景色的设置结果，如下图所示。

**步骤 04** 选择"油漆桶工具" ，❶ 在属性栏中选择设置区域为"前景"，❷ 设置"不透明度"为100%，"容差"为5，❸ 取消选中"连续的"复选框，如下图所示。

**步骤 05** 设置工具属性后，在图像中间区域单击即可为图像填充颜色，如下图所示。

**步骤 06** 设置前景色为绿色（R61,G98,B90），在属性栏中选中"连续的"复选框，其他设置保持不变，然后单击动物身后的树叶图像，填充颜色，如下图所示。

**步骤 07** 填充其他树叶。分别设置前景色为淡绿色（R81,G154,B127）和蓝绿色（R104,G163,B167），然后使用"油漆桶工具" ◇ 进行填充，如下图所示。

**步骤 08** 选择"魔棒工具" ⚲，按住 Shift 键，单击动物的身体部分和粉红色背景中的条纹图像，通过加选获取图像选区，如下图所示。

**步骤 09** 执行"编辑" | "填充"命令，打开"填充"对话框，在"内容"下拉列表中选择"颜色"选项，如下图所示。

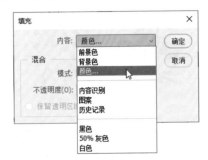

**步骤 10** 打开"拾色器（填充颜色）"对话框，设置颜色为洋红色（R254,G125,B153），如下图所示。

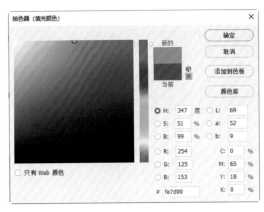

**步骤 11** 单击"确定"按钮，得到填充效果，如下图所示。

**步骤 12** 设置前景色为较深一些的洋红色（R224,G108,B129），使用"油漆桶工具" ◇，单击动物的下半部分身体，如下图所示。

**步骤 13** 设置前景色为深红色（R109,G7,B20），使用"油漆桶工具" ◇，单击动物的腿和文字，得到填充效果，如下图所示，完成本实例的制作。

## 6.2.4 渐变填充

使用"渐变工具"  可以为图像应用多种颜色混合的渐变填充效果。可以直接选择 Photoshop 中预设的渐变色,也可以自定义渐变色。在工具箱中选择"渐变工具" ▮ 后,其属性栏如下图所示。

"渐变工具"属性栏中主要选项的作用说明如下。

- 渐变色条 ▮▮▮▮▮ :单击其右侧的下拉按钮将打开渐变工具面板,其中提供了 17 种预设渐变色供用户选择。单击面板右侧的 ❖ 按钮,在弹出的菜单中可以选择其他渐变色。

- 渐变类型:其中的 5 个按钮分别代表 5 种渐变方式,分别是线性渐变、径向渐变、角度渐变、对称渐变和菱形渐变。
- 反向:选中此复选框后,产生的渐变颜色将与设置的渐变顺序相反。

## 6.2.5 实例——制作游戏按钮

本实例将制作一个游戏按钮,操作比较简单,主要练习"渐变工具"的应用,最终效果如下图所示。

扫一扫,看视频

本实例具体的操作步骤如下。

步骤 01 执行"文件"|"打开"命令,打开"素材文件\第6章\按钮背景.jpg"文件,如下图所示。

步骤 02 执行"圆角矩形工具"命令,❶ 在属性栏中选择工具模式为"路径",❷ 设置半径为"8 像素",❸ 在背景图像中绘制一个圆角矩形,如下图所示。

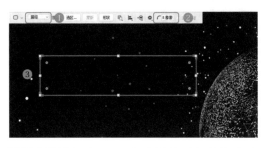

步骤 03 按 Ctrl+Enter 组合键将路径转换为选区,然后新建一个图层,如下图所示。

步骤 04 选择"渐变工具" ▮,单击属性栏左侧的渐变色条,打开"渐变编辑器"对话框。❶ 双击左下方的色标,打开"拾色器(色标颜色)"对话框,❷ 设置颜色为绿色(R1,G169,B175),如下图所示。

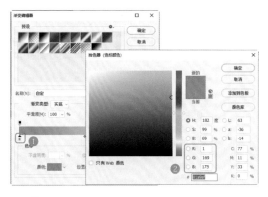

步骤 05 单击"确定"按钮,❶ 双击"渐变编辑器"对话框右下方的色标,打开"拾色器(色标颜色)"对话框,❷ 设置颜色为淡蓝色(R0,G240,B255),如下图所示。

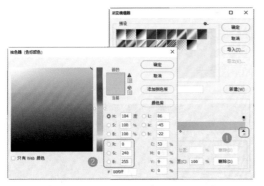

步骤 06 单击"确定"按钮，回到画面中，在属性栏中设置渐变方式为"线性渐变"，然后在选区中从下到上拖动，得到渐变色填充，如下图所示。

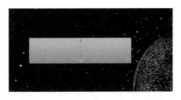

步骤 07 执行"图层"|"图层样式"|"描边"命令，打开"图层样式"对话框，在"填充类型"下拉列表中选择"渐变"选项，如下图所示。

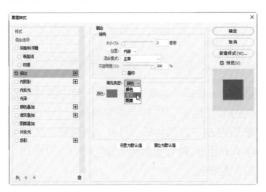

步骤 08 单击对话框中的渐变色条，打开"渐变编辑器"对话框，设置颜色渐变从淡蓝色（R0,G240,B255）到绿色（R1,G169,B175），如下图所示。

步骤 09 单击"确定"按钮，回到"图层样式"对话框中，设置其他参数，如下图所示。

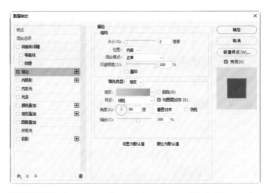

步骤 10 单击"确定"按钮，得到描边效果，如下图所示。

步骤 11 新建一个图层，选择"矩形选框工具"，在图像中绘制一个矩形选区，如下图所示。

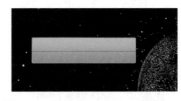

步骤 12 执行"编辑"|"填充"命令，打开"填充"对话框，❶ 在"内容"下拉列表中选择"白色"选项，❷ 设置"不透明度"为30%，如下图所示。

步骤 13 单击"确定"按钮，得到透明的图像效果，如下图所示。

步骤 14 执行"图层"|"创建剪贴蒙版"命令，得到剪贴蒙版，隐藏超出渐变色矩形的图像，如

下图所示。

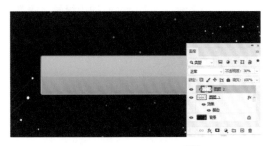

**步骤 15** 选择"矩形选框工具" ▭ ，在按钮下方绘制一个矩形选区，如下图所示。

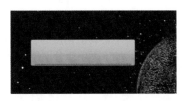

**步骤 16** 新建一个图层，选择"渐变工具"，打开"渐变编辑器"对话框，在色条中间单击即可添加一个色标，然后设置颜色从蓝色（R18,G156,B197）到浅蓝色（R98,G255,B227）再到深蓝色（R16,G132,B171），如下图所示。

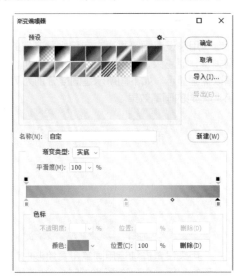

**步骤 17** 单击"确定"按钮，在选区中从左到右应用线性渐变填充，如下图所示。

**步骤 18** 选择"矩形选框工具" ▭ ，绘制一个较大的矩形选区，如下图所示。

**步骤 19** 选择"渐变工具" ▭ ，打开"渐变编辑器"对话框，设置左侧下方的色标为绿色（R1,G211,B174），右侧下方的色标为白色，如下图所示。

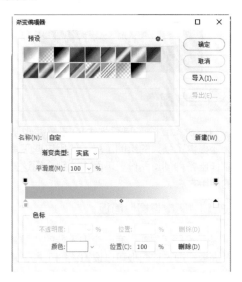

**步骤 20** 选择右侧上方的色标，"不透明度"设置为 0%，如下图所示，得到一侧透明的图像填充效果。

**步骤 21** 单击"确定"按钮，在选区中从上到下应用线性渐变填充，得到绿色到透明的渐变填充，如下图所示。

**步骤 22** 打开"素材文件 \ 第 6 章 \ 文字 .psd"文件，使用"移动工具"将其拖动到按钮中，如下图所示，完成本实例的制作。

## 6.3 绘制图像

Photoshop 除了具有强大的图像编辑功能外，还提供了强大的绘图工具，使用这些工具可以制作出各种创意图像。下面将分别介绍这些工具的使用方法。

### 6.3.1 "画笔设置"面板

使用绘图工具时，有一个很重要的"画笔设置"面板，通过该面板可以设置绘图工具，修改工具的画笔大小、笔刷样式和硬度等属性。执行"窗口" | "画笔"命令或按 F5 键，即可打开"画笔设置"面板，如下图所示。

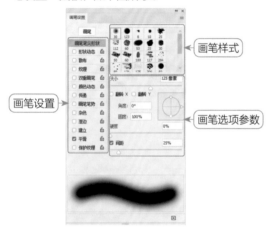

在"画笔设置"面板右侧可以选择和设置画笔笔尖样式和参数，在面板左侧可以选择不同的画笔设置，得到更加丰富的画笔效果。"画笔设置"面板中各选项的作用说明如下。

- 画笔笔尖形状：选择不同的选项，可以设置所选笔尖的参数，得到不同排列和形状的笔触效果。
- 大小：直接输入数值或拖动三角形滑块，即可

控制画笔的大小。

- 硬度：用来设置画笔绘图时的边缘晕化程度，值越大，画笔边缘越清晰；值越小，则画笔边缘越柔和。如下图所示是硬度分别为 100% 和 20% 时的画笔效果。

- 角度：在设置画笔旋转的角度时，值越大，旋转效果越明显。如下图所示分别是角度为 0° 和 80°时的画笔效果。

- 圆度：用来设置画笔垂直方向和水平方向的比例关系，值越大，画笔效果越圆；值越小，画笔以椭圆显示。如下图所示是圆度分别为 70% 和 10% 时的画笔效果。

- 间距：用来设置连续运用画笔工具绘制时，前一个画笔和后一个画笔之间的距离，数值越大，间距越大。如下图所示是间距分别为 100% 和 180% 时的效果。

- 翻转：选中"翻转 X"和"翻转 Y"复选框，可以分别将画笔进行水平翻转和垂直翻转。

### 6.3.2 使用"画笔工具"

使用"画笔工具"，可以在画面中绘制各种不同状态的图像效果，还可以在属性栏中设置画笔的大小、样式、模式、透明度、硬度等。选择"画笔工具" ，其属性栏如下图所示。

"画笔工具"属性栏中常用选项的作用说明如下。

- 画笔下拉面板 ：单击"画笔"选项右侧的下拉按钮，可以打开画笔下拉面板，在面板中可以选择画笔笔尖形状，设置画笔的大小和硬度参数，如下图所示。

- 切换画笔面板 ：单击该按钮，可以打开"画笔设置"面板。
- 模式：在该下拉列表中可以选择画笔笔迹颜色与下面像素的混合模式。如下图所示分别为"正常"模式和"叠加"模式的绘制效果。

- 不透明度：用于设置画笔颜色的不透明度，数值越大，不透明度就越高。
- 流量：用于设置画笔工具的压力大小，百分比越大，画笔笔触就越浓。
- 启用喷枪 ：单击该按钮时，画笔工具会以喷枪的效果绘图。

### 6.3.3 使用"铅笔工具"

"铅笔工具" 的使用与现实生活中用铅笔绘图一样，绘制的线条效果比较生硬，主要用于直线和曲线的绘制，其操作方式与画笔工具相同，不同的是在属性栏中增加了"自动抹除"复选框，如下图所示。

> ☼ 新手注意・○
>
> 选中"铅笔工具"属性栏中的"自动抹除"复选框，"铅笔工具"将具有擦除功能，即在绘制过程中笔头经过与前景色一致的图像区域时，将自动擦除前景色而填入背景色。

选择工具箱中的"铅笔工具" ，单击属性栏左侧的下拉按钮，打开面板，其中的画笔样式与"画笔工具" 一样，硬度分别为 0 或 100。设置前景色为黑色，在画面中按住鼠标拖动，即可绘制图像，如下图所示。

> ☼ 新手注意・○
>
> "铅笔工具"只能绘制边缘生硬的图像，所以在属性栏或"画笔设置"面板中选择笔尖样式时，如果选择柔边圆且带透明效果的笔尖样式，系统将自动转换为其他相对应的画笔工具。

### 6.3.4 使用"颜色替换工具"

"颜色替换工具" 能够校正目标颜色，并对图像中特定的颜色进行替换。该工具不能应用于位图、索引和多通道模式的图像。在工具箱中长按"画笔工具"按钮，在展开的工具组中可以选择该工具。其属性栏如下图所示。

"颜色替换工具"属性栏中常用选项的作用说明如下。

- 模式：该下拉列表中提供了四种混合模式，分别是"色相""饱和度""颜色"和"明度"，设置不同的模式可以改变替换的颜色与背景颜色之间的效果。

- 取样方式：：："颜色替换工具"分别提供了三种取样方式，依次是"连续""一次"和"背景色板"。"连续"表示拖动时对图像连续取样；"一次"表示只替换第一次单击颜色所在区域的目标颜色；"背景色板"表示只涂抹包含背景色的区域。

- 限制：该选项的下拉列表中有三个选项，依次是"连续""不连续"和"查找边缘"。"连续"是指可以替换光标周围临近的颜色；"不连续"是指可以替换光标所经过的任何颜色；"查找边缘"是指可以替换样本颜色周围的区域，同时保留图像边缘。

- 容差：输入数值或者拖动滑块，可以调整容差的数值，增减颜色的范围。

### 6.3.5 实例——改变产品背景颜色

扫一扫，看视频

本实例将改变部分图像的颜色，主要练习"颜色替换工具"的应用，最终效果如下图所示。

本实例具体的操作步骤如下。

步骤 01 执行"文件"|"打开"命令，打开"素材文件\第6章\化妆品.jpg"文件，如下图所示。

步骤 02 按 Ctrl+J 组合键复制图层，然后选择

"颜色替换工具"，在属性栏中设置画笔大小为 30，"模式"为"色相"，如下图所示。

步骤 03 设置前景色为蓝色（R18,G156,B197），然后对图像中的紫色花朵进行涂抹，改变花朵颜色，如下图所示。

### 6.3.6 使用"混合器画笔工具"

"混合器画笔工具"是较为专业的绘画工具，使用该工具可以绘制更为细腻的效果图，它可以像在传统绘画过程中混合颜料一样混合像素。

选择"混合器画笔工具"，其属性栏如下图所示，在其中可以设置笔触的颜色、潮湿度和混合色等。

"混合器画笔工具"属性栏中常用选项的作用说明如下。

- 预设：其中提供了多种画笔组合，如下图所示。根据需要选择不同的预设，可以绘制出丰富的涂抹效果。

- 潮湿：设置画笔从画布中拾取的油彩量，数值越大，绘画条痕越长。如下图所示分别是"潮湿"为 100% 和 0% 时的涂抹效果。

- 载入画笔 / 清理画笔：单击"载入画笔"按钮，可以使绘制的颜色与前景色混合；单击"清理画笔"按钮，可以清理油彩。
- 载入：设置画笔上的油彩量。数值较小时，绘画描边干燥的速度会更快。
- 混合：用于设置多种颜色的混合。数值为 0% 时，该选项不能用。
- 流量：控制混合画笔的流量大小。
- 对所有图层取样：选中该复选框，可以将所有图层作为一个单独的合并图层看待。

### 综合演练：制作网店优惠券

网店在做促销活动时，经常会制作一些优惠券。本实例将通过制作一张网店优惠券，练习和巩固本章所学的知识。首先绘制图像选区，然后设置颜色，再对图像进行不同方式的纯色填充和渐变色填充，最后通过"画笔工具"绘制彩色圆点效果。

扫一扫，看视频

本实例具体的制作步骤如下。

步骤 01 新建一个图像文件，选择"渐变工具"，单击属性栏左侧的渐变色条，打开"渐变编辑器"对话框，设置颜色从淡紫色（R207,G157,B212）到粉紫色（R237,G218,B239），如下图所示。

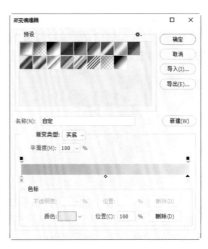

步骤 02 在属性栏中选择渐变方式为"线性渐变"，然后在画面下方按住鼠标左键向上拖动，得到线性渐变的填充效果，如下图所示。

步骤 03 新建一个图层，选择"椭圆选框工具"，按住 Shift 键在图像中绘制一个圆形选区，如下图所示。

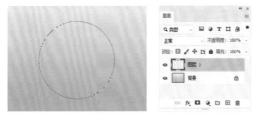

步骤 04 单击工具箱下方的前景色图标，打开"拾色器（前景色）"对话框，设置前景色为洋红色（R222,G3,B254），如下图所示。

步骤 05 单击"确定"按钮，选择"油漆桶工具" ，在属性栏中设置填充区域的源为"前景"，然后在选区内单击，得到填充效果，如下图所示。

步骤 06 再绘制一个较小的选区，设置前景色为较浅的洋红色（R241,G74,B255），然后使用"油漆桶工具" 填充选区，如下图所示。

步骤 07 执行"图层"|"图层样式"|"内阴影"命令，打开"图层样式"对话框，❶设置内阴影颜色为粉红色，❷设置其他参数，如下图所示。

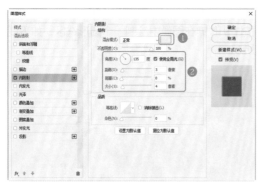

步骤 08 在"图层样式"对话框左侧选中"投影"复选框，❶设置投影为紫色（R87,G9,B142），❷设置其他参数，如下图所示。

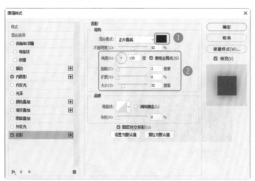

步骤 09 单击"确定"按钮，得到添加内阴影和投影的效果，如下图所示。

步骤 10 选择"椭圆选框工具" ，在图像中再绘制一个较小的选区，如下图所示。

步骤 11 执行"编辑"|"填充"命令，打开"填充"对话框，在"内容"下拉列表中选择"颜色"选项，如下图所示。

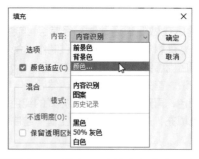

步骤 12 打开"拾色器（填充颜色）"对话框，设置颜色为紫色（R99,G1,B206），如下图所示。

步骤 13 依次单击"确定"按钮，得到填充效果，如下图所示。

**步骤14** 选择"圆角矩形工具" ▢，在属性栏中选择工具模式为"路径"，半径为"14像素"，然后在圆形下方绘制一个圆角矩形，如下图所示。

**步骤15** 按Ctrl+Enter组合键将路径转换为选区，然后新建一个图层，选择"渐变工具" ▢，打开"渐变编辑器"对话框，设置颜色从蓝色（R0,G229,B243）到灰蓝色（R1,G156,B165）再到蓝色（R0,G229,B243），如下图所示。

**步骤16** 单击"确定"按钮，对选区从上到下应用线性渐变填充，效果如下图所示。

**步骤17** 选择"横排文字工具" T，在图像中分别输入文字，在属性栏中分别设置字体为方正粗黑简体和方正黑体，并设置颜色分别为白色、黄色（R255,G240,B1）和蓝色（R63,G136,B221），如下图所示。

**步骤18** 新建一个图层，选择"画笔工具" ✎，单击属性栏左侧的按钮，打开"画笔设置"面板，选择画笔样式为尖角，然后设置"大小"为105像素、"间距"为320%，如下图左所示。

**步骤19** 选中"画笔设置"面板左侧的"形状动态"复选框，设置"大小抖动"为最大值，如下图右所示。

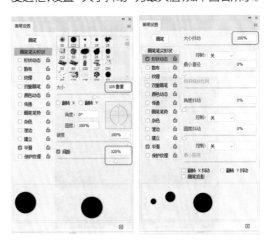

**步骤20** 选中"散布"复选框，再选中"两轴"复选框，设置参数为最大值，如下图左所示。

**步骤21** 选中"颜色动态"复选框，分别设置各选项的参数，如下图右所示。

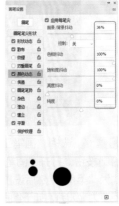

**步骤 22** 在工具箱下方设置前景色为黄色（R255,G240,B1），背景色为蓝色（R23,G65,B184），然后使用设置的画笔在图像中涂抹，得到多个彩色圆点，如下图所示，完成本实例的制作。

### 举一反三：运用"画笔工具"绘制繁星

扫一扫，看视频

"画笔工具"中的预设画笔非常多。选择画笔样式后，还可以通过设置画笔大小、间距和散布等多种参数，得到不同的绘制效果。结合多种功能的使用，就能绘制出各种各样的图像效果。本实例主要通过在"画笔设置"面板中调整选项参数来得到绘制星光的画笔。

本实例具体的操作步骤如下。

**步骤 01** 执行"文件"|"打开"命令，打开"素材文件\第6章\月色.jpg"文件，如下图所示。

**步骤 02** 选择"画笔工具"，单击属性栏中的按钮，打开"画笔设置"面板，选择画笔样式为"柔角"，然后设置"大小"为10像素、"间距"为200%，如下图所示。

**步骤 03** 选中"形状动态"复选框，设置"大小抖动"为最大值，再选中"散布"复选框，并设置各项参数，如下图所示。

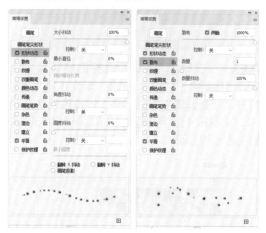

**步骤 04** 在属性栏中设置"不透明度"为50%，如下图所示。

**步骤 05** 设置前景色为白色，然后使用画笔工具在图像中拖动，绘制星光效果，如下图。

**步骤 06** 在属性栏中调小画笔，并降低"不透明度"为30%，在图像中绘制其他星光效果，如下图所示。

## 新手问答

**Q1：使用"画笔工具"绘图的过程中有什么技巧？**

在使用"画笔工具"绘制图像时，如果经常停下来调整画笔大小、透明度等，会影响绘图思路，这时可以通过按快捷键的方式对画笔进行调整。

- 选择"画笔工具"后，按"["键可以缩小画笔，按"]"键可以调大画笔。
- 选择硬边圆、柔边圆和书法画笔时，按Shift+[组合键可以减小画笔硬度，按Shift+]组合键可以增大画笔硬度。
- 选择"画笔工具"后，按数字键可以调整画笔工具的不透明度。如按下2，画笔不透明度为20%；按下66，画笔不透明度为66%；按下0，画笔不透明度为100%。
- 选择"画笔工具"后，在画面中单击，然后按住Shift键在其他位置单击，两点之间将连成一条直线，可以通过此方法绘制水平、垂直或以45°角为增量的直线。

**Q2："画笔工具"的笔尖有几种类型？**

在Photoshop中，画笔笔尖主要有三种类型，分别是圆形笔尖（可以设置为非圆形笔尖）、毛刷笔尖和样本笔尖，如下图所示。

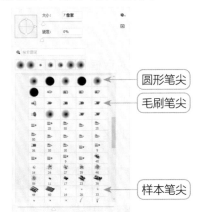

圆形笔尖包含柔边和硬边两种类型。使用柔边画笔绘制出来的边缘比较柔和，如左下图所示；

使用硬边画笔绘制出来的边缘比较清晰，如右下图所示。

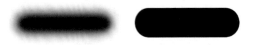

毛刷画笔的笔尖呈毛刷状，可以绘制出类似毛笔字效果的边缘，如下图所示。

样本画笔属于比较特殊的一种画笔。这种画笔是利用图像定义出来的画笔，其硬度不能调节，如下图所示。

**Q3：使用"吸管工具"时如何显示取样环？**

在使用"吸管工具"时，属性栏中有"显示取样环"复选框，默认情况下，该选项处于不可用状态，启用"使用图形处理器"功能才能对其进行选择。

执行"编辑"|"首选项"|"性能"命令，打开"首选项"对话框，在"图形处理器设置"选项组下选中"使用图形处理器"复选框，如下图所示。启用"使用图形处理器"功能后，重启Photoshop即可选中"显示取样环"复选框。

## 思考与练习

**一、填空题**

1. 在Photoshop中，默认情况下的前景色为_____，背景色为_____。

2. _____的使用与现实生活中的_____绘图一样，绘制的线条效果比较生硬。

## 二、选择题

1. 使用（　　　）命令不仅可以填充单一的颜色，还可以对图像进行图案填充。

  A. 填充　　　　　　　B. 显示　　　　　　　　C. 描边　　　　　　　　D. 渐变

2. 颜色替换工具能够校正目标颜色，并对图像中特定的颜色进行替换。该工具不能应用于（　　　）模式的图像。

  A. 多通道　　　　　　B. 黑白　　　　　　　　C. 位图　　　　　　　　D. 索引

3. 在填充图像时，按（　　　）组合键可以使用前景色填充图像。

  A. Alt+Enter　　　　B. Ctrl +E　　　　　　C. Alt+Delete　　　　D. Ctrl+ Delete

## 三、上机题

1. 为人物头发更换颜色，主要练习"颜色替换工具"的使用，替换颜色的图像的前后对比效果如下图所示。（素材位置："素材文件＼第 6 章＼长发美女 .jpg"）

操作提示：

（1）打开"长发美女 .jpg"素材图像。

（2）选择"颜色替换工具"，在属性栏中选择柔角画笔，设置大小为 100、硬度为 0，再设置模式为"颜色"。

（3）设置前景色为蓝色（R58,G183,B205）。

（4）在图像中对人物头发进行涂抹，改变头发颜色。

2. 为一个黑白色调的 icon 图标填充颜色，得到不同颜色的图标效果，如下图所示。（素材位置："素材文件＼第 6 章＼icon 图标 .jpg"）

操作提示：

（1）打开"icon 图标 .jpg"素材图像。

（2）单击工具箱下方的前景色图标，打开"拾色器（前景色）"对话框，设置颜色为浅蓝色（R19,G176,B209）。

（3）选择"油漆桶工具"，为第一个图标填充颜色。

（4）选择"魔棒工具"，单击第一排中间的图标，获取图像选区。

（5）设置前景为紫色（R163,G76,B209），按 Alt+Delete 组合键填充选区。

（6）分别选择其他图标，并填充不同的颜色，得到彩色图标效果。

## 本 章 小 结

掌握了颜色的多种设置方法，能够更好地填充和绘制图像。本章的内容简单易学，牢记知识点，清楚前景色和背景色之间的关系，以及填充图像颜色的技巧，再对"画笔设置"面板有全面了解，并经常练习工具的使用，在今后的图像绘制操作中可以更加得心应手。

# 第 7 章

# 修饰图像

**本章导读**

　　修饰图像除了能够修复一些瑕疵以外，还能够有针对性地制作一些特殊效果，在修复产品、处理照片时特别适用。

　　本章将详细介绍如何修饰图像，以及修复工具的使用，主要包括图像的局部修饰，使用仿制图章工具复制图像，使用修复工具组修复图像等。

**学完本章后应该掌握的技能**

■ 图像的局部修饰
■ 复制图像
■ 修复图像

Photoshop

## 7.1 图像的局部修饰

Photoshop 提供了多种图像修饰工具，使用它们将会让图像更加完美。使用"模糊工具" ○ 、"锐化工具" △ 和"涂抹工具" ○ ，可以对图像进行模糊、锐化和动态涂抹处理；使用"减淡工具" ○ 、"加深工具" ○ 和"海绵工具" ○ ，可以对图像局部的明暗、饱和度等进行处理。

### 7.1.1 使用"模糊工具"

使用"模糊工具" ○ ，可以对图像边缘进行柔化处理，或减少图像中的细节。使用该工具在某个区域中绘制的次数越多，该区域就越模糊。选择"模糊工具" ○ 后，其属性栏如下图所示。

"模糊工具"属性栏中各选项的作用说明如下。

- 模式：设置涂抹效果的混合模式。
- 强度：设置工具的修改强度。
- 对所有图层取样：当图像中有多个图层时，选中该复选框，可以对所有可见图层中的数据进行处理；取消选中该复选框，则只能处理当前图层中的数据。
- 画笔角度 △ ：在数值框中输入参数，可以设置涂抹时的画笔角度。

打开"素材 / 第 7 章 / 水果 .jpg"文件，在图像右侧绘制一个矩形选区。选择"模糊工具" ○ ，在属性栏中设置合适的画笔大小，再设置"强度"为 100%，然后对选区内的图像进行拖动并涂抹，可以看到与左侧图像的对比效果，如下图所示。

### 7.1.2 实例——制作景深图像

本实例将使用"模糊工具"模拟景深图像效

果，主要是让远处的图像模糊、近处的图像清晰，最终效果如下图所示。

扫一扫，看视频

本实例具体的操作步骤如下。

步骤 01 执行"文件"|"打开"命令，打开"素材文件 \ 第 7 章 \ 公园 .jpg"文件，如下图所示。

步骤 02 选择"模糊工具" ○ ，在属性栏中设置"强度"为 80%，然后涂抹花朵以外的其他区域，如下图所示。

步骤 03 在属性栏中调整"强度"为 100%，然后涂抹草地和远处的树木，让远处的图像更加模糊，如下图所示，得到景深图像。

### 7.1.3 使用"锐化工具"

"锐化工具" △ 的属性栏与"模糊工具"的

属性栏相似，使用方法也类似，如下图所示。选中"保护细节"复选框，可以增强图像细节，弱化不自然感。

"锐化工具"可以增加相邻像素之间的对比，提高图像的清晰度。打开"素材文件\第7章\橘子.jpg"文件，在图像右侧绘制选区，然后选择"锐化工具" △，在选区中拖动鼠标，得到图像的锐化效果，如下图所示。

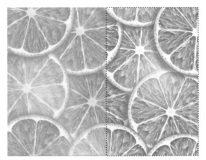

### 7.1.4 使用"涂抹工具"

"涂抹工具" 可以模拟在潮湿的颜料画布上涂抹而使图像产生变形的效果，其使用方法与"模糊工具"一样。具体的操作步骤如下。

步骤 01 打开"素材文件\第7章\玫瑰女人.jpg"文件，选择"涂抹工具" ，在属性栏中选中"手指绘画"复选框，在涂抹过程中，可以使用前景色填充涂抹的图像区域，如下图所示。

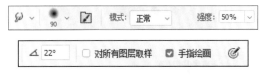

步骤 02 设置前景色为黄色，单击花朵图像，然后按住鼠标左键向左上方拖动，得到涂抹变形的图像效果，如下图所示。

步骤 03 按 Ctrl + Z 组合键恢复上一步操作，取消选中属性栏中的"手指涂抹"复选框，按住鼠标左键在图像中拖动，得到的图像效果如下图所示。

### 7.1.5 使用"减淡工具"和"加深工具"

"减淡工具" 常用来增加图像中色彩的亮度，它主要是根据照片特定区域曝光度的传统摄影技术原理使图像变亮；"加深工具" 用于降低图像的曝光度，它的作用与"减淡工具"相反，但参数设置和使用方法是一样的。具体的操作步骤如下。

步骤 01 打开"素材文件\第7章\小草.jpg"文件，对图像中的天空进行减淡处理，如下图所示。

步骤 02 选择"减淡工具" ，在属性栏中设置画笔大小为 175，然后在"范围"下拉列表中选择"中间调"选项，设置"曝光度"为 80%，如下图所示。

"减淡工具"属性栏中常用选项的作用说明如下。

- 范围：用于设置图像颜色、提高亮度的范围，其下拉列表中有三个选项。"中间调"表示更改图像中颜色呈灰色的区域；"阴影"表示更改图像中颜色较暗的区域；"高光"表示只对图像中颜色较亮的区域进行更改。
- 曝光度：用于设置应用画笔时的力度。

步骤 03 在画面上方多次单击并拖动鼠标，单击处的图像颜色将变淡，如下图所示。

步骤 04 选择"加深工具" ，在属性栏中设置"范围"为"阴影"，"曝光度"为100%，如下图所示。

步骤 05 对图像中的叶片进行涂抹，加深图像颜色，效果如下图所示。

### 7.1.6 使用"海绵工具"

"海绵工具" 可以对图像中的色彩饱和度做局部修改。使用该工具涂抹过的图像会产生像海绵吸水一样的效果，使图像失去光泽感。选择"海绵工具"后，其属性栏如下图所示。

"海绵工具"属性栏中常用选项的作用说明如下。

- 去色：该模式能降低图像色彩的饱和度。
- 加色：该模式能提高图像色彩的饱和度。
- 自然饱和度：选中该复选框，将以最小化程度调整图像饱和度。

使用"海绵工具"具体的操作步骤如下。

步骤 01 打开"素材文件\第7章\饮料.jpg"文件，

选择工具箱中的"海绵工具" ，在属性栏中选择"模式"为"去色"，设置"流量"为60％，取消选中"自然饱和度"复选框，如下图所示。

步骤 02 使用"海绵工具" ，在背景图像中单击并拖动鼠标，降低背景图像的饱和度，如下图所示。

步骤 03 在属性栏中设置"模式"为"加色"，然后对饮料杯图像进行涂抹，加深图像的颜色，如下图所示，得到改变图像饱和度的效果。

## 7.2 复制图像

在 Photoshop 中可以使用工具复制图像，包括"仿制图章工具" 和"图案图章工具" ，通过这两个工具可以使用颜色或图案填充图像或选区，将图像进行复制或替换。

### 7.2.1 使用"仿制图章工具"

使用"仿制图章工具" ，可以从图像中取样，然后将样本复制到其他的图像或同一图像的其他部分中。"仿制图章工具" 对于复制对象或修复图像中的缺陷非常有用，其属性栏如下图所示。

"仿制图章工具"属性栏中各选项的作用说明如下。

- 切换"仿制源"面板 ：打开或关闭"仿制源"面板。
- 对齐：选中该复选框后，可以连续对像素进行取样，即便是在释放鼠标以后，也不会丢失当前的取样点。

使用"仿制图章工具"具体的操作步骤如下。

**步骤 01** 打开"素材文件\第 7 章\钻石 .jpg"文件，可以看到画面中只有一个钻石图像，如下图所示。

**步骤 02** 下面将复制一个相同的图像到右侧。选择"仿制图章工具" ，在属性栏中调整适合的画笔大小，设置"模式"为"正常"，"不透明度"和"流量"为 100%，如下图所示。

**步骤 03** 将光标移至钻石图像中，按住 Alt 键，当光标变成 ⊕ 形状时，单击进行取样，如下图所示。

单击取样

**步骤 04** 完成取样后，将鼠标移动到画面右侧适当的位置，单击并拖动鼠标即可进行复制，这时取样点为十字图标形状，如下图所示。

十字图标　　拖动鼠标

### 7.2.2 使用"图案图章工具"

"图案图章工具" 可以使用预设图案或载入的图案进行绘画，其属性栏如下图所示。

"图案图章工具"属性栏中各选项的作用说明如下。

- 对齐：选中该复选框后，可以保持图案与原始起点的连续性，即使多次单击也不例外；取消选中该复选框时，每次单击都将重新应用图案。
- 印象派效果：选中该复选框后，可以模拟出印象派效果的图案。如下图所示分别是正常绘画与印象派绘画的效果。

### 7.2.3 实例——为汽车添加特殊纹理

本实例将为汽车添加特殊纹理，主要练习"图案图章工具"的使用，最终效果如下图所示。

扫一扫，看视频

本实例具体的操作步骤如下。

**步骤 01** 打开"素材文件\第 7 章\汽车 .psd"文件，按 Ctrl+J 组合键复制一次"背景"图层，如下图所示。

**步骤 02** 执行"窗口"|"路径"命令，打开"路

径"面板,按住 Ctrl 键单击"工作路径",载入汽车图像选区,如下图所示。

步骤 03 选择"图案图章工具" ⬛,❶ 在属性栏中设置"模式"为"正片叠底",❷ "不透明度"为 40%,❸ 再打开"图案"下拉列表,选择一种图案样式,如下图所示。

步骤 04 设置属性栏后,在选区内单击并拖动鼠标进行涂抹,绘制图案后得到汽车纹理效果,如下图所示。

## 7.3 修复图像

通常情况下,拍摄的数码照片经常会出现各种缺陷,使用 Photoshop 的图像修复工具可以轻松地将带有缺陷的照片修复成亮丽照片。本节主要介绍多种图像修复工具的使用。

### 7.3.1 使用"修复画笔工具"

"修复画笔工具" ✐ 可以校正图像的瑕疵,与"仿制图章工具" ⬛ 一样,"修复画笔工具" ✐ 也可以用图像中的像素作为样本进行绘制。不同的是,"修复画笔工具" ✐ 还可以将样本像素的纹理、光照、透明度和阴影与所修复的像素进行匹配,使修复后的像素不留痕迹地融入图像的其他部分。

选择"修复画笔工具" ✐ 后,其属性栏如下图所示。

"修复画笔工具"属性栏中常用选项的作用说明如下。

● 源:选择"取样"选项,即可使用当前图像中的像素修复图像,但在修复前需定位取样点;选择"图案"选项,可以在右侧的"图案"下拉列表中选择图案来修复。

● 对齐:选中该复选框后,将以同一基准点对齐,即使多次复制图像,复制出来的图像仍然是同一幅图像;若取消选中该复选框,则多次复制出来的图像将是多幅以基准点为模板的相同图像。

● 样本:可以在指定的图层中进行图像取样。在下拉列表中选择"当前和下方图层"选项,可以从当前图层及其下方的可见图层中取样;选择"当前图层"选项,可以仅从当前图层中取样;选择"所有图层"选项,可以从所有可见图层中取样。

使用"修复画笔工具"具体的操作步骤如下。

步骤 01 打开"素材文件 \ 第 7 章 \ 欢乐 .jpg"文件,如下图所示。下面来消除照片右下角的日期图像。

步骤 02 选择"修复画笔工具" ✐,按住 Alt 键单击日期图像旁边的背景图像进行取样,如图下图所示。

步骤 03 取样后，单击日期图像，并拖动鼠标进行涂抹，慢慢用旁边的图像覆盖日期图像，如下图所示。

步骤 04 修复到适当的效果后，释放鼠标左键即可完成修复图像的操作，修复后的区域会与周围区域有机地融合在一起。继续对没有修复完成的图像周围进行取样，然后进行修复，得到如下图所示的效果。

**☼ 高手点拨**

在修复过程中，如果取样的图像与被涂抹的区域不匹配，则可以按住 Alt 键重新对周围的图像进行取样。这样反复操作，一边取样一边涂抹，修复效果会更好。

**7.3.2 使用"污点修复画笔工具"**

使用"污点修复画笔工具" 可以修复图像中的污点。它能对图像中的某一点进行取样，然后将该图像覆盖到需要应用的位置。在复制时，它能将样本像素的纹理、光照、透明度和阴影与所修复的像素相匹配，从而得到自然的修复效果。"污点修复画笔工具"不需要指定基准点，它能自动从所修饰区域的周围进行像素的取样。

选择"污点修复画笔工具" ，其属性栏如下图所示。

"污点修复画笔工具"属性栏中常用选项的作用说明如下。

- 画笔：与"画笔工具"属性栏对应的选项一样，用于设置画笔的大小和样式等。
- 模式：用于设置绘制后生成图像与底色之间的混合模式。

- 类型：用于设置修复图像区域过程中采用的修复类型。单击"内容识别"按钮，可以通过识别图像周边内容来修复图像；单击"创建纹理"按钮，将使用要修复区域周围的像素来修复图像；单击"近似匹配"按钮，将使用被修复图像区域中的像素来创建修复纹理，并使该纹理与周围纹理相协调。
- 对所有图层取样：选中该复选框，将从所有可见图层中对数据进行取样。

使用"污点修复画笔工具"的具体操作步骤如下。

步骤 01 打开"素材文件\第7章\雀斑.jpg"文件，选择"污点修复画笔工具" ，在属性栏中选择一个柔角笔尖样式，然后选择"类型"为"内容识别"，如下图所示。

步骤 02 在人物面部雀斑图像中单击并拖动鼠标，即可自动地对图像进行修复，如下图所示。

步骤 03 使用相同的方法，对其他雀斑进行修复，效果如下图所示。

### 7.3.3 使用"修补工具"

"修补工具"  是一种相当实用的修复工具，它的使用方法和作用与"修复画笔工具"相似。使用"修补工具"必须建立选区，在选区范围内才可以修补图像。该工具是通过复制功能对图像进行操作的。选择"修补工具" ，其属性栏如下图所示。

"修补工具"属性栏中常用选项的作用说明如下。

- 修补：选择"源"选项，即在修补选区内显示原位置的图像；选择"目标"选项，修补区域的图像被移动后，可以使用选择区域内的图像进行覆盖。
- 透明：设置应用透明的图案。
- 使用图案：当图像中建立了选区后，此选项即被激活。在选区中应用图案样式后，可以保留图像原来的质感。

使用"修补工具"具体的操作步骤如下。

步骤 01 打开"素材文件\第7章\果篮.jpg"文件，选择"矩形选框工具" ，在图像右侧文字图像周围绘制一个矩形选区，如下图所示。

步骤 02 选择"修补工具" ，在属性栏中选择"源"选项，然后将光标放到选区中，按住鼠标左键拖动到附近图像中，如下图所示。

步骤 03 按 Ctrl+D 组合键取消选区，将移动区域所在的图像覆盖原选区内的图像，如下图所示。

步骤 04 使用"修补工具" ，在画面右侧的苹果图像周围绘制选区，如下图所示。

步骤 05 在属性栏中选择"目标"选项，将光标放到选区内部，然后按住鼠标左键拖动到其他区域，将选区内的图像复制到其他位置，如下图所示。

步骤 06 继续使用相同的方法，再复制两次苹果图像，得到如下图所示的效果。

### 7.3.4 使用"内容感知移动工具"

使用"内容感知移动工具" ，可以创建选区，然后通过移动选区，将选区中的图像进行复制，原图像则被扩展并与背景图像自然地融合。

选择"内容感知移动工具" ，其属性栏如下图所示。

"内容感知移动工具"属性栏中常用选项的作用说明如下。

- 模式：其下拉列表中有"移动"和"扩展"两种模式。选择"移动"模式，在移动选区中的图像后，原图像所在处将与背景图像融合；选择"扩展"模式，可以复制选区中的图像，得到两个图像效果。
- 结构：在该下拉列表中通过设置参数可以调整源结构的保留程度。
- 颜色：通过设置参数调整可以修改源色彩的饱和程度。

- 投影时变换：选中该复选框，在移动图像后将出现变换框，可以调整选区内的图像大小和角度。

使用"内容感知移动工具"具体的操作步骤如下。

**步骤 01** 打开"素材文件 \ 第 7 章 \ 花瓶 .jpg"文件，选择"内容感知移动工具" ，在花朵图像周围单击，绘制选区，如下图所示。

**步骤 02** 在属性栏中设置"模式"为"移动"，并选中"投影时变换"复选框，然后向左拖动选区中的图像，如下图所示。

**步骤 03** 释放鼠标左键后，图像将出现一个变换框，可以通过该变换框调整图像大小及旋转图像等，如下图所示。

**步骤 04** 在变换框内双击，图像将自动进行分析，右侧图像将与背景图像自然混合，按 Ctrl+D 组合键取消选区，得到的图像效果如下图所示。

**步骤 05** 使用该工具还可以复制移动的图像。按两次 Ctrl+Z 组合键，后退两步操作，得到步骤 1 中的选区效果，在属性栏中设置"模式"为"扩展"，然后向左移动选区，经过分析后，取消选区，将得到复制的图像效果，如下图所示。

### 7.3.5 实例——无损移动产品图像

本实例将调整产品在图像中的位置，主要练习"内容感知移动工具"的使用，最终效果如下图所示。

扫一扫，看视频

本实例具体的操作步骤如下。

**步骤 01** 打开"素材文件 \ 第 7 章 \ 化妆品广告 .jpg"文件，选择"内容感知移动工具" ，沿着化妆品图像周围绘制选区，如下图所示。

**步骤 02** 在属性栏中设置"模式"为"移动"，并取消选中"投影时变换"复选框，如下图所示。

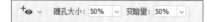

**步骤 03** 将光标放到选区内，按住鼠标左键向右侧拖动，移动图像位置，如下图所示。

**步骤 04** 释放鼠标左键，图像边缘将自动与周边图像混合，如下图所示。

**步骤 05** 按 Ctrl+D 组合键取消选区，使用"修复画笔工具" ，对交界处较生硬的图像进行修复，效果如下图所示。

**步骤 06** 打开"素材文件\第7章\广告文字.psd"文件，使用"移动工具"将其拖动到画面右侧，如下图所示，完成本实例的制作。

**7.3.6** 使用"红眼工具"

使用"红眼工具" 可以去除由闪光灯导致的红色反光，但它对"位图""索引颜色""多通道"颜色模式的图像并不起作用。

使用"红眼工具"具体的操作步骤如下。

**步骤 01** 打开"素材文件\第7章\化妆.jpg"文件，可以看到图像中人物眼睛有明显的红眼，如下图所示。

**步骤 02** 选择"红眼工具" ，在其属性栏中设置"瞳孔大小"和"变暗量"都为 50%，如下图所示。

**步骤 03** 使用"红眼工具" ，绘制一个选框将红眼选中，如下图所示。

"红眼工具"属性栏中常用选项的作用说明如下。

- 瞳孔大小：用于设置瞳孔（眼睛暗色的中心）的大小。
- 变暗量：用于设置瞳孔的暗度。

**步骤 03** 使用"红眼工具" ，绘制一个选框将红眼选中，如下图所示。

框选眼睛

**步骤 04** 释放鼠标左键后即可得到修复后的效果，然后使用相同的方法修复另一个红眼，结果如下图所示。

## 综合演练：制作儿童摄影广告

在使用图像制作广告之前，一般需要对图像做一些调整，包括调整图像色调、修饰一些不需要的图像，以及调整主体对象的位置等。本实例将使用多个修复画笔工具对图像进行修复和调整，然后为图像添加广告文字。

扫一扫，看视频

本实例具体的操作步骤如下。

**步骤 01** 执行"文件"｜"打开"命令，打开"素材文件\第7章\快乐宝贝.jpg"文件，选择"修补工具" ，在宝贝手握的吊杆图像周围绘制选区，如下图所示。

**步骤 02** 在属性栏中单击"源"按钮，然后将光标放到选区内，按住鼠标左键向右侧拖动，即可将右侧的花朵图像复制到选区中，如下图所示。

**步骤 03** 释放鼠标左键后，得到修复效果。可以看到吊杆的部分图像没有被修复，如下图所示。

**步骤 04** 选择"仿制图章工具" ，按住 Alt 键单击吊杆附近的图像，然后对残留的吊杆图像进行修复，效果如下图所示。

**步骤 05** 选择"内容感知移动工具" ，在属性栏中设置"模式"为"移动"，然后取消选中"投影时变换"复选框，对人物图像绘制选区，然后向左侧移动鼠标，如下图所示。

**步骤 06** 释放鼠标左键后，调整位置处的图像周围将自然融合，如下图所示。

**步骤 07** 此时人物周围还有少数未被自然融合的图像。选择"修复画笔工具" ，对图像周围取

样，然后涂抹需要修复的区域，效果如下图所示。

步骤 08 新建一个图层，选择"多边形套索工具" ▱，在画面下方绘制一个四边形选区，填充为粉紫色（R234,G185,B255），如下图所示。

步骤 09 绘制一个四边形选区，填充为黄色（R251,G226,B61），效果如下图所示。

步骤 10 选择"横排文字工具" T，在黄色图形中输入电话号码和地址，在属性栏中设置字体为方正卡通简体，填充为蓝色（R51,G117,B201），如下图所示。

步骤 11 打开"素材文件\第7章\广告文字.psd"文件，使用"移动工具" ✛，将其直接拖动到当前编辑的图像中，分别放到画面两侧，如下图所示，完成本实例的制作。

### 举一反三：制作双胞胎效果

扫一扫，看视频

　　使用修复工具不仅可以修补破损的图像，还可以复制图像，制作特殊图像效果。本实例主要通过修复功能复制人物图像，并在操作过程中调整人物图像的位置，得到双胞胎图像效果。

本实例具体的操作步骤如下。

步骤 01 打开"素材文件\第7章\花田里的女孩.jpg"文件，选择"套索工具" ▱对人物轮廓进行大概的勾选，如下图所示。

步骤 02 选择"内容感知移动工具" ✗，在属性栏中设置"模式"为"扩展"，选中"投影时变换"复选框，然后移动选区到画面左侧，如下图所示。

**步骤 03** 选区周围将出现变换框，执行"编辑"|"变换"|"水平翻转"命令，然后将翻转后的图像调整至合适的位置，如下图所示。

**步骤 04** 按 Enter 键确认变换，得到变换效果，如下图所示。

**步骤 05** 使用"修复画笔工具" ，对复制的人物图像边缘进行修复，使图像过渡得更加自然，如下图所示。

## 新手问答

✐ Q1：修复图像时光标中间的十字线有什么作用？

在使用"仿制图章工具"和"修复画笔工具"时，首先需要按住 Alt 键对需要修复的图像进行取样，然后将光标移动到其他位置，拖动鼠标时，画面中始终会有一个圆形光标和一个十字形光标

跟着移动，如下图所示。该圆形光标为正在涂抹的区域，该区域的内容是从十字光标所在位置的图像上复制而来的。在操作时，通过观察十字形光标的位置，即可自动得到复制出的图像内容。

✐ Q2：如何定义多个样本源？

使用"仿制图章工具"或"修复画笔工具"时，可以通过"仿制源"面板设置不同的样本源，并且可以查看样本源的叠加，以便用户在特定位置进行仿制。通过"仿制源"面板还可以缩放或旋转样本源，以便更好地匹配仿制目标的大小和方向。具体的操作步骤如下。

**步骤 01** 打开"素材文件\第7章\卡通.jpg"文件，执行"窗口"|"仿制源"命令，打开"仿制源"面板，如下图所示。

**步骤 02** 面板上方有 5 个不同的取样源按钮，单击任意一个取样源按钮进行取样，即可将该样本源记录下来，如下图所示。

**步骤 03** 如果需要对取样的图像大小进行调整，则可以在 W 和 H 数值框中输入参数，如设置参数为 300%，对热气球图像进行取样，涂抹后的效果如下图所示。

**步骤 04** 如果要旋转定义的样本源，则可以在"旋转仿制源" ⊿ 文本框中输入旋转参数，如下图所示。

**一、填空题**

1. 在 Photoshop 中，使用＿＿＿＿＿可以增加相邻像素之间的对比，提高图像的清晰度。

2. "修补工具"是一种相当实用的修复工具，它的使用方法和作用与＿＿＿＿＿相似。使用"修补工具"必须建立＿＿＿＿＿。

3. 使用"内容感知移动工具"时，选择属性栏中的＿＿＿＿＿选项，在移动选区后，选区周围将出现变换框。

**二、选择题**

1. 在 Photoshop 中，使用（　　）可以对图像边缘进行柔化处理，或减少图像中的细节。

　　A. 修复画笔工具　　B. 锐化工具
　　C. 修补工具　　　　D. 模糊工具

2. 使用"修补工具"时，在属性栏中选择（　　）选项，在修补区域的图像被移动后，可以使用选择区域内的图像进行覆盖。

　　A. 透明　　　　　　B. 目标
　　C. 源　　　　　　　D. 仿制

**三、上机题**

1. 通过"修补工具"和"仿制图章工具"消除图像中的人物剪影，图像修复前后的对比效果如下图所示。（素材位置："素材文件＼第 7 章＼大树 .jpg"）

**操作提示：**

（1）使用"套索工具"，绘制人物选区。

（2）使用"修补工具"，拖动选区内的图像到天空中，并复制图像进行修复。

（3）使用"仿制图章工具"，对未被修复的图像边缘进行处理。

2. 使用"海绵工具"和"减淡工具"，提亮图像并增加图像饱和度，效果如下图所示。（素材位置："素材文件＼第 7 章＼饮料瓶 .jpg"）

**操作提示：**

（1）使用"减淡工具"，对瓶身图像进行涂抹，提亮图像。

（2）使用"海绵工具"，对瓶身和树叶图像进行涂抹，加强图像饱和度。

（3）执行"图像"｜"自然饱和度"命令，在打开的对话框中增加图像整体的饱和度。

## 本 章 小 结

　　本章主要介绍了各种修复图像工具的使用，包括对图像瑕疵的处理、修饰图像、复制图像，以及调整局部图像的饱和度、亮度等。这些工具可以提高用户对图像色调和光影的处理效率，并且可以在处理和调整照片时起到很大的辅助作用。

# 第**8**章

## 文字

Photoshop

### 本章导读

　　文字在图像中占有非常重要的地位，它不仅可以传达作品的相关信息，还可以起到美化版面、强化主体的作用。

　　本章将详细介绍文字的各种输入方法和编辑应用，主要包括创建文字、编辑文字，以及"段落"面板和"字符"面板的使用等。

### 学完本章后应该掌握的技能

- ■ 创建文字
- ■ "段落"和"字符"面板
- ■ 编辑文字

## 8.1 创建文字

在 Photoshop 中，文字的种类分为两种，分别是美术文字和段落文字。其中美术文字的使用非常广泛，可以对文字的颜色、字体、大小、字距和行距等属性进行调整。使用文字工具可以直接在图像中创建文字。下面将介绍创建文字的方法。

### 8.1.1 创建美术文字

创建美术文字包括输入横排文字和输入直排文字。文字的每行都是独立的，行的长度随着文字的输入而不断增加，按 Enter 键可以对文字进行换行。

**1. 输入横排文字**

横排文字是指横向排列文字。选择工具箱中的"横排文字工具" T.，在属性栏中可以设置文字的字体、大小、对齐方式和颜色等。具体的操作步骤如下。

**步骤 01** 将光标移至图像中适当的位置单击，将插入一个光标，如下图所示。

**步骤 02** 以光标插入处为起点输入文字，文字结尾始终会出现一个闪烁的"I"形光标，如下图所示。

**步骤 03** 将光标放到文字外侧，单击并拖动鼠标，即可移动文字，如下图所示。

**步骤 04** 将光标置于文字中，按住鼠标左键拖动即可选择部分文字，如下图所示。

**步骤 05** 在属性栏中可以根据需要设置字体、颜色等，如下图所示。

**步骤 06** 输入完成后，选择任意一个工具或按小键盘上的 Enter 键，"图层"面板中将自动生成一个文字图层，如下图所示。

**2. 输入直排文字**

使用"直排文字工具" IT.，可以在图像中沿垂直方向输入文本，也可以输入垂直向下显示的段落文本，其输入方法与使用"横排文字工具"一样。

单击工具箱中的"直排文字工具" IT.，在图像编辑区单击，单击处会出现⊟形状的闪烁光标，这时输入需要的文字即可，如下图所示。

### 8.1.2 创建段落文字

段落文字常用于长文档的编辑，在编辑过程中需要先绘制文本框，并在文本框中输入文字。在文本框中，文字可以根据外框的尺寸在段落中自动换行。具体的操作步骤如下。

步骤 01 选择"横排文字工具" T，在图像中按住鼠标左键拖动，即可生成一个段落文本框，如下图所示。

步骤 02 在段落文本框内输入文字，即可创建段落文字，当输入的文字到达文本框边界时会自动换行，如下图所示。

步骤 03 输入完成后，单击属性栏中的✔按钮，即得到段落文字，随后文本框将隐藏，如下图所示。

步骤 04 使用"横排文字工具" T，在段落文字中单击，可以设置插入点，并显示文本框。

步骤 05 将光标放在定界边框的控制点上，当光标变成双向箭头↗时，可以调整段落文本框的大小，如下图所示。

步骤 06 当光标变成双向箭头↗时，按住鼠标左键拖动，可以旋转段落文本框，如下图所示。

> ☆**高手点拨**·•
>
> 创建段落文字后，按住 Ctrl 键拖动段落文本框的任意一个控制点，即可在调整段落文本框大小的同时缩放文字。

### 8.1.3 创建文字选区

Photoshop 中有专用于创建文字选区的工具，即横排和直排文字蒙版工具。这也是对选区的进一步拓展，在广告制作方面有很大的用处。创建文字选区具体的操作步骤如下。

步骤 01 选择工具箱中的"横排文字蒙版工具" T，在画面中单击，将出现闪动的光标，同时画面将变成有一层透明红色遮罩的状态，如下图所示。

**步骤 02** 输入文字后，单击属性栏右侧的 ✔ 按钮，即可退出文字的输入状态，得到文字选区，如下图所示。

**步骤 03** 在"图层"面板中新建一个图层，然后设置前景色为蓝色，按 Alt+Delete 组合键即可填充选区，如下图所示。

**☆新手注意・◦**

使用横排和直排文字蒙版工具创建的文字选区，可以填充颜色，但是它已经不是文字属性了，不能再改变其字体样式，只能像编辑图像一样进行处理。

**8.1.4** 创建路径文字

当需要创建特殊文字排列方式时，可以使用"钢笔工具"或形状工具创建工作路径，然后使用文字工具在其中输入文字，编辑后即可完成路径文字的创建。具体的操作步骤如下。

**步骤 01** 打开一幅图像文件，选择"钢笔工具" ⬦，在属性栏的工具模式中选择"路径"选项，然后在图像窗口中绘制一条曲线路径，如下图所示。

**步骤 02** 选择"横排文字工具" **T.**，在属性栏中设置文字属性后，将光标放到路径中，当光标变成 ⌇ 形状时，单击即可插入光标，然后在路径上输入文字，如下图所示，文字将沿着路径形状排列。

**步骤 03** 按小键盘上的 Enter 键确定文字的输入，"路径"面板中将生成一个文字路径，在该面板的空白处单击，即可隐藏路径，如下图所示。

**步骤 04** 选择"椭圆工具" ⬭，在图像中绘制一个圆形路径，如下图所示。

**步骤 05** 选择"横排文字工具" **T.**，将光标移动到圆形路径内，当光标变成 ⌇ 形状时单击，在图形中创建的文字会自动根据图形进行排列，形

成段落文字，如下图所示。

步骤 06 如果改变路径的曲线造型，则路径上的文字也将随之发生变化，如下图所示。

## 8.2 "段落"和"字符"面板

输入文字后，可以通过属性栏设置文字的字体、颜色、大小等，但使用"字符"或"段落"面板可以对文字做更加详细的属性设置和排版。

### 8.2.1 使用"字符"面板

字符属性可以直接在文字工具属性栏中设置，但"字符"面板提供了更多的选项。除了设置文字的字体、字号、样式和颜色外，还可以设置字符间距、垂直缩放、水平缩放，以及是否加粗、加下画线、加上标等。

执行"窗口"|"字符"命令，或者单击文字属性栏中的"切换字符和段落面板"按钮▣，即可打开"字符"面板，如下图所示。

"字符"面板中主要选项的作用说明如下。

- Adobe 黑体 Std ∨：单击右侧的下拉按钮，可以在下拉列表中选择字体。
- T 30 点 ∨：用于设置字符的大小。
- 🅰 (自动) ∨：用于设置文本行的间距，值越大，间距越大。如果数值小到超过一定范围，则文本行与行之间将重合在一起，在应用该选项前应先选择至少两行文本。下图所示分别为行距是 75 点和 120 点的效果。

- V/A 0 ∨：用于对两个字符的间距进行细微的调整。设置该项只需将文字输入光标移到需要设置的位置即可。
- VA 80 ∨：用于设置字符之间的距离，数值越大，文本间距越大。下图所示分别为间距是 0 和 100 的文本效果。

- 0% ∨：根据文本的比例大小来设置文字的间距。
- ‖T 100%：用于设置文本在垂直方向上的缩放比例。下图所示为垂直缩放 60% 的效果。

- T 100%：用于设置文本在水平方向上的缩放比例。下图所示为水平缩放 60% 的效果。

- A♯ 0点 ：设置基线偏移。用于设置选择文本的偏移量，当文本为横排输入状态时，输入正数时往上移，输入负数时往下移；当文本为竖排输入状态时，输入正数时往右移，输入负数时往左移。

- 颜色：□ ：设置文本颜色。单击该色块，可以在打开的对话框中重新设置字体的颜色。

- T T' TT Tᵗ Tₜ T T̲ ：设置字符样式，这些按钮依次用于对文字进行仿粗体、仿斜体、全部大写字母、小型大写字母、上标、下标、下画线和删除线等进行设置。

### 8.2.2 实例——设置特殊字体样式

本实例将在图像中设置特殊字体样式，主要练习文字输入及"字符"面板的运用，最终效果如下图所示。

扫一扫，看视频

本实例具体的操作步骤如下。

步骤 01 打开"素材文件 \ 第 8 章 \ 爱心 .jpg"文件，设置前景色为黑色，在图像中输入横排文字，如下图所示。

步骤 02 将光标插入到最后一个文字后，按住鼠标左键向左侧拖动，选择所有文字，如下图所示。

步骤 03 在文字属性栏中设置文字的字体为方正非凡体简体，大小为 80，如下图所示。

步骤 04 选择文字，打开"字符"面板，设置文字的字符间距为 100，如下图所示。

步骤 05 选择文字，单击"颜色"选项右侧的色块，打开"拾色器（文本颜色）"对话框，设置颜色为深红色（R168,G15,B55），如下图所示。

步骤 06 单击"确定"按钮，即可改变文字的颜色，如下图所示。

步骤 07 拖动光标选择"情人节"三个字,在"字符"面板中设置"基线偏移" $A_4^a$ 为 -30 点,得到的图像效果如下图所示。

步骤 08 单击"字符"面板中的"仿斜体"按钮 $T$ 和"下画线"按钮 $\underline{T}$,得到的文字效果如下图所示。

### 8.2.3 使用"段落"面板

在 Photoshop 中创建段落文字后,还可以对文字的对齐和缩进方式进行设置。要设置段落文字属性,必须先创建段落文字,然后在面板组中选择"段落"面板进行设置。

执行"窗口"|"段落"命令,或者单击文字属性栏中的"切换字符和段落面板"按钮 ,打开"段落"面板,如下图所示。

"段落"面板中各个选项的作用说明如下。

- ：用于设置文本的对齐方式。按钮可以将文本左对齐；按钮可以将文本居中对齐；按钮可以将文本右对齐；按钮可以将文本的最后一行左对齐；按钮可以将文本的最后一行居中对齐；按钮可以将文本

的最后一行右对齐。

- 0点 ：用于设置段落文字由左向右缩进的距离。对于直排文字,该选项用于控制文本从段落顶端向底部缩进。
- 0点 ：用于设置段落文字由右向左缩进的距离。对于直排文字,该选项用于控制文本由段落底部向顶端缩进。
- 0点 ：用于设置文本首行缩进的空白距离。

使用"段落"面板具体的操作步骤如下。

步骤 01 创建一个段落文本,在其中输入一段文字,如下图所示。

步骤 02 执行"窗口"|"段落"命令,打开"段落"面板,将光标插入第一段最前面,然后设置首行缩进为 55 点,得到如下图所示的文字效果。

步骤 03 将光标插入第二段文字最前面,设置同样的首行缩进参数,再设置段前添加空格为 15 点,文字排列效果如下图所示。

> ☀ 新手注意
>
> 如果文本框中显示不了所有文字,可以使用鼠标左键拖动文本框下方的边线,扩大文本框,从而显示所有文字。

## 8.3 编辑文字

在 Photoshop 中输入文字后，还需要对文字进行大小、字体、颜色，以及方向和形状等的编辑。下面将分别介绍输入文字后，对文字的各种编辑。

### 8.3.1 选择文字

要对文字进行编辑，首先需要选中该文字所在图层，然后选择需要编辑的文字。选择"横排文字工具" T.，将光标移动到要选择的文字开始处，当指针变成 I 形状时单击插入光标，然后按住鼠标左键拖动，在需要选取文字的结尾处释放鼠标，被选中的文字将以文字的补色显示，如下图所示。

### 8.3.2 改变文字方向

在 Photoshop 中输入文字后，还可以改变文字方向。如当前文字为横排文字，执行"文字"|"文本排列方向"|"竖排"命令，可以将其更改为直排文字。如果当前选择的文字是直排文字，执行"文字"|"文本排列方向"|"横排"命令，可以将其更改为横排文字，如下图所示。

### 8.3.3 编辑变形文字

在 Photoshop 中输入文字后，还可以对其进行变形处理。单击文字工具属性栏中的"创建文字变形"按钮，打开"变形文字"对话框，如下图所示，其中提供了 15 种变形样式，可以用来创作艺术字。

"变形文字"对话框中常用选项的作用说明如下。

- ⦿ 水平(H)　⚪ 垂直(V)：用于设置文本是沿水平还是垂直方向进行变形，系统默认为沿水平方向变形。
- 弯曲：用于设置文本弯曲的程度，值为 0 时表示没有任何弯曲。
- 水平扭曲：用于设置文本在水平方向的扭曲程度。
- 垂直扭曲：用于设置文本在垂直方向的扭曲程度。

编辑变形文字具体的操作步骤如下。

步骤 01 打开一幅图像，选择"横排文字工具" T.，在图像中输入文字，如下图所示。

步骤 02 在属性栏中单击"创建变形文字"按钮，打开"变形文字"对话框，单击"样式"右侧的下拉按钮，在弹出的下拉列表中可以选择多种文字样式，这里选择"贝壳"样式，然后分别设置其他选项，如下图所示。

**步骤 03** 单击"确定"按钮，回到画面中，得到文字变形效果，如下图所示。

☀ **高手点拨**

如果要调整文字变形后的效果，可以再次单击属性栏中的"创建变形文字"按钮工，在打开的对话框中重新对选项参数等进行设置。

**8.3.4　将文字转换为路径**

在 Photoshop 中输入文字后，还可以将文字转换为路径或形状。将文字转换为路径后，不仅可以使用路径编辑功能对文字进行调整，同时能保持原文字图层不变。具体的操作步骤如下。

**步骤 01** 打开一幅图像，选择"横排文字工具"T，在其中输入文字，如下图所示。

**步骤 02** 执行"文字"|"创建工作路径"命令，即可得到工作路径。在"图层"面板中隐藏文字图层，可以更好地观察文字路径，如下图所示。

**步骤 03** 这时在"路径"面板中将自动得到一个工作路径，如下图所示。

**步骤 04** 使用"直接选择工具"，调整该工作路径，原来的文字将保持不变，如下图所示。

**步骤 05** 选择文字图层，再执行"文字"|"转换为形状"命令，这时文字图层将自动转换为形状图层的效果，如下图所示。

**步骤 06** 当文字为矢量蒙版选择状态时，使用"直接选择工具"，对文字形状的部分节点进行调整，可以改变文字的形状，如下图所示。

**8.3.5　栅格化文字**

对文字应用栅格化操作后，将文字图层转变

为普通图层，即可直接对文字应用绘图和滤镜等命令。

在"图层"面板中选择文字图层，如下图左所示，执行"文字"｜"栅格化文字图层"命令，即可将文字图层转换为普通图层，如下图右所示。

### 高手点拨

当图像文件中文字图层较多时，合并文字图层或者将文字图层与其他图层进行合并，一样可以将文字栅格化。

**8.3.6 实例——制作咖啡店招牌**

本实例将制作一个咖啡店招牌，主要练习文字的输入、将文字转换为形状，以及路径文字的创建，最终效果如下图所示。

扫一扫，看视频

本实例具体的操作步骤如下。

步骤 01 新建一个图像文件，创建图层1，选择"椭圆选框工具" ，在图像中绘制一个圆形选区，填充为淡黄色（R255,G245,B228），如下图所示。

步骤 02 选择"横排文字工具" **T**，在图像中输入文字"时光咖啡"，并打开"字符"面板，

设置字体为"方正非凡体简体"，颜色为咖啡色（R86,G45,B20），然后设置文字的其他属性，如下图所示。

步骤 03 执行"文字"｜"转换为形状"命令，将文字转换为形状，在"图层"面板中得到形状图层，如下图所示。

步骤 04 选择"直接选择工具" ▷，选择文字中的部分节点进行编辑，然后删除"光"的部分笔画，如下图所示。

时光咖啡

步骤 05 新建一个图层，选择"椭圆选框工具" ◯，绘制一个圆形选区，然后按住 Alt 键在其中再绘制一个较小的选区，填充为咖啡色，得到圆环图像，如下图所示。

时光咖啡

**步骤 06** 选择"椭圆选框工具"⭕，在属性栏中选择工具模式为"路径"，然后绘制一个圆形路径，如下图所示。

**步骤 07** 设置前景色为咖啡色（R86,G45,B20）。选择"横排文字工具"T，在圆形上方路径中单击插入光标，然后输入英文文字，如下图所示。

**步骤 08** 确认光标位于字母末端，按住鼠标左键向第一个字母的位置拖动，选择文字，在"字符"面板中设置字体为"方正兰亭刊黑简体"，大小为30点，再设置文字间距等其他参数，如下图所示。

**步骤 09** 设置字符属性后，选择任意其他图层，即可隐藏路径，得到弧形文字效果，如下图所示。

**步骤 10** 选择"自定形状工具"⭐，❶ 在属性栏中选择工具模式为"形状"，❷ 设置"填充"为无，"描边"为咖啡色（R86,G45,B20），线条宽度为"4像素"，❸ 单击"形状"右侧的下拉按钮，选择一种花朵样式，如下图所示。

**步骤 11** 在路径文字下方拖动鼠标，绘制花朵图像，如下图所示。

**步骤 12** 选择"横排文字工具"T，在"时光咖啡"文字下方输入一行文字，并在属性栏中设置字体为黑体，如下图所示。

**步骤 13** 选择"钢笔工具"✒，在圆形图像下方绘制一条弧线，然后使用"横排文字工具"T，在弧线中插入光标，输入路径文字，如下图所示。

**步骤** 14 在"图层"面板中选择除"背景"图层以外的其他图层，按 Ctrl+E 组合键合并图层，如下图所示。

**步骤** 15 打开"素材文件\第 8 章\招牌 .jpg"文件，使用"移动工具" ⊕ ，拖动绘制的咖啡店招牌到如下图所示的位置。

**步骤** 16 按 Ctrl+T 组合键出现变换框，然后按住 Ctrl 键调整任意控制点，得到与圆形招牌一致的外形，如下图所示，完成本实例的制作。

### 综合演练：制作招聘广告

本实例将通过制作一个招聘广告来练习和巩固本章所学的知识。首先在图像中绘制折线，划分版面，再添加素材图像作为标题，然后输入美术文字和段落文字，分别设置字符属性，最后添加一些装饰性文字，丰富广告画面。

扫一扫，看视频

本实例具体的操作步骤如下。

**步骤** 01 执行"文件"|"打开"命令，打开"素材文件\第 8 章\蓝色背景 .jpg"文件，如下图所示。

**步骤** 02 新建一个图层，设置前景色为白色。选择"铅笔工具" ✐ ，在属性栏中设置画笔大小为 2 像素，在图像下方绘制一条折线，然后复制一次对象，得到重叠折线效果，如下图所示。

**步骤** 03 打开"素材文件\第 8 章\招聘文字 .psd"文件，使用"移动工具" ⊕ ，将其拖动到画面上方，如下图所示。

步骤 04 选择"横排文字工具" T.,在图像中输入文字,然后打开"字符"面板,设置字体为"方正兰亭黑体",大小为 202 点,颜色为白色,然后设置其他参数,如下图所示。

步骤 05 打开"素材文件\第 8 章\标题图像 .psd"文件,使用"移动工具" ⊕.拖动,分别放到画面下方,如下图所示。

步骤 06 在标题图像中分别输入文字,然后在"字符"面板中设置字体为"方正汉真广标简体",颜色为深紫色(R44,G14,B103),如下图所示。

步骤 07 选择"横排文字工具" T.,在属性栏中设置字体为黑体,颜色为白色。在"平面设计"下方按住鼠标左键拖动,绘制一个文本框,然后输入文字,如下图所示。

步骤 08 在其他两个职位下方分别绘制文本框,输入职位介绍文字,如下图所示。

步骤 09 选择"横排文字工具" T.,在图像中输入一行英文和中文文字。选择英文文字,适当调整大小,然后为文字调整较大的间距,填充为白色,如下图所示。

步骤 10 选择部分文字,将其改为红色(R233,G10,B15),如下图所示。

中文版 Photoshop 2021 从入门到精通(案例视频版)

**步骤** 11 执行"编辑"|"变换"|"逆时针 90 度旋转"命令，得到旋转的文字，再按 Ctrl+J 组合键复制一次文字，分别将两行文字放到画面两侧，如下图所示，完成本实例的制作。

## 举一反三：制作美食菜单

　　在 Photoshop 中结合文字工具和菜单命令，可以制作文字的特殊造型，还可以对文字进行各种排版操作。本实例首先通过文字工具制作出特殊文字形态，然后输入其他文字内容信息，对文字版式进行设计。

扫一扫，看视频

　　本实例具体的操作步骤如下。

**步骤** 01 执行"文件"|"打开"命令，打开"素材文件\第 8 章\底纹.jpg"文件，选择"椭圆选框工具" ，在图像上绘制一个圆形选区，填充为橘黄色（R244,G186,B26），然后放到画面顶部，只显露半个圆形，如下图所示。

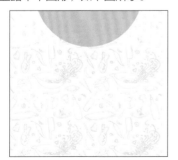

**步骤** 02 选择"横排文字工具" ，在画面上

方输入文字，并在"字符"面板中设置文字属性，填充为深红色（R108,G37,B26），如下图所示。

**步骤** 03 执行"文字"|"转换为形状"命令，将文字转换为形状后，使用"直接选择工具" ，对图形进行编辑，改变文字笔画，效果如下图所示。

**步骤** 04 在文字上方再输入一行英文文字，选择文字后，在属性栏中设置字体为"黑体"，填充为白色，如下图所示。

**步骤** 05 新建一个图层，选择"矩形选框工具" ，在文字左下方绘制两个矩形选区，填充为黄色（R245,G209,B31），如下图所示。

**步骤** 06 选择"横排文字工具" ，在矩形中输入文字，并在属性栏中设置字体为"方正胖娃简体"，颜色为土红色（R102,G63,B29），如下图所示。

**步骤 07** 在下方继续输入价格文字，并在属性栏中设置字体为"方正兰亭特黑"，排列成如下图所示的样式。

**步骤 08** 打开"素材文件 \ 第 8 章 \ 甜品 1.psd"文件，使用"移动工具" ，将其拖动到价格文字下方，再添加食物价格文字，如下图所示。

**步骤 09** 在图像右侧继续输入价格等文字信息，并添加"甜品 2.psd"素材图像，如下图所示。

**步骤 10** 新建一个图层，选择"矩形选框工具" ，在图像下方绘制一个矩形选区，填充为黄色（R245,G209,B31），如下图所示。

**步骤 11** 在矩形中输入电话号码和地址等文字信息，并在属性栏中分别设置字体为"方正小标宋体"和"方正正大黑简体"，适当调整文字大小，如下图所示。

**步骤 12** 选择"椭圆选框工具" ，在电话号码和地址文字前面绘制实心圆与圆环，填充为土红色（R102,G63,B29），如下图所示，完成本实例的制作。

## 新手问答

✎ Q1：如何在计算机中安装字体？

在设计工作中，往往需要使用多种字体来丰富画面，而计算机默认的字体非常有限，这时就需要用户自己安装一些字体。下面介绍如何将外部的字体安装到计算机中。

**步骤 01** 打开"此电脑"窗口，进入系统安装盘，默认为 C 盘，打开"Windows"文件夹，如下图所示。

**步骤 02** 打开该文件夹，找到"Fonts"文件夹，如下图所示。

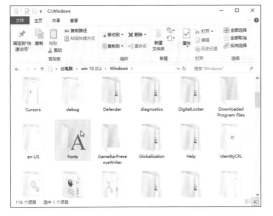

**步骤 03** 打开"Fonts"文件夹，选择需要安装的字体，按 Ctrl+C 组合键复制字体，然后在"Fonts"文件夹中按 Ctrl+V 组合键粘贴。安装字体时，系统会弹出正在安装字体的进度对话框，如下图所示。

☀ **新手注意**

安装字体并重新启动 Photoshop 后，就可以在属性栏的"搜索和选择字体"下拉列表中查找到安装的字体。系统中安装的字体越多，使用文字工具处理文字的运行速度就越慢。

✎ **Q2：什么是文字的基线？**

在"字符"面板中有"基线偏移"按钮，使用它可以让文字上下移动，而这个上下移动的标准就需要用到文字基线。

使用文字工具在图像中单击，确定文字插入点时，会出现一个闪烁的"I"形光标，光标中的小线条标记的就是文字基线，如下图所示。默认情况下，大部分文字都位于基线之上，只有英文小写字母 g、p、q 位于基线之下。选择文字并调整其基线位置后，往往会得到一些特殊的排列效果，使排版样式更加特别。

✎ **Q3：如何解决文件中字体丢失的问题？**

使用不同的计算机制作图像文件和输入文字后，常常会遇到字体丢失的问题。这时在文字图层中会出现一个黄色感叹号，该符号提示这里有缺失字体，如下图所示。解决这个问题，有两种方法，一是获取并重新安装原本缺失的字体；二是可以执行"文字"|"替换所有欠缺字体"命令，将其替换成其他字体。

如果要对缺失字体的文字图层进行自由变换操作，系统将自动弹出提示对话框，如下图所示，单击"取消"按钮可以继续变换，但是文字可能会由于变换操作变得模糊。

**思考与练习**

**一、填空题**

1. 在 Photoshop 中，美术文本每行都是独立的，行的长度随着文字的输入而不断增加，按＿＿＿＿键可以对文字进行换行。

2. ＿＿＿＿常用于长文档的编辑，在编辑过程中需要先绘制文本框，并在文本框中进行文字的输入。

3. 在"变形文本"对话框中，提供了＿＿＿＿种变形样式，以供创作艺术字。

**二、选择题**

1. 在 Photoshop 中，执行"栅格化文字图层"命令后，即可将文字图层转换为（　　）图层。

    A. 特殊　　　　　　B. 普通
    C. 形状　　　　　　D. 文本

2. 将文字转换为路径后，不仅可以使用（　　）功能对文字进行调整，同时能保持原文字图层不变。

A. 绘制          B. 填充          C. 特效          D. 路径编辑

### 三、上机题

1. 在图像中输入美术文本，制作名片中的人物姓名、职位、电话号码和地址等文字信息，并做简单的排列，名片效果如下图所示。（素材位置："素材文件\第8章\名片背景.jpg、图标.psd"）

操作提示：

（1）打开"名片背景.jpg"素材图像，使用"铅笔工具"绘制两条极细的直线，将人名、职位、电话号码和地址区域做划分。

（2）输入姓名和职位文字，并在属性栏中设置姓名字体为"方正大标宋体"，职位为"黑体"。

（3）打开"图标.psd"素材图像，将其放到横线下方。

（4）选择"横排文字工具"，在名片中输入电话号码和地址等文字信息。

2. 打开素材图像，输入文字，设置字体、颜色和间距，然后为其添加描边和投影，得到如下图所示的店铺门头招牌。（素材位置："素材文件\第8章\早餐店背景.jpg"）

操作提示：

（1）打开"早餐店背景.jpg"素材图像，选择"横排文字工具"，在其中输入店面名称。

（2）在属性栏中设置字体为"方正汉真广标简体"，填充为土黄色（R135,G83,B36）。

（3）执行"图层"|"图层样式"命令，打开"图层样式"对话框，分别为文字添加白色描边和黑色投影。

（4）在招牌下方输入经营内容文字，并设置字体为黑体，填充为白色。

### 本章小结

本章主要学习了Photoshop中文字的应用，首先介绍了文字的创建方法，然后介绍了"字符"面板和"段落"面板的设置，最后对文字的编辑做了详细介绍。

本章需要重点掌握几个功能，包括输入美术文字和段落文字的方法，设置文字属性，设置文字弯曲变形效果，以及在路径上排列文字等，对"字符"或"段落"面板中不常用的功能了解即可。

# 第 9 章

# 路径与形状工具

Photoshop

## 本章导读

　　绘制和编辑路径是非常重要的绘图技能。

　　本章将学习使用路径和形状工具绘制矢量图形，可以通过对路径的编辑绘制各种造型的图形，再将路径转换为选区，从而方便地对图像进行各种处理。

## 学完本章后应该掌握的技能

■ 路径和绘图模式

■ 创建路径

■ 路径的基本操作

■ 形状工具组

## 9.1 路径和绘图模式

在使用 Photoshop 中的"钢笔工具"和各种形状工具绘图前，需要了解路径与锚点之间的关系，然后熟悉使用这些工具可以绘制什么图形，也就是通常所说的绘图模式。在使用"钢笔工具"和各种形状工具绘图时，基本上都会涉及路径和锚点。

### 9.1.1 路径和锚点

在使用工具绘制路径之前，应该了解什么是路径和锚点，下面将分别对其进行介绍。

#### 1. 路径

在 Photoshop 中，路径本身是一种轮廓，主要是由"钢笔工具"和各种形状工具绘制而成的一种曲线。与选区一样，路径本身是没有颜色和宽度的，不会打印出来。路径主要有以下用途。

- 将路径转换为选区。
- 作为矢量蒙版来隐藏图层区域。
- 将路径保存在"路径"面板中，以备随时使用。
- 使用颜色填充或描边路径。
- 将图像导出到页面排版或矢量编辑程序时，将已存储的路径指定为剪贴路径，可以使图像的一部分变为透明。

绘制路径的工具主要是"钢笔工具"和各种形状工具，分别有开放式、闭合式和组合式三种形式，如下图所示。

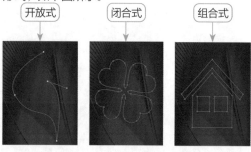

#### 2. 锚点

当路径由多条直线段或曲线段组成时，锚点就是标记在路径段的端点。锚点分为平滑点和角点两种类型。由平滑点连接的路径段可以形成平滑的曲线，如下图所示。

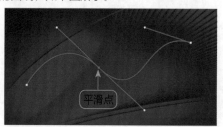

由角点连接起来的路径段可以形成直线或转折曲线，如下图所示。

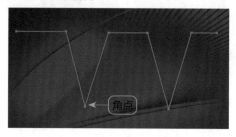

曲线路径上的锚点有方向线，方向线的端点为方向点，它们用于调整曲线的形状，如下图所示。

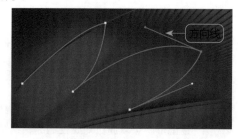

### 9.1.2 绘图模式

在 Photoshop 中主要使用"钢笔工具"和各种形状工具绘制路径与图形，通过它们绘制出的图形为矢量图形，并且可以通过路径编辑工具进行各种编辑。

"钢笔工具"主要用于绘制不规则图形，各种形状工具是通过 Photoshop 中内置的图形样式绘制规则的图形。

选择"钢笔工具"或各种形状工具后，在其属性栏中可以选择绘图模式，如下图所示。

- 形状：选择该模式，绘制路径后，在"图层"面板中将自动添加一个新的形状图层。形状图层就是带形状剪贴路径的填充图层，图层中间的填充色默认为前景色，单击缩略图可以改变填充颜色。形状路径的效果如下图所示。

- 路径：选择该模式，绘制的矢量图形将只产生工作路径，而不产生形状图层和填充色，如下图所示。

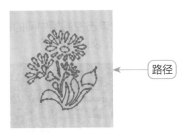

- 像素：选择该模式，绘制的图形将使用前景色填充图像，但没有工作路径和形状图层，不能作为矢量对象进行编辑，如下图所示。

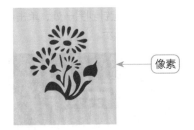

### 9.1.3 "路径"面板

绘制的路径都显示在"路径"面板中，通过该面板，还可以对路径进行各种操作。执行"窗口"|"路径"命令，打开"路径"面板，单击面板右上方的按钮，可以打开面板菜单，如下图所示。

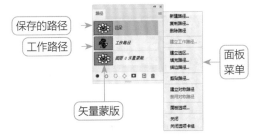

"路径"面板中各选项的作用说明如下。

- 用前景色填充路径 ●：绘制路径后，单击该按钮，可以用前景色填充路径区域，如下图所示。

- 用画笔描边路径 ○：单击该按钮，可以用设置的"画笔工具"对路径进行描边，如下图所示。

- 将路径作为选区载入 ○：单击该按钮，可以将路径转换为选区，如下图所示。

- 从选区生成工作路径 ◇：如果当前文档中存在选区，单击该按钮，则可以将选区转换为工作路径。
- 添加蒙版 □：单击该按钮，可以从当前选定的路径中生成蒙版，如下图所示。

- 创建新路径 ⊞：单击该按钮，可以创建一个新的路径。
- 删除当前路径 🗑：将路径拖动至该按钮上，可以将其删除。

## 9.2 创建路径

在 Photoshop 中，要绘制直线路径和平滑的曲线路径，都可以使用钢笔工具组中的工具来完成。下面将详细介绍钢笔工具组的使用情况。

### 9.2.1 使用"钢笔工具"

"钢笔工具"属于矢量绘图工具，绘制出来的图形为矢量图形。使用钢笔工具绘制直线段的方法较为简单，在画面中单击任意一处作为起点，然后在适当的位置再次单击即可绘制直线路径，按住鼠标拖动，即可绘制曲线路径。选择"钢笔工具" ∅，其对应的属性栏如下图所示。

"钢笔工具"属性栏中各选项的作用说明如下。

- 路径：在该下拉列表中有三个选项，即形状、路径和像素，分别用于创建形状图层、工作路径和填充区域。选择不同的选项，属性栏中将显示相应的选项内容。
- 建立 选区... 蒙版 形状：用于在创建选区后，将路径转换为选区或者形状等。
- 用于对路径的编辑，包括路径的合并、重叠、对齐方式及前后顺序等。
- 自动添加/删除：用于设置是否自动添加/删除锚点。

使用"钢笔工具"具体的操作步骤如下。

步骤 01 打开一幅图像，选择"钢笔工具"，在属性栏中选择绘图模式为"路径"，然后在图像中单击任意一处作为路径起点，如下图所示。

步骤 02 移动鼠标指针到另一处单击，得到一条直线段，如下图所示。

步骤 03 继续移动鼠标，将指针移动到适当的位置，单击并拖动鼠标即可创建带有控制手柄的平滑锚点，如下图所示。

新手注意

绘制带平滑锚点的路径后，鼠标拖动的方向和距离可以设置方向线的方向。

步骤 04 按住 Alt 键单击控制柄中间的锚点，可以减去一端的控制柄，如下图所示。

步骤 05 移动鼠标指针到另一处，单击可以继续绘制直线，如下图所示。

步骤 06 使用相同的方法绘制曲线，绘制完成后，将光标移动到路径线的起点，当光标变成 形状时，单击即可完成封闭的曲线形路径的绘制，如下图所示。

新手注意

在绘制直线段路径时，按住 Shift 键可以绘制水平、垂直或 45° 方向上的直线路径。

9.2.2 实例——使用"钢笔工具"抠取图像

扫一扫，看视频

本实例将使用"钢笔工具"抠取图像，然后制作一个简单的化妆品广告，最终效果如下图所示。

本实例具体的操作步骤如下。

步骤 01 打开"素材文件\第9章\护肤品 .psd"文件，选择"钢笔工具" ，在护肤品图像左侧边缘处单击，确定起点，如下图所示。

步骤 02 在瓶身左侧下方再次单击，并按住鼠标左键拖动，得到一条曲线路径，如下图所示。

步骤 03 按住 Alt 键，单击控制手柄中间的锚点，减去一侧的控制手柄，然后拖动剩余的手柄，以调整曲线与瓶身贴合，如下图所示。

步骤 04 在瓶身底部单击，继续绘制曲线，如下图所示。

步骤 05 沿着护肤品图像边缘绘制，得到图像路径，如下图所示。

步骤 06 按 Ctrl+Enter 组合键，得到图像选区，如下图所示。

步骤 07 打开"素材文件\第9章\粉色背景 .jpg"文件，使用"移动工具" ，将选区内的护肤品直接拖动到画面右侧，如下图所示。

步骤 08 打开"素材文件\第9章\广告文字 .psd"文件，使用"移动工具" ，将文字直接拖动到粉色背景中，并放到画面左上方，如下图所示，完成本实例的制作。

### 9.2.3 使用"自由钢笔工具"

使用"自由钢笔工具" ，可以绘制比较随意的路径、形状和像素，就像用铅笔在纸上绘图一样，如下图所示。在绘图时，将自动添加锚点，无须确定锚点的位置，生成路径后可以进一步对其进行调整。

选择"自由钢笔工具"属性栏中的"磁性的"选项，"自由钢笔工具"将切换为"磁性钢笔工具" ，使用该工具绘制的路径可以像磁铁一样自动沿着图像边缘移动，勾勒出对象轮廓，如下图所示。

### 9.2.4 使用"添加锚点工具"

在图像中绘制路径后，选择"添加锚点工具" ，可以直接在路径中添加单个或多个锚点并进行编辑。当选择"钢笔工具"时，将光标放到路径上，光标将变为 形状，在该路径中单击，同样可以添加一个锚点，拖动控制手柄即可编辑曲线，如下图所示。

### 9.2.5 使用"删除锚点工具"

选择工具箱中的"删除锚点工具" ，可以直接在路径中单击锚点将其删除。选择"钢笔工具"时，将光标放到锚点上，光标会变为 形状，单击即可删除锚点，如下图所示。

### 9.2.6 使用"转换点工具"

选择工具箱中的"转换点工具" ，可以通过转换路径中的锚点类型来调整路径弧度。

当锚点为折线角点时，使用"转换点工具"拖动角点，可以将其转换为平滑点，如下图所示。

当锚点为平滑点时，单击该平滑点可以将其转换为角点，如下图所示。

## 9.3 路径的基本操作

在 Photoshop 中绘制单个路径后，还可以通过路径运算来绘制组合路径，同时可以对路径进行复制、删除、建立选区、填充和描边等操作。

### 9.3.1 路径的运算

在 Photoshop 中可以使用"钢笔工具"或各种形状工具创建多个子路径或子形状，单击属性栏中的"路径操作"按钮 ▣，在弹出的下拉列表中选择所需的运算方式，即可确定子路径的重叠区域产生的交叉结果，如下图所示。

"路径操作"下拉列表中各选项的作用说明如下。

- 新建图层 ▣：选择该选项，可以新建形状图层。
- 合并形状 ▣：选择该选项，新绘制的图形将添加到原有的形状中，使两个形状合并为一个形状。
- 减去顶层形状 ▣：选择该选项，可以从原有的形状中减去新绘制的形状。
- 与形状区域相交 ▣：选择该选项，可以得到新形状与原有形状的交叉区域。
- 排除重叠形状 ▣：选择该选项，可以得到新形状与原有形状重叠部分以外的区域。
- 合并形状组件 ▣：选择该选项，可以合并重叠的形状组件。

进行路径运算具体的操作步骤如下。

步骤 01 选择"钢笔工具" ⏧，在图像中创建一个爱心图形，如下图所示。

步骤 02 单击属性栏中的"路径操作"按钮 ▣，在弹出的下拉列表中选择"合并形状"选项，然后在路径中绘制一个箭头图形，得到合并的形状效果，如下图所示。

步骤 03 按 Ctrl+Z 组合键后退一步操作。选择"减去顶层形状"选项，然后绘制箭头图形，得到减去形状的效果，如下图所示。

步骤 04 后退一步操作，选择"与形状区域相交"选项，然后绘制箭头图形，得到相交形状的效果，如下图所示。

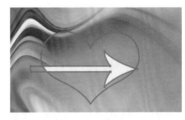

步骤 05 后退一步操作，选择"排除重叠形状"选项，绘制箭头图形，得到排除重叠形状的效果，如下图所示。

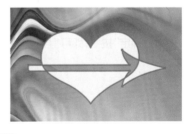

### 9.3.2 复制路径

在 Photoshop 中绘制一段路径后，如果需要相同的路径，则可以对路径进行复制。具体的操作步骤如下。

步骤 01 执行"窗口"|"路径"命令，打开"路径"面板，选择需要复制的路径，如"路径1"，将其拖动到"路径"面板下方的"创建新路径"按钮 ▣ 上，即可得到复制的路径，如下图所示。

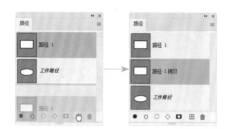

步骤 02 如需复制"工作路径"，可以在复制前先将其拖动到"创建新路径"按钮 田 上，然后将其转换为普通路径，如下图所示。

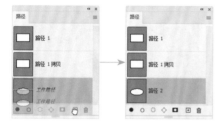

步骤 03 选择"路径2"，右击，在弹出的快捷菜单中选择"复制路径"命令，如下图所示。

步骤 04 打开"复制路径"对话框，设置复制的路径名称，如下图所示。

步骤 05 单击"确定"按钮，即可得到复制的路径，如下图所示。

### 9.3.3 删除路径

删除路径的方法和复制路径相似，可以通过以下几种方法来完成。

方法一：选择需要删除的路径，单击"路径"

面板底部的"删除当前路径"按钮 血 ，在打开的提示对话框中选择"是"即可，如下图所示。

方法二：选择需要删除的路径，右击，在弹出的快捷菜单中选择"删除路径"命令即可。

☀ 高手点拨

与重命名图层名称一样，对路径也可以进行重命名操作。选择需要重命名的路径，双击该路径名称，然后输入新的路径名称即可。

### 9.3.4 将路径转换为选区

使用"钢笔工具"在图像中绘制路径，如下图所示，可以通过以下几种方法将路径转换为选区。

方法一：按 Ctrl+Enter 组合键载入路径选区，如下图所示。

方法二：单击属性栏中的"选区"按钮，如下图所示。

方法三：在路径上右击，在弹出的快捷菜单中选择"建立选区"命令，如下图所示。

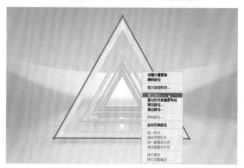

中文版 Photoshop 2021 从入门到精通（案例视频版）

方法四：按住 Ctrl 键在"路径"面板中单击路径的缩略图，或单击"将路径作为选区载入"按钮 ○，如下图所示。

### 9.3.5 填充路径

在图像中创建闭合的路径后，还可以为其填充颜色或图案。具体的操作步骤如下。

**步骤 01** 绘制一条闭合的路径，然后选择路径对象，在路径中右击，在弹出的快捷菜单中选择"填充路径"命令，如下图所示。

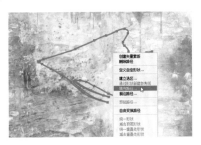

**步骤 02** 打开"填充路径"对话框，设置用于填充的颜色和图案样式，如在"内容"下拉列表中选择"白色"选项，如下图所示。

"填充路径"对话框中各选项的作用说明如下。

- 内容：在该下拉列表中可以选择填充路径的方法。
- 模式：在该下拉列表中可以选择填充内容的各种效果。
- 不透明度：用于设置填充图像的透明度效果。
- 保留透明区域：该复选框只有在对图层进行填充时才起作用。
- 羽化半径：设置填充后的羽化效果，数值越大，羽化效果越明显。

**步骤 03** 单击"确定"按钮，即可将选择的图案填充到路径中，如下图所示。

**步骤 04** 再次打开"填充路径"对话框，选择内容为"图案"，然后选择一种图案，即可得到图案的填充效果，如下图所示。

### 9.3.6 描边路径

描边路径就是沿着路径的轨迹绘制或修饰图像。在"路径"面板中单击"用画笔描边路径"按钮 ○，可以快速为路径描边。除此之外，还可以通过"路径"面板来操作。具体的操作步骤如下。

**步骤 01** 在图像中绘制路径，设置前景色为黄色，然后选择"画笔工具" ✔，在属性栏中设置画笔的大小、不透明度和笔尖形状等参数，如下图所示。

**步骤 02** 在"路径"面板中选择需要描边的路径，单击面板右上方的 ≡ 按钮，在弹出的菜单中选择"描边路径"命令，如下图所示。

**步骤 03** 打开"描边路径"对话框，在"工具"下拉列表中选择"画笔"选项，如下图所示。

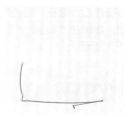

**步骤 04** 单击"确定"按钮回到画面中，可以得到图像的描边效果，路径描边后的效果如下图所示。

### 9.3.7 实例——制作游乐园标识牌

扫一扫，看视频

本实例将制作一个游乐园标识牌，主要练习绘制路径、复制路径、填充和描边路径的操作，最终效果如下图所示。

本实例具体的操作步骤如下。

**步骤 01** 新建一个图像文件，创建图层1，选择"钢笔工具"，在图像下方单击确定起点，然后向下移动，单击并拖动鼠标，得到一条曲线路径，如下图所示。

**步骤 02** 继续绘制曲线路径，得到一个转角，并向右侧移动绘制曲线，如下图所示。

**步骤 03** 绘制与左侧相同的曲线路径，然后回到起点处单击，得到一个闭合的路径，"路径"面板中将自动得到一个工作路径，如下图所示。

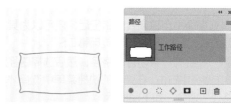

**步骤 04** 在"路径"面板中右击，在弹出的快捷菜单中选择"填充路径"命令，如下图所示。

**步骤 05** 打开"填充路径"对话框，选择"内容"为"颜色"，设置其为粉色（R241,G205,B178），如下图所示。

**步骤 06** 单击"确定"按钮，得到路径填充效果，如下图所示。

步骤 07 执行"图层"|"图层样式"|"内发光"命令，打开"图层样式"对话框，设置内发光颜色为橘色（R192,G133,B89），然后设置其他参数，如下图所示。

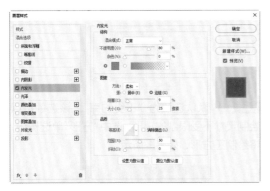

步骤 08 单击"确定"按钮，得到内发光图像效果，如下图所示。

步骤 09 在"路径"面板中右击，在弹出的快捷菜单中选择"复制路径"命令，如下图所示。

步骤 10 打开"复制路径"对话框，保留默认设置，单击"确定"按钮，即可得到复制的路径，如下图所示。

步骤 11 新建一个图层，按 Ctrl+T 组合键适当缩小复制的路径，如下图所示。

步骤 12 设置前景色为土黄色（R175,G116,B71），选择"铅笔工具" ，在属性栏中设置画笔大小为 8 像素，其他选项的设置如下图所示。

步骤 13 选择"钢笔工具" ，在"路径"面板中选择复制的路径，然后在路径图像中右击，在弹出的快捷菜单中选择"描边路径"命令，如下图所示。

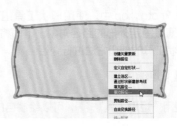

步骤 14 打开"描边路径"对话框，选择工具为"铅笔"，然后单击"确定"按钮，得到路径的描边效果，如下图所示。

步骤 15 打开"素材文件\第9章\动物 .psd"文件，使用"移动工具" ，将其拖动到当前编辑的图像中，并放到图形上方，如下图所示。

**步骤** 16 选择"横排文字工具" **T.**，在标识牌中输入文字，在属性栏中设置字体为"方正卡通简体"，分别填充颜色为橘黄色（R252,G131,B66）和土黄色（R118,G63,B22），如下图所示，完成本实例的制作。

## 9.4 形状工具组

在 Photoshop 中，使用形状工具组中的工具可以直接固定外形的路径对象。下面将分别对各种形状工具的使用方法进行介绍。

### 9.4.1 矩形工具

使用"矩形工具" **□.**，可以绘制自由矩形，以及固定大小或固定比例的矩形。具体的操作步骤如下。

**步骤** 01 选择"矩形工具" **□.**，在画面中按住鼠标左键拖动即可绘制矩形，如下图所示。

**步骤** 02 绘制的矩形内部四个角分别有一个圆点，按住任意一个圆点拖动，可以将矩形转换为圆角矩形，如下图所示。

**步骤** 03 单击属性栏中的 ✿. 按钮，打开"矩形选项"面板，可以在该面板中设置绘制的矩形样式，如下图所示。

**步骤** 04 默认选项为"不受约束"，该选项可以绘制尺寸不受限制的矩形；选中"方形"单选按钮，将绘制正方形，如下图所示。

**步骤** 05 选中"固定大小"单选按钮，可以在 W 和 H 文本框中输入数值，然后在画面中单击，即可绘制固定尺寸的矩形，如下图所示。

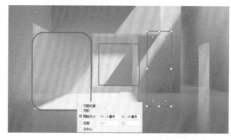

**步骤** 06 选中"比例"单选按钮，可以在 W 和 H 文本框中输入数值，绘制固定宽、高比的矩形，如下图所示。

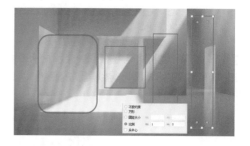

**新手注意**

在"矩形选项"面板中选中"从中心"单选按钮，可以在绘制矩形时从图形的中心开始绘制；绘图模式为"形状"时，在属性栏中选中"对齐像素"复选框，可以在绘制矩形时使边靠近像素边缘。

### 9.4.2 圆角矩形工具

使用"圆角矩形工具" ▢，可以直接绘制圆角矩形。其属性栏与"矩形工具"基本相同，不同的是多了一个"半径"选项，用于设置所绘制矩形的四个角的圆弧半径，输入的数值越小，四个角越尖锐，反之越圆滑。

选择"圆角矩形工具" ▢，在属性栏中设置"半径"参数，在图像窗口中单击并按住鼠标左键拖动，即可按指定的半径值绘制圆角矩形，如下图所示。

### 9.4.3 椭圆工具

绘制椭圆形的方法与绘制矩形的方法一样，选择工具箱中的"椭圆工具" ◯，在图像窗口中单击并按住鼠标左键拖动，即可绘制椭圆形或者正圆形，如下图所示。

### 9.4.4 多边形工具

使用"多边形工具" ◯，可以在图像窗口中绘制多边形和星形。具体操作步骤如下。

步骤 01 选择"多边形工具" ◯，在属性栏中设置多边形的"边"为5，圆角半径为0，然后在图像窗口中单击并按住鼠标左键拖动，即可绘制一个六边形，如下图所示。

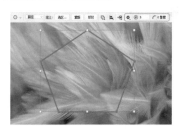

步骤 02 单击属性栏中的 ✿ 按钮，打开设置面板，除设置比例和大小等属性外，还可以设置绘制的星形样式，如下图所示。

步骤 03 "星形比例"数值框的参数值最大为100，缩小数值，可以绘制星形，如下图所示。

步骤 04 选中"平滑星形缩进"复选框，即可绘制边线圆滑的多边形，如下图所示。

步骤 05 绘制星形还可以配合使用属性栏中的半径参数。设置半径为50像素，单击并按住鼠标左键拖动，可以绘制边角为圆弧形的星形，如下图所示。

### 9.4.5 直线工具

使用"直线工具" ╱，可以在图像窗口中

绘制直线或者箭头图形。具体的操作步骤如下。

步骤 01 选择"直线工具" ✎，在属性栏中设置粗细为 30 像素，并按住鼠标左键在图像中拖动，即可绘制直线，如下图所示。

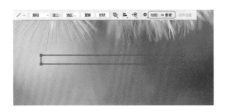

步骤 02 单击属性栏中的 ⚙ 按钮，在打开的面板中可以设置直线的箭头样式，如下图所示。

步骤 03 选中"起点"复选框，再设置宽度、长度和凹度的参数，即可在绘制线条时为线段的起点添加箭头，效果如下图所示。

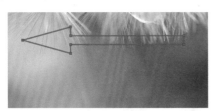

步骤 04 选中"终点"复选框，即可在绘制线段结束时添加箭头效果，如下图所示。

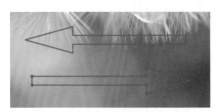

步骤 05 如果"起点"和"终点"复选框都被选中，则线段两端都有箭头，如下图所示。

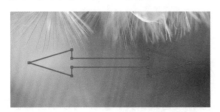

🔆 新手注意

在面板中设置参数时需注意以下问题。

- "宽度"选项可以设置箭头宽度和线段宽度的比值，数值越大，箭头越宽。
- "长度"选项可以设置箭头长度和线段宽度的比值，数值越大，箭头越长。
- "凹度"选项可以设置箭头凹陷度的比率，数值为正时，箭头尾端向内凹陷；数值为负时，箭头尾端向外凸出；数值为 0 时，箭头尾端平齐。

## 9.4.6 自定形状工具

在 Photoshop 中预设了多种特殊图形，可以通过"自定形状工具" ✿ 绘制。具体的操作步骤如下。

步骤 01 选择工具箱中的"自定形状工具" ✿，单击属性栏中"形状"选项右侧的下拉按钮，即可打开"自定形状"面板，其中包含几组预设图形，如下图所示。

步骤 02 展开一组预设图形，如"有叶子的树"，选择一种图形，将鼠标指针移动到图像窗口中，单击并按住鼠标拖动，即可绘制出一个矢量图形，如下图所示。

🔆 高手点拨

绘制一个新的图形后，可以执行"编辑"|"定义自定形状"命令，打开"形状名称"对话框，如下图所示，在其中输入名称即可将该图形自动添加到"自定形状"面板中，以便以后使用。

## 9.4.7　实例——制作音乐应用图标

本实例将制作一个音乐应用图标，主要练习"圆角矩形工具"和"自定形状工具"的运用，最终效果如下图所示。

扫一扫，看视频

本实例具体的操作步骤如下。

**步骤 01** 新建一个图像文件，设置前景色为灰土色（R211,G207,B195），按 Alt+Delete 组合键填充背景，如下图所示。

**步骤 02** 选择"圆角矩形工具" ，在属性栏中设置半径为 60 像素，在图像中单击并按住鼠标左键拖动，即可绘制一个圆角矩形，如下图所示。

**步骤 03** 按 Ctrl+Enter 组合键将路径转化为选区，然后新建一个图层，选择"渐变工具" ，对其应用径向渐变填充，设置颜色从淡绿色（R164,G202,B127）到绿色（R100,G162,B77），如下图所示。

**步骤 04** 执行"图层"|"图层样式"|"描边"命令，打开"图层样式"对话框，设置大小为 2 像素颜色为绿色（R30,G91,B14），如下图所示。

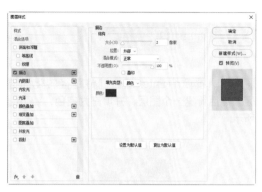

**步骤 05** 选中"投影"复选框，设置投影为黑色，其他参数设置如下图所示。

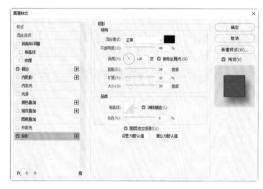

**步骤 06** 单击"确定"按钮，得到添加图层样式的效果，如下图所示。

**步骤 07** 选择"自定形状工具" ，在属性栏中打开"形状"面板，选择一种图案，如下图所示。

**步骤 08** 在图像中绘制出音符图形，如下图所示。

**步骤 09** 按 Ctrl+Enter 组合键将路径转化为选区，然后新建一个图层，并填充为白色，如下图所示。

**步骤 10** 执行"图层"|"图层样式"|"投影"命令，打开"图层样式"对话框，设置投影为深绿色（R29,G95,B32），其他参数设置如下图所示。

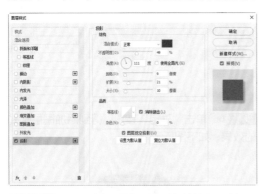

**步骤 11** 单击"确定"按钮，得到音符的投影效果，如下图所示，完成本实例的制作。

### 综合演练：制作信息图模块

扫一扫，看视频

本实例将制作一个 PPT 中的信息图模块，主要练习"钢笔工具"和各种形状工具的应用，并通过多种路径操作来练习和巩固本章所学的知

识。最终效果如下图所示。

本实例具体的操作步骤如下。

**步骤 01** 新建一个图像文件，在工具箱中设置前景色为浅灰色，按 Alt+Delete 组合键填充背景，如下图所示。

**步骤 02** 新建一个图层，选择"钢笔工具" ，在图像中绘制一个多边形路径，如下图所示，然后按 Ctrl+Delete 组合键将路径转换为选区。

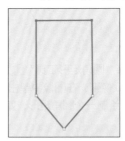

**步骤 03** 选择"渐变工具" ，单击属性栏中的渐变色条，打开"渐变编辑器"对话框，设置颜色从橘红色（R239,G51,B35）到粉红色（R255,G126,B119），如下图所示。

步骤 04 设置渐变颜色后，单击属性栏中的"线性渐变"按钮，在选区中从左上方到右下方拖动鼠标，应用线性渐变填充，如下图所示。

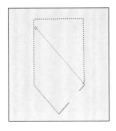

步骤 05 选择"多边形套索工具" ，按住 Shift 键在图像两侧分别绘制三角形选区，然后按 Delete 键删除选区中的图像，如下图所示。

步骤 06 执行"图层"|"图层样式"|"投影"命令，打开"图层样式"对话框，设置投影颜色为深红色（R176,G5,B0），其他参数设置如下图所示。

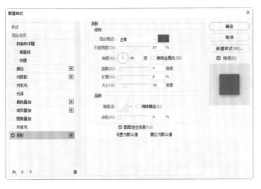

步骤 07 单击"确定"按钮，得到图像的投影效果，如下图所示。

步骤 08 按 Ctrl+J 组合键复制一次图层，然后适当向上移动，得到重叠效果，如下图所示。

步骤 09 新建一个图层，选择"椭圆工具" ，在多边形上方绘制一个圆形，按 Ctrl+Enter 组合键将路径转换为选区，然后对其用相同的渐变色填充，如下图所示。

步骤 10 再绘制一个较小的圆形，填充为白色，如下图所示。

步骤 11 选择"自定形状工具" ，在属性栏中打开"形状"面板，选择"箭头"图形，然后在白色圆形中绘制该图形，如下图所示。

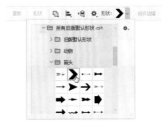

步骤 12 单击"路径"面板下方的"将路径作为选区载入"按钮 ，然后填充选区为红色（R255,G77,B61），如下图所示。

步骤 13 选择"横排文字工具" T.，在模块中输入数字，再使用"矩形选框工具" 绘制几条细长的矩形选区，填充为白色，如下图所示，完成第一个模块的制作。

步骤 14 参照以上步骤制作其他模块。选择除图层以外的所有图层，按 Ctrl+J 组合键复制对象，然后根据需要修改模块的颜色、图标和文字，效果如下图所示，完成本实例的制作。

## 举一反三：使用"形状"模式绘图

扫一扫，看视频

选择需要绘制路径的工具，在属性栏中选择"形状"选项，即可在属性栏中选择形状的填充方式、描边属性等。

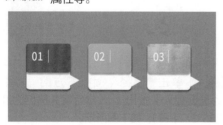

本实例具体的制作步骤如下。

步骤 01 新建一个图像文件，将背景填充为橘红色（R252,G135,B95），如下图所示。

步骤 02 选择"圆角矩形工具" ，在属性栏中选择绘图模式为"形状"，单击"填充"选项右侧的色块，即可选择使用纯色、渐变或图案对图形进行填充和描边。如选纯色填充，展开下面的颜色组，选择白色，如下图所示。

### ☀ 新手注意

如果颜色组中没有所需的颜色，则可以单击面板右上方的 按钮，在打开的"拾色器"对话框调整颜色。

步骤 03 设置颜色后，在属性栏中设置"半径"为 20 像素，在图像中绘制一个圆角矩形，如下图所示。

### ☀ 新手注意

绘制路径后，"图层"面板将自动添加一个带形状剪贴路径的填充图层。单击图层缩略图，可以改变填充颜色。

步骤 04 执行"图层"|"图层样式"|"投影"命令，打开"图层样式"对话框，设置投影颜色为黑色，其他参数设置如下图所示。

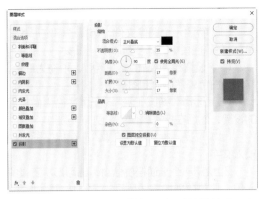

**步骤 05** 单击"确定"按钮，得到投影效果，如下图所示。

**步骤 06** 使用"圆角矩形工具" ⬜ ，在属性栏中选择绘图模式为"形状"，打开下拉面板，选择渐变填充，设置颜色从红色（R235,G42,B0）到橘红色（R237,G82,B0），其他参数设置如下图所示。

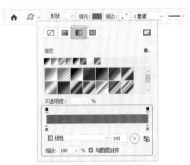

**步骤 07** 设置属性后，在图像中绘制一个圆角矩形，如下图所示。

**步骤 08** 为红色圆角矩形添加相同的投影样式，效果如下图所示。

**步骤 09** 选择"钢笔工具" ✒ ，在图像中分别绘制一个三角形和一条竖线，填充为白色，然后输入文字 01，如下图所示。

**步骤 10** 使用相同的方法绘制其他颜色的图标，如下图所示，完成本实例的制作。

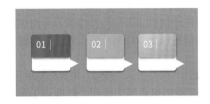

☼ **高手点拨** ·☼

　　在属性栏中还可以调整描边宽度和描边样式。直接在"描边"选项右侧的数值框中输入参数可以设置宽度；单击 ━━ 按钮，可以打开一个下拉面板，在该面板中可以设置描边选项、线段样式、对齐方式，以及端点和角点的形状，如下图所示。

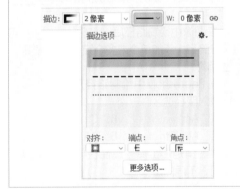

**新手问答**

✏ **Q1：如何在"形状"面板中加载旧版图形？**

　　在 Photoshop 中，选择"钢笔工具"或其他矢量绘图工具后，属性栏中的"形状"面板只有默认的最新的四组图形，分别是"有叶子的树""野生动物""小船"和"花卉"。如果要加载之前版本的所有形状，可以执行"窗口"|"形状"命令，打开"形状"面板，单击面板右上方的 ☰ 按钮，在弹出的菜单中选择"旧版形状及其他"命令，即可将所有形状加载到面板中。

✎ Q2：在绘制图形的过程中如何快速转换锚点？

使用"钢笔工具" ✎ 绘制带尖角的曲线后，选择工具箱中的"转换点工具" ⊾ ，在锚点上单击并拖动鼠标，可以将其转换为平滑点进行编辑。这样操作比较耗时，可以通过快捷键来简化操作。

使用"钢笔工具" ✎ 时，将光标放到锚点上，按住 Alt 键即可直接切换到"转换点工具" ⊾ ，单击并拖动尖角点，即可将其转换为平滑点；按住 Alt 键单击平滑点，可以将其转换为角点。

## 思考与练习

### 一、填空题

1. 绘制路径的工具主要是"钢笔工具"和各种形状工具，绘制的形式分别有＿＿＿、＿＿＿和＿＿＿。

2. 在图像中绘制路径后，选择＿＿＿，可以直接在路径中添加单个或多个锚点进行编辑。

### 二、选择题

1. 在 Photoshop 中绘制路径后，按（　　）组合键载入路径选区。

    A．Alt　　　　　　B．Ctrl+Enter
    C．Alt+Ctrl　　　　D．Alt+Enter

2. "圆角矩形工具"属性栏与"矩形工具"基本相同，不同的是多了（　　）选项。

    A．绘制　　　　　　B．填充
    C．半径　　　　　　D．圆形

### 三、上机题

1. 绘制尖角图形，并输入文字，制作一个促销价格标签，如下图所示。

操作提示：

（1）新建一个图像文件，选择"自定形状工具"，在属性栏中选择"封印 1"图形。

（2）设置绘制模式为"形状"，填充为红色，描边为白色，然后绘制图形。

（3）选择"椭圆工具"，在属性栏中做相同的设置，然后在标签图像中绘制一个圆形。

（4）选择"横排文字工具"，在标签图像中输入文字。

2. 绘制一个卡通樱桃信封，练习形状工具的使用，信封效果如下图所示。（素材位置："素材文件 \ 第 9 章 \ 樱桃 .psd"）

操作提示：

（1）选择"圆角矩形工具"，在属性栏中选择绘图模式为"形状"。

（2）设置填充为粉红色，描边为洋红色，绘制一个圆角矩形。

（3）选择"钢笔工具"，绘制信封中的线条和高光图形。

（4）打开"樱桃 .psd"文件，使用"移动工具"将其拖动到信封中间。

## 本 章 小 结

本章主要学习了路径的绘制和编辑，以及矢量工具的应用。首先介绍了什么是路径和绘图模式，然后对路径的创建和编辑做了详细介绍，最后对"钢笔工具"和形状工具组中的工具分别进行了讲解。学习本章后，需要掌握"钢笔工具"和形状工具组中各种工具的应用，并加以练习，才能更好地应用到今后的工作中。

# 第 10 章

# 图层的高级应用

Photoshop

## 本章导读

在 Photoshop 中图层的应用是非常重要的功能。本章将详细介绍图层的高级应用，主要包括调整图层的应用、图层样式的应用、图层混合模式的编辑和应用。

学完本章内容，可以制作出多种不同效果的特殊图像。

## 学完本章后应该掌握的技能

■ 创建调整图层
■ 图层样式的编辑
■ 图层混合模式的编辑和应用

## 10.1 调整图层

　　调整图层是一种特殊的图层，它不仅可以调整图像的颜色和色调，还不会破坏图像的像素。调整图层对图像的调色起到非常重要的作用。

### 10.1.1 初识调整图层

　　在"图层"面板中，调整图层是单独的一个图层，它类似于图层蒙版，主要由调整缩略图和图层蒙版组成，如下图所示。

- 缩略图：根据创建调整图层时选择的命令而显示出不同的图像效果。
- 图层蒙版：默认情况下图层蒙版填充为白色，表示调整图层对图像中的所有区域起作用。
- 图层名称：选择调整命令后，将自动得到调整图层名称，例如创建的调整对象为"曲线"，则名称为"曲线1"。

### 10.1.2 创建调整图层

　　创建调整图层后，可以根据需要对图像进行色调或色彩修改，而不用担心会损坏原来的图像。具体的操作步骤如下。

**步骤 01** 单击"图层"面板底部的"创建填充或调整图层"按钮 ◑，在弹出的菜单中选择一个调整命令，如下图所示。

**步骤 02** 这时在"图层"面板中得到一个调整图层，如下图所示。

**步骤 03** 执行"图层"｜"新建调整图层"命令，在其子菜单中可以选择调整命令，如选择"黑白"命令，如下图所示。

**步骤 04** 打开"新建图层"对话框，如下图所示。

**步骤 05** 保留默认设置，单击"确定"按钮，将自动进入"属性"面板，可以对参数进行编辑，"图层"面板中也将得到调整图层，如下图所示。

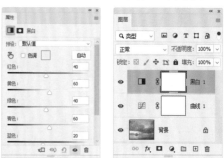

> ☼ **高手点拨**
>
> 　　除了调整图层外，还有一个填充图层，两者有相同的操作方法，但不同的是，填充图层可以为图像应用纯色、渐变和图案填充，而调整图层只能调整图像的明暗和色调。

### 10.1.3 实例——调整图像通透度

本实例将通过添加调整图层来调整图像的明暗度和饱和度，最终效果如下图所示。

扫一扫，看视频

本实例具体的操作步骤如下。

**步骤 01** 执行"文件"|"打开"命令，打开"素材文件\第10章\玻璃瓶.jpg"文件，如下图所示。

**步骤 02** 单击"图层"面板底部的"创建新的填充或调整图层"按钮 ●，在弹出的菜单中选择"色阶"命令，如下图所示。

**步骤 03** 进入"属性"面板，拖动直方图下方的三角形滑块，增加图像的亮度，"图层"面板中将得到一个调整图层，如下图所示。

**步骤 04** 调整图像颜色后，效果如下图所示。

**步骤 05** 执行"图层"|"新建调整图层"|"亮度/对比度"命令，打开"新建图层"对话框，确认默认设置后单击"确定"按钮，如下图所示。

**步骤 06** 在"属性"面板中调整"对比度"下方的滑块，增加图像的对比度，如下图所示。

**步骤 07** 单击"图层"面板底部的"创建新的填充或调整图层"按钮 ●，选择"自然饱和度"命令，在"属性"面板中调整参数，增加图像的饱和度，如下图所示。

**步骤 08** 增加饱和度后，得到如下图所示的图像效果。

**步骤 09** 选择"横排文字工具" T.，在画面上方输入两行文字，并在属性栏中设置字体为"方

正非凡体简体", 填充为白色, 如下图所示。

## 10.2 添加图层样式

为图像添加图层样式, 可以使图像呈现不同的艺术效果。Photoshop 内置了 10 种图层样式, 下面分别进行介绍。

### 10.2.1 "投影" 样式

使用 "投影" 样式, 可以为图像添加类似影子的效果, 该效果是最常用的一种图层样式。执行 "图层" | "图层样式" | "投影" 命令, 打开 "图层样式" 对话框, 如下图所示。

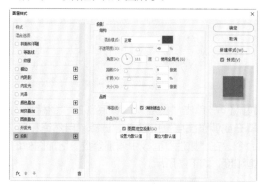

"投影" 样式中主要选项的作用说明如下。

- 混合模式: 用于设置投影图像与原图像间的混合模式。单击后面的下拉按钮 ✓, 在弹出的列表中选择不同的混合模式, 通常默认模式产生的效果最理想。其右侧的色块用来控制投影的颜色, 系统默认为黑色。单击颜色图标, 可以在打开的 "选择阴影颜色" 对话框中设置投影颜色。
- 不透明度: 主要用于设置投影的不透明度, 可以通过拖动滑块或直接输入数值进行精确设置。如下图所示, 分别是设置不透明度为100% 和 50% 的效果。

不透明度为 100%　　不透明度为 50%

- 角度: 用于设置光照的方向, 投影在该方向的对面出现。
- 使用全局光: 选中该复选框, 图像中的所有图层效果使用相同的光线照入角度。
- 距离: 设置投影与原图像间的距离, 值越大, 距离越远。如下图所示, 分别是设置 "距离" 为 10 像素和 80 像素的效果。

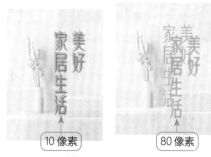

10 像素　　　　80 像素

- 扩展: 设置投影的扩散程度, 值越大, 扩散范围越大。
- 大小: 用于调整投影的模糊程度, 值越大, 越模糊。
- 等高线: 用于设置投影的轮廓形状。单击 "等高线" 右侧的下拉按钮, 在弹出的面板中选择一种等高线样式, 如下图所示; 单击 "等高线" 缩略图, 打开 "等高线编辑器" 对话框, 可以自行设置曲线样式。

- 消除锯齿: 选中该复选框, 可以消除投影边缘的锯齿。
- 杂色: 用于设置是否使用噪点对投影进行填充。

### 10.2.2 "内阴影" 样式

使用 "内阴影" 样式, 可以沿图像边缘向内产生阴影效果, 使图像产生一定的立体感和凹陷感。

"内阴影" 样式的设置方法和选项与 "投影" 样式相同。为图像添加内阴影的效果如下图所示。

### 10.2.3 "外发光"样式

使用"外发光"样式，可以为图像添加从图层外边缘发光的效果，具体的操作步骤如下。

步骤 01 打开"素材文件\第10章\字母.psd"文件，如下图所示。

步骤 02 执行"图层"|"图层样式"|"外发光"命令，打开"图层样式"对话框，单击 色块，可以设置外发光的颜色和参数，如下图所示。

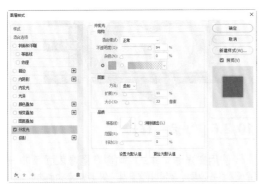

"外发光"样式中主要选项的作用说明如下。

- ○ ■：选中该单选按钮，单击颜色图标，将打开"拾色器"对话框，可以在其中选择一种颜色。
- ○ ▭：选中该单选按钮，单击渐变色条，可以在打开的对话框中自定义渐变色或在下拉列表中选择一种渐变色作为发光色。
- 方法：用于设置对外发光效果应用的柔和技术，可以选择"柔和"或"精确"选项。
- 范围：用于设置图像外发光的轮廓范围。
- 抖动：用于改变渐变的颜色和不透明度。

步骤 03 设置参数后，通过预览，可以看到图像的外发光效果，如下图所示。

步骤 04 单击"等高线"缩略图，打开"等高线编辑器"对话框，可以编辑曲线，如下图所示。

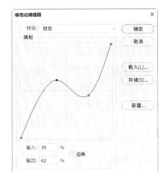

步骤 05 单击"确定"按钮，编辑等高线后图像的外发光效果如下图所示。

☼ 高手点拨 ☼

在"图层样式"对话框中，通过编辑等高线的曲线样式，可以得到各种特殊的图像效果。

### 10.2.4 "内发光"样式

"内发光"样式与"外发光"样式相反，只能在图像边缘以内添加发光效果。"内发光"样式的设置方法和选项与"外发光"样式相同。为图像设置内发光的效果如下图所示。

### 10.2.5 "斜面和浮雕"样式

"斜面和浮雕"样式可以在图像上产生立体的倾斜效果，使整个图像呈现出浮雕般的效果。执行"图层"|"图层样式"|"斜面和浮雕"命令，打开"图层样式"对话框，如下图所示。

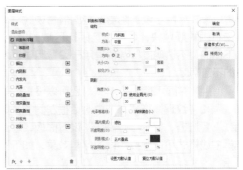

"斜面和浮雕"样式中主要选项的作用说明如下。

- 样式：用于选择斜面和浮雕的样式。其中，"外斜面"选项可以产生一种从图像的边缘向外侧呈斜面状的效果；"内斜面"选项可以在图层内容的内边缘上创建斜面的效果；"浮雕效果"选项可以产生一种凸出图像平面的效果；"枕状浮雕"选项可以产生一种凹陷于图像内部的效果；"描边浮雕"选项可以将浮雕效果仅应用于图层的边界。下图所示为各种浮雕样式的效果。

- 方法：用于设置斜面和浮雕的雕刻方式。其中，"平滑"选项可以产生一种平滑的浮雕效果；"雕刻清晰"选项可以产生一种坚硬的雕刻效果，"雕刻柔和"选项可以产生一种柔和的雕刻效果。
- 深度：用于设置斜面和浮雕效果的深浅程度，值越大，浮雕效果越明显。
- 方向：选中"上"单选按钮，表示高光区在上，阴影区在下；选中"下"单选按钮，表示高光区在下，阴影区在上。
- 高度：用于设置光源的高度。
- 高光模式：用于设置高光区域的混合模式。单击右侧的颜色块，可以设置高光区域的颜色，"不透明度"数值框用于设置高光区域的不透明度。
- 阴影模式：用于设置阴影区域的混合模式。单击右侧的颜色块，可以设置阴影区域的颜色，下侧的"不透明度"数值框用于设置阴影区域的不透明度。

使用"斜面和浮雕"样式，还可以设置"等高线"和"纹理"样式，选中对话框左侧的"等高线"复选框，显示"等高线"设置面板，通过选择曲线样式可以生成不同的浮雕效果，如下图所示。

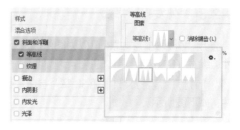

选中"纹理"复选框，进入相应的选项，单击"纹理"右侧的下拉按钮，可以在打开的面板中选择一种纹理样式，然后设置纹理的"缩放"和"深度"参数，如下图所示。

### 10.2.6 "光泽"样式

使用"光泽"样式，可以在图像表面添加一层反射光效果，使图像产生类似绸缎的感觉。除了设置参数外，还可以通过选择不同的"等高线"样式来改变光泽的样式。

打开"图层样式"对话框，选择"光泽"样式，设置各选项的值，如下图所示。

添加"光泽"样式的前后对比效果如下图所示。

## 10.2.7 "颜色叠加"样式

"颜色叠加"样式就是为图层中的图像叠加覆盖一层颜色。"颜色叠加"样式中选项的设置如下图所示。

添加"颜色叠加"样式的前后对比效果如下图所示。

## 10.2.8 "渐变叠加"样式

"渐变叠加"样式就是使用一种渐变颜色覆盖在图像表面。执行"图层"|"图层样式"|"渐变叠加"命令，打开"渐变叠加"对话框，进行参数设置，如下图所示。

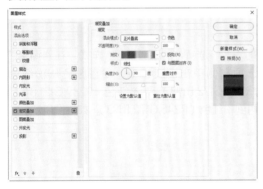

"渐变叠加"样式中主要选项的作用说明如下。

● 渐变：用于选择渐变色，与渐变工具中的相应选项完全相同。
● 样式：用于选择渐变样式，包括线性、径向、角度、对称及菱形 5 个选项。
● 缩放：用于设置渐变色之间的融合程度，数值越小，融合度越低。

添加"渐变叠加"样式的前后对比效果如下图所示。

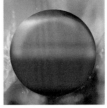

## 10.2.9 "图案叠加"样式

"图案叠加"样式就是使用一种图案覆盖在图像表面。执行"图层"|"图层样式"|"图案叠加"命令，打开"图案叠加"对话框，进行相应的参数设置。设置"图案叠加"样式后的效果如下图所示。

### 高手点拨

在"图案"下拉列表中可以选择叠加的图案样式，"缩放"选项用于设置填充图案的纹理大小，值越大，其纹理越大。

## 10.2.10 "描边"样式

使用"描边"样式，可以为图像制作轮廓效果，适用于处理边缘效果清晰的形状，并且可以设置描边的颜色或图案。执行"图层"|"图层样式"|"描边"命令，打开"图层样式"对话框，可以在其中设置"描边"选项，如下图所示。

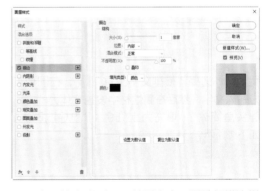

在"填充类型"下拉列表中可以选择描边样式，包括颜色描边、渐变描边和图案描边。如下图所示，从左到右分别为颜色描边、渐变描边和图案描边的效果。

**☀ 高手点拨 ·◦**

执行"编辑"|"填充"命令，打开"填充"对话框，"使用"下拉列表中的"图案"选项与"图层样式"对话框中的"图案"设置一样。

**10.2.11** 实例——制作粉色特效文字

本实例将制作一个粉色特效文字，主要练习图层样式中多种命令的结合使用，最终效果如下图所示。

扫一扫，看视频

本实例具体的操作步骤如下。

步骤 01 执行"文件"|"打开"命令，打开"素材文件\第10章\城堡.jpg"文件，如下图所示。

步骤 02 选择"横排文字工具" **T.**，在图像下方输入文字，然后在属性栏中设置字体为"方正胖头鱼简体"，填充为土红色（R79,G45,B49），如下图所示。

步骤 03 执行"图层"|"图层样式"|"斜面和浮雕"命令，打开"图层样式"对话框，❶ 设置样式为"内斜面"，然后设置其他参数，❷ 再单击"光泽等高线"右侧的下拉按钮，在弹出的列表中选择等高线样式，如下图所示。

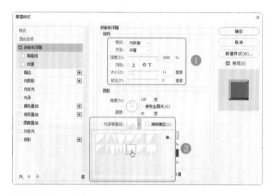

步骤 04 设置等高线样式后，选择"高光模式"为"滤色"，颜色为土黄色（R243,G202,B141），再选择"阴影模式"为"正片叠底"，颜色为深红色（R124,G54,B39），如下图所示。

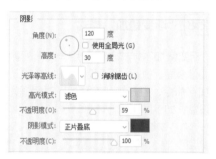

步骤 05 选择"渐变叠加"样式，在"渐变"选项右侧单击渐变色条，设置颜色从粉红色（R246,G172,B193）到洋红色（R239,G121,B151）再到粉红色（R246,G172,B193），如下图所示。

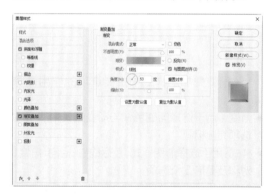

步骤 06 选择"投影"样式，设置投影为深红色（R124,G54,B39），然后设置其他参数，如下图所示。

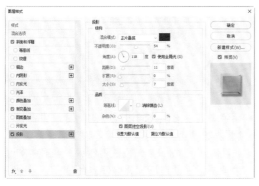

**步骤 07** 单击"确定"按钮，得到添加图层样式后的文字效果，如下图所示。

## 10.3 图层混合模式的编辑和应用

调整图层的透明度和混合模式，可以在图像中创建各种特殊效果，从而生成新的图像效果。下面将分别介绍这些功能的运用。

### 10.3.1 设置图层透明度

在"图层"面板中可以设置该图层上图像的透明度，使图像产生透明或半透明效果。具体的操作步骤如下。

**步骤 01** 打开"素材文件 \ 第 10 章 \LOVE.psd"文件，在"图层"面板中可以看到该图层，如下图所示。

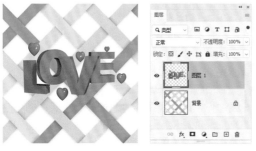

**步骤 02** 选择"图层 1"，在"图层"面板的"不透明度"数值框中输入 50%，增大图像的透明度，效果如下图所示。

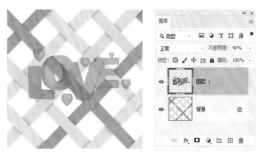

☼ **高手点拨** ·◦

在设置不透明度参数时，值越小，图像越透明。数值为 100% 时，将完全显示该层的图像；值为 0% 时，该层的图像将不会显示。

### 10.3.2 调整图层混合模式

Photoshop 为用户提供了多种图层混合模式，主要用来设置该图层的图像与下面图层的图像的像素进行色彩混合的方法。设置不同的混合模式，所产生的效果也不同。

Photoshop 提供的图层混合模式都包含在"图层"面板的 正常 下拉列表中，单击其右侧的下拉按钮，在弹出的混合模式列表中可以选择需要的混合模式，如下图所示。

下面以"LOVE.psd"文件的图像为例，介绍不同的图层混合模式所产生的效果。

● 正常：该模式为默认的图层混合模式，图层的不透明度为 100% 时，将完全遮盖下面的图像。
● 溶解：该模式会随机消失部分图像的像素，消失的部分可以显示下一层图像，从而形成两个图层交融的效果，可以配合设置不透明度来使溶解效果更加明显。例如，设置"图层 1"的不透明度为 50% 的效果如下图所示。

- 变暗：该模式将查看每个通道中的颜色信息，并将当前图层中较暗的色彩调整得更暗，较亮的色彩变得透明。
- 正片叠底：该模式可以产生比当前图层和底层更暗的颜色，如下图所示。

- 颜色加深：该模式将增强当前图层与下一图层之间的对比度，使图层的亮度降低，色彩加深，与白色混合后不发生变化，如下图所示。

- 线性加深：该模式可以查看每个通道中的颜色信息，并通过减小亮度使基色变暗，以反映混合色，与白色混合后不发生变化，如下图所示。

- 深色：该模式将当前图层和下一图层的颜色比较，并将两个图层中相对较暗的像素创建为结果色。
- 变亮：该模式与变暗模式的效果相反，即选择基色或混合色中较亮的颜色作为结果色。比混合色暗的像素被替换，比混合色亮的像素保持不变。
- 滤色：该模式和正片叠底模式相反，结果色总是较亮的颜色，并具有漂白的效果，如下图所示。

- 颜色减淡：该模式通过减小对比度来提高混合后图像的亮度，与黑色混合不发生变化。
- 线性减淡（添加）：该模式查看每个通道中的颜色信息，并通过增加亮度使基色变亮，以反映混合色，与黑色混合则不发生变化。
- 浅色：该模式与深色模式相反，即将当前图层和底层的颜色比较，将两个图层中相对较亮的像素创建为结果色。
- 叠加：该模式用于混合或过滤颜色，最终效果取决于基色。图案或颜色在现有像素上叠加，同时保留基色的明暗对比。不替换基色，但基色与混合色相混，可以反映原色的亮度或暗度，如下图所示。

- 柔光：该模式可以产生一种柔和光线照射的效果。如果当前图层中的像素比50%灰色亮，则图像变亮；如果当前图层中的像素比50%灰色暗，则图像变暗。
- 强光：该模式可以产生一种强烈光线照射的效果，根据当前图层的颜色使底层的颜色更为浓重或更为浅淡，这取决于当前图层的颜色的亮度，如下图所示。

- 亮光：该模式是通过增加或减小对比度来加深或减淡颜色，具体取决于混合色。
- 线性光：该模式是通过增加或减小底层的亮度来加深或减淡颜色，具体取决于当前图层的颜色。如果当前图层的颜色比50%灰色亮，则通过增加亮度使图像变亮；如果当前图层的颜色比50%灰色暗，则通过减小亮度使图像变暗，如下图所示。

- 点光：该模式根据当前图层与下一图层的混合色来替换部分较暗或较亮像素的颜色。
- 实色混合：该模式取消了中间色的效果，混合结果由底层颜色与当前图层的亮度决定，如下图所示。

- 差值：该模式根据图层颜色的亮度对比进行相加或相减，与白色混合将进行颜色反相，与黑色混合则不发生变化，如下图所示。

- 排除：该模式将创建一种与差值模式相似但对比度更低的效果，与白色混合会使底层颜色产生相反的效果，与黑色混合不发生变化。
- 减去：该模式从基色中减去混合色。在 8 位和 16 位图像中，生成的负片值都会剪切为 0。
- 划分：该模式通过查看每个通道中的颜色信息，可以从基色中分割出混合色，如下图所示。

- 色相：该模式是用基色的亮度和饱和度及混合色的色相创建结果色。
- 饱和度：该模式是用底层颜色的亮度和色相及当前图层颜色的饱和度创建结果色。在饱和度为 0 时，使用此模式不会发生变化。
- 颜色：该模式使用当前图层的亮度与下一图层的色相和饱和度进行混合，效果与饱和度模式

类似。

- 明度：该模式使用当前图层的色相和饱和度与下一图层的亮度进行混合，效果与颜色模式相反，如下图所示。

### 10.3.3 实例——制作玻璃文字

本实例将制作具有透明效果的玻璃文字，主要练习图层混合模式和不透明度的设置，最终效果如下图所示。

扫一扫，看视频

本实例具体的操作步骤如下。

**步骤 01** 执行"文件"|"打开"命令，打开"素材文件\第 10 章\红色背景 .jpg"文件，如下图所示。

**步骤 02** 选择"横排文字工具" **T.**，在图像中输入文字，并在属性栏中设置字体为"方正琥珀简体"，填充任意一种颜色，如下图所示。

**步骤 03** 执行"图层"|"图层样式"|"斜面和浮雕"命令，打开"图层样式"对话框，设置"样式"为"内斜面"，再设置其他参数，如下图所示。

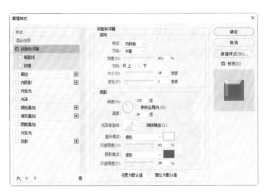

**步骤 04** 选择"描边"样式，设置"大小"为 4 像素，"位置"为"外部"，"颜色"为白色，如下图所示。

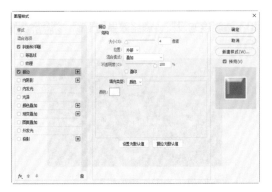

**步骤 05** 选择"内发光"样式，设置内发光的颜色为深蓝色（R14,G32,B83），然后设置其他参数，如下图所示。

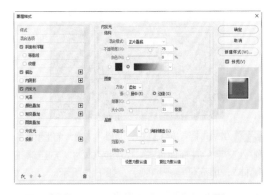

**步骤 06** 单击"确定"按钮，得到添加图层样式后的文字效果，如下图所示。

**步骤 07** 在"图层"面板中设置"填充"为 0%，得到透明玻璃的文字效果，如下图所示。

**步骤 08** 按 Ctrl+J 组合键复制一次文字图层，然后在复制的文字图层中右击，在弹出的快捷菜单中选择"清除图层样式"命令，如下图所示。

**步骤 09** 清除图层样式后，将文字颜色改为洋红色（R178,G41,B85），如下图所示。

**步骤 10** 在"图层"面板中设置该图层的混合模式为"亮光"，得到如下图所示的效果，完成本实例的制作。

## 综合演练：制作母亲节海报

本实例制作一个母亲节海报，练习和巩固本章所学的知识。首先绘制背景的图形，并为其添加图层样式，得到层叠的图像效果，然后添加文字，制作文字的特殊效果，最后添加其他素材和文字，效果如下图所示。

扫一扫，看视频

本实例具体的操作步骤如下。

**步骤 01** 新建一个图像文件，将背景填充为粉红色（R255,G220,B227），如下图所示。

**步骤 02** 新建一个图层，选择"椭圆选框工具" ⬭，绘制一个圆形选区，然后设置前景色为白色，按 Alt+Delete 组合键填充选区，如下图所示。

**步骤 03** 执行"图层"|"图层样式"|"描边"命令，打开"图层样式"对话框，设置"大小"为 46 像素，"颜色"为粉红色（R255,G145,B179），如下图所示。

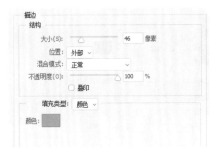

**步骤 04** 选择对话框左侧的"投影"样式，设置投影的颜色为深红色（R147,G37,B59），其他参数设置如下图所示。

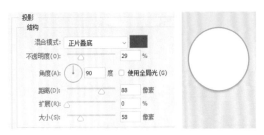

**步骤 05** 打开"素材文件 \ 第 10 章 \ 花朵 .psd"文件，使用"移动工具" ⬌，将其拖动到当前编辑的图像中，放到画面下方，如下图所示。

步骤 06 选择"钢笔工具" ✐，在图像下方绘制一个波浪图形，按 Ctrl+Enter 组合键将路径转换为选区，并填充为白色，如下图所示。

步骤 07 执行"图层"|"图层样式"|"投影"命令，打开"图层样式"对话框，设置投影的颜色为深红色，再设置其他参数，投影效果如下图所示。

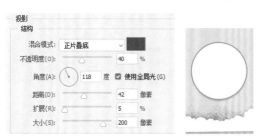

步骤 08 按两次 Ctrl+J 组合键复制图像，并向上移动，分别改变颜色为粉红色（R253,G185,B202）和浅红色（R254,G243,B247），如下图所示。

步骤 09 打开"素材文件\第 8 章\爱心 .psd"文件，使用"移动工具" ✛，将其直接拖动到当前编辑的图像中，分别放到画面四周，如下图所示。

步骤 10 打开"素材文件\第 10 章\文字 .psd"文件，使用"移动工具" ✛，将其直接拖动到图像中，暂时放到有颜色的图像区域，如下图所示。

步骤 11 执行"图层"|"图层样式"|"描边"命令，打开"图层样式"对话框，设置"大小"为 75 像素，"颜色"为洋红色（R235,G29,B92），如下图所示。

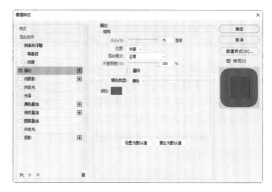

步骤 12 单击对话框左下方的 fx 按钮，在弹出的菜单中选择"描边"命令，即可添加描边样式，如下图所示。

步骤 13 设置新添加的描边的"大小"为 68 像素，"颜色"为粉色（R254,G219,B226）。

**步骤 14** 使用相同的方法，再添加两次描边样式，设置描边的颜色为较深一些的粉红色，并适当调整描边的大小，得到层叠的描边效果，如下图所示。

**步骤 15** 选择"投影"样式，设置投影的颜色为深红色（R147,G37,B59），再设置其他参数，完成后将文字移动到白色的圆形中，如下图所示。

**步骤 16** 选择"圆角矩形工具" ⬛，在属性栏中选择绘图模式为"形状"，颜色为洋红色（R235,G29,B92），半径为 10 像素，然后绘制一个圆角矩形，并在画面周围输入广告文字信息，并添加"气球 .psd"素材图像，参照下图所示排列，完成本实例的制作。

## 举一反三：快速添加图层样式

在 Photoshop 中，除了可以通过"图层样式"对话框为图像添加图层样式外，还可以通过"样式"面板快速地为图像添加图层样式，并得到特殊的图像效果。"样式"面板中包含多种预设的图层样式。下面通过制作一幅"爱心宝石"图像来讲解该面板的操作方法，效果如下图所示。

扫一扫，看视频

本实例具体的操作步骤如下。

**步骤 01** 执行"文件"|"打开"命令，打开"素材文件\第10章\糖果 .jpg"文件，如下图所示。

**步骤 02** 选择"自定形状工具" ⬔，在属性栏中选择工具模式为"形状"，打开"形状"面板，选择爱心图形，如下图所示。

**步骤 03** 在图像中按住鼠标左键拖动，绘制爱心图形，如下图所示。

**步骤 04** 执行"窗口"|"样式"命令,打开"样式"面板,然后单击面板右上方的按钮,在弹出的菜单中选择"旧版样式及其他"命令,如下图所示。

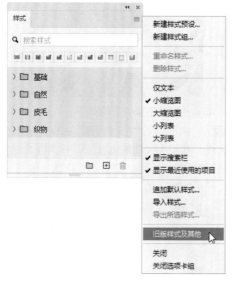

**步骤 05** 在"样式"面板中选择一种玻璃按钮样式,如下图所示。

**步骤 06** 在"图层"面板中将自动得到该图层样式,图像效果如下图所示。

**步骤 07** 执行"图层"|"图层样式"|"缩放图层效果"命令,打开"缩放图层效果"对话框,设置"缩放"为190%,得到浮雕效果更明显的图像,如下图所示。

**步骤 08** 选择"自定形状工具" ⚸,再绘制一个较小的爱心图形,如下图所示。

**步骤 09** 在"样式"面板中选择"KS 样式"组的一种样式，该图层样式的效果如下图所示。

**步骤 10** 打开"缩放图层效果"对话框，降低"缩放"的参数值，得到如下图所示的效果，完成本实例的制作。

## 新手问答

✎ Q1：使用调整图层与直接调整色调有什么不同？

在 Photoshop 中，调整图像色彩的方法主要有两种。

方法一：执行"图像"|"调整"命令，在子菜单中可以选择调色命令进行调节，但使用这种方法后不能对命令改变参数做二次调色。

方法二：使用调整图层操作。这种方法属于可修改方式，如果对调色效果不满意，则可以通过调整图层再次进行修改。

下面将以调整一幅图像的亮度来对比说明两种方法的区别。具体的操作步骤如下。

**步骤 01** 打开"素材文件\第10章\汤锅.jpg"文件，执行"图像"|"调整"|"亮度/对比度"命令，打开"亮度/对比度"对话框，适当增加图像的亮度，如下图所示。

**步骤 02** 单击"确定"按钮，调整后的效果将直接作用于图像，如下图所示。

**步骤 03** 按 Ctrl+Z 组合键后退一步操作，执行"图层"|"新建调整图层"|"亮度/对比度"命令，在"背景"图层上方将创建一个"亮度/对比度"图层，可以在"属性"面板中设置相关参数，如

下图所示。

**步骤**〔04〕在调整图层中，还可以编辑调整图层的蒙版，使调色只针对部分图像，如下图所示。

✎ Q2：填充图层与调整图层有什么区别？

填充图层与调整图层一样，都可以在"图层"面板中创建一个新的图层，用来调整图像的颜色。不同的是，填充图层只能创建纯色、渐变色及图案填充，需要在设置不同的混合模式和不透明度后，才可以与下一层图像产生各种图层混合效果。具体的操作步骤如下。

**步骤**〔01〕打开"素材文件\第10章\车.jpg"文件，执行"图层"|"新建填充图层"|"纯色"命令，确认默认设置后，进入"拾色器（纯色）"对话框，如下图所示。

**步骤**〔02〕在"拾色器（纯色）"对话框中设置颜色后，单击"确定"按钮，再设置图层混合模式，即可得到如下图所示的图像效果。

**步骤**〔03〕按 Ctrl+Z 组合键后退一步操作，执行"图层"|"新建填充图层"|"渐变"命令，打开"渐变填充"对话框，在其中可以设置渐变色和参数，如下图所示。

**步骤**〔04〕单击"确定"按钮，再设置图层混合模式，即可得到如下图所示的效果。

**步骤**〔05〕按 Ctrl+Z 组合键后退一步操作，执行"图层"|"新建填充图层"|"图案"命令，打开"图案填充"对话框，在其中可以选择图案样式并设置参数，如下图所示。

**步骤**〔06〕单击"确定"按钮，再设置图层混合模式，

即可得到如下图所示的效果。

## 思考与练习

### 一、填空题

1. 在 Photoshop 中，_____ 样式可以在图层的图像上产生立体的倾斜效果，使整个图像出现浮雕般的效果。

2. 创建调整图层后，可以根据需要对图像进行色调或色彩修改，而不用担心 _____ 原来的图像。

3. 使用图层的透明度混合图像，可以设置该图层上图像的透明度，使图像产生 _____ 或 _____ 效果。

### 二、选择题

1. 在"图层"面板中，调整图层是单独的一个图层，主要由调整缩略图和图层蒙版组成，它类似于（    ）。

　　A. 普通图层　　　　B. 图层蒙版
　　C. 剪贴蒙版　　　　D. 文字图层

2.（    ）模式是通过增加或减小对比度来加深或减淡颜色，具体取决于混合色。

　　A. 亮光　　　　　　B. 正片叠底
　　C. 滤色　　　　　　D. 叠加

### 三、上机题

1. 创建调整图层和填充图层，调整图像的色调，制作满树繁花的唯美图像，效果如下图所示。（素材位置："素材文件\第10章\树林.jpg"）

操作提示：

（1）创建一个"可选颜色"调整图层，进入"属性"面板。

（2）选择"红色"进行调整，增加图像中的洋红色和黄色，降低青色。

（3）选择"黄色"进行调整，增加图像中的青色，降低洋红色和黄色。

（4）创建一个纯色填充图层，设置颜色为深蓝色，并设置图层混合模式为"颜色减淡"，得到唯美的图像效果。

2. 制作一个网店价格吊牌，主要练习图层样式的应用，效果如下图所示。（素材位置："素材文件\第10章\链子.psd"）

操作提示：

（1）新建一个图像文件，使用"钢笔工具"，绘制吊牌的基本外形。

（2）为图像添加"斜面和浮雕"和"投影"图层样式。

（3）复制吊牌图像，适当调整图像大小，并重叠排放。

（4）输入文字，并添加投影，最后添加"链子.psd"素材图像。

## 本章小结

本章内容属于图层的高级操作，其中的调整图层、图层样式及图层混合操作都能为图像制作出非常特殊和漂亮的效果。重点掌握本章所学知识，多加练习，并在今后的工作中结合多种命令灵活使用，就能制作出效果更加丰富的图像。

# 第 11 章

# 通道与蒙版

Photoshop

## 本章导读

在 Photoshop 中，通道和蒙版是非常重要的功能。

通道不但可以保存图像的颜色信息，还可以存储选区，便于用户反复使用较为复杂的图像选区。使用蒙版，可以在不同的图像中做出多种效果，还可以制作高品质的影像合成效果。

## 学完本章后应该掌握的技能

■ 通道的基本操作
■ 创建并编辑各种蒙版

# 11.1 初识通道

通道是用于存储不同类型信息的灰度图像，可以调整图像的颜色信息。在学习通道的应用之前，先来了解一下通道的类型和"通道"面板。

## 11.1.1 通道的类型

在 Photoshop 中，通道包括颜色通道、Alpha 通道和专色通道三种类型。

### 1. 颜色通道

打开一个图像文件后，将自动在"通道"面板中生成一个颜色通道，主要用来描述图像的色彩信息。颜色通道与图像的颜色模式有关，不同的颜色模式将有不同的颜色通道。如 RGB 颜色模式的图像有三个默认的通道，分别为红（R）、绿（G）、蓝（B）。如下图所示，分别为 RGB 图像的颜色通道和 CMYK 图像的颜色通道。

☀·新手注意·◐

选择不同的颜色通道，显示的图像效果也会不一样。可以根据需要选择颜色通道进行编辑，对图像进行抠取或者调色。

### 2. Alpha 通道

Alpha 通道主要用于存储图像选区的蒙版，并且将选区存储为灰度图像，可以使用画笔、加深、减淡等工具及各种滤镜，对存储的通道进行编辑。

在 Alpha 通道中，白色代表未被选择的区域，黑色代表已经被选择的区域，灰色代表部分被选择的区域，如下图所示。

### 3. 专色通道

专色通道主要用于记录专色信息，指定用于专色（如银色、金色及特种色等）油墨印刷的附加印版，是除了 CMYK 以外的颜色。专色通道都是以专色的名称命名的。

## 11.1.2 "通道"面板

"通道"面板是 Photoshop 中重要的面板之一，默认情况下显示在视图中。执行"窗口"|"通道"命令，也可以打开"通道"面板。

在"通道"面板中，可以创建、存储、编辑和管理通道。打开一幅图像，Photoshop 会自动创建该图像的颜色通道，如下图所示。

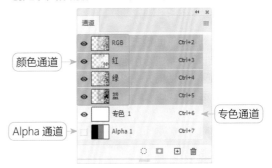

"通道"面板中各工具按钮的作用说明如下。

- 将通道作为选区载入 ⚬：单击该按钮，可以将当前通道中的图像转换为选区。
- 将选区存储为通道 ▢：单击该按钮，可以自动创建一个 Alpha 通道，图像中的选区将存储为一个蒙版。
- 创建新通道 ⊞：单击该按钮，可以创建一个新的 Alpha 通道。
- 删除通道 🗑：单击该按钮，可以删除选择的通道。

☀·新手注意·◐

默认情况下，原色通道以灰度显示。如果要使原色通道以彩色显示，可以执行"编辑"|"首选项"|"界面"命令，打开"首选项"对话框，选中"用彩色显示通道"复选框，各原色通道即可以彩色显示。

# 11.2 通道的基本操作

在"通道"面板中，可以创建所需的通道，并且对通道进行复制、删除、分离与合并等操作。下面将分别进行介绍。

## 11.2.1 创建 Alpha 通道

Alpha 通道用于存储选择范围，可以进行多次编辑。载入图像选区后，可以新建 Alpha 通道来对图像进行操作。

单击"通道"面板下方的"创建新通道"按钮 ⊞，即可创建一个 Alpha 通道，如下图所示。

### 11.2.2 创建专色通道

单击"通道"面板右上角的 ≡ 按钮，在弹出的菜单中选择"新建专色通道"命令，打开"新建专色通道"对话框，在该对话框中输入通道名称后并确定，即可创建一个专色通道，如下图所示。

### 11.2.3 选择通道

打开"通道"面板，单击所需的通道，即可选择该通道，如下图所示。

每个通道名称后都有对应的 Ctrl+ 数字，如"红"通道后面有 Ctrl+3，这表示按 Ctrl+3 组合键可以单独选择"红"通道。

### 11.2.4 复制通道

在 Photoshop 中，不仅可以在同一个图像文件中复制通道，还可以将通道复制到新建的图像文件中。复制通道主要有三种方法。

方法一：选择"通道"面板菜单中的"复制通道"命令，即可将当前通道复制一个副本，如下图所示。

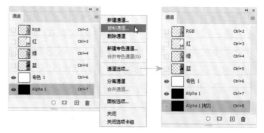

方法二：在通道上右击，然后在弹出的快捷菜单中选择"复制通道"命令，如下图所示。

方法三：选择需要复制的通道，按住鼠标左键将其拖动到"创建新通道"按钮 ⊞ 上，如下图所示。

### 11.2.5 删除通道

复杂的 Alpha 通道会影响计算机的运行速度。在保存图像之前，可以删除无用的 Alpha 通道和专色通道。

删除通道主要有三种方法。

方法一：选择需要删除的通道，单击面板底部的"删除当前通道"按钮 🗑️，然后在弹出的对话框中进行确认。

方法二：选择需要删除的通道，按住鼠标左键将其拖动到面板底部的"删除当前通道"按钮 🗑️ 上。

方法三：选择需要删除的通道，在该通道上右击，在弹出的快捷菜单中选择"删除通道"命令。

11.2.6 **通道的分离与合并**

分离通道是将一个图像文件的各个通道分开，每个通道的图像将成为一个独立的图像文件，可以对各个通道的图像进行独立编辑。编辑完各个通道后，再将其合成到一个图像文件，完成通道的合并。具体的操作步骤如下。

步骤 01 打开"素材文件 \ 第 11 章 \ 彩虹 .jpg"文件，在"通道"面板中可以查看图像的通道信息，如下图所示。

步骤 02 单击"通道"面板右上方的 ≡ 按钮，在弹出的菜单中选择"分离通道"命令，系统将自动按颜色模式分解为三个独立的灰度图像，如下图所示。

步骤 03 选择其中一个图像文件，如蓝色通道图像，执行"滤镜"|"风格化"|"凸出"命令，在打开的对话框中设置参数，如下图所示。

步骤 04 单击"确定"按钮，得到的图像效果如下图所示。

步骤 05 单击"通道"右上方的 ≡ 按钮，在弹出的菜单中选择"合并通道"命令，在打开的对话框中选择"模式"为"RGB 颜色"，如下图所示。

步骤 06 单击"确定"按钮，然后在打开的"合并 RGB 通道"对话框中直接进行确认，即可合并通道，效果如下图所示。

11.2.7 **实例——为猫咪更换背景**

本实例将为毛茸茸的猫咪图像更换背景，主要练习通道的选择和复制，以及在通道中调整图像的明暗，

扫一扫，看视频

最终效果如下图所示。

本实例具体的操作步骤如下。

**步骤 01** 打开"素材文件\第11章\猫咪.jpg"文件，如下图所示。

**步骤 02** 在"通道"面板中选择"蓝"通道，向下拖动到"创建新通道"按钮 上，复制该通道，如下图所示。

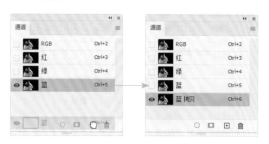

**步骤 03** 执行"图像"|"调整"|"曲线"命令，打开"曲线"对话框，调整曲线的形状，使暗部图像更暗、亮部图像更亮，如下图所示。

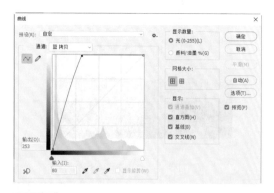

**步骤 04** 单击"确定"按钮，得到黑白图像效果，此时猫咪图像中大部分的边缘毛发已经显示为白色，并且与背景有明显的轮廓区分，如下图所示。

**高手点拨**

通道抠图主要是通过黑白明暗的强烈对比来抠取图像，所以需要尽量选择前景和背景明度对比较强烈的通道，并通过复制进行调整，否则会破坏原有图像的颜色。

**步骤 05** 设置前景色为白色，选择"画笔工具" ，将猫咪图像的身体部分涂抹为白色，如下图所示。

**步骤 06** 按住 Ctrl 键单击"蓝 拷贝"通道，载入选区，然后选择 RGB 通道的图像，如下图所示。

**步骤 07** 按住 Ctrl+J 组合键复制选区中的图像，并隐藏"背景"图层，然后使用"橡皮擦工具" ，擦除周围的背景图像，如下图所示。

**步骤 08** 打开"素材文件\第11章\金色背景.jpg"文件，使用"移动工具" ，将抠取出来的图像

拖动到画面左侧，为猫咪图像更换背景，效果如下图所示。

## 11.3 初识蒙版

蒙版是一种遮盖图像的工具，主要用于合成图像。可以用蒙版将部分图像遮住，从而控制画面的显示内容。这样做并不会删除图像，只是将其遮盖起来。在对处理区域内进行模糊、上色等操作时，被蒙版遮盖起来的部分不会受到影响。下图所示为用蒙版合成图像的效果。

Photoshop 提供了以下几种蒙版，各种蒙版的特点如下。

- 快速蒙版：可以快速为图像建立带羽化功能的选区。
- 图层蒙版：通过蒙版中的灰度信息控制图像的显示区域，可用于合成图像，也可以控制填充图层、调整图层、智能滤镜的有效方位。
- 剪贴蒙版：通过一个对象的形状控制其他图层的显示区域。
- 矢量蒙版：通过路径和矢量形状控制图像的显示区域。

## 11.4 创建与编辑蒙版

每种蒙版都有不同的创建与编辑方法。掌握了这些方法，才能在编辑图像的过程中更好地选择图像。下面将分别介绍创建与编辑蒙版的方法。

### 11.4.1 快速蒙版

快速蒙版是一种临时蒙版。使用快速蒙版只建立图像的选区，不会对图像进行修改。快速蒙版需要通过其他工具绘制选区，然后才能进行编辑。具体的操作步骤如下。

**步骤 01** 打开"素材文件 \ 第 11 章 \ 风景 .jpg"文件，单击工具箱下方的"以快速蒙版模式编辑"按钮 ◙ ，进入快速蒙版编辑模式。此时"通道"面板中将自动新建一个快速蒙版，如下图所示。

**步骤 02** 选择"画笔工具" ✐ ，涂抹图像中的花朵部分，涂抹出来的颜色为透明的红色状态，如下图所示。在"通道"面板中会显示涂抹遮盖的区域。

**步骤 03** 单击工具箱中的"以标准模式编辑"按钮，或按 Q 键，回到标准模式中，得到图像选区，如下图所示。

**步骤 04** 执行"选择"|"反向"命令，将选区反向。执行"图像"|"调整"|"去色"命令，将去除选区内的图像颜色，如下图所示。

### 11.4.2 实例——快速抠取人物图像

本实例将通过快速蒙版抠取人物图像，主要练习在快速蒙版中选择图像，并获取选区的操作方法，最终

扫一扫，看视频

效果如下图所示。

本实例具体的操作步骤如下。

步骤 01 打开"素材文件 \ 第 11 章 \ 舞蹈 .jpg"文件，如下图所示。

步骤 02 单击工具箱底部的 ◻ 按钮，进入快速蒙版编辑状态。选择"画笔工具" ✐，在属性栏中选择画笔样式为柔角，对人物图像进行涂抹，涂抹区域将以透明的红色覆盖，如下图所示。

步骤 03 继续使用"画笔工具" ✐ 对人物图像边缘进行细致的涂抹。在涂抹时，如果超出人物图像，可以将前景色设置为白色，擦除超出的图像，如下图所示。

步骤 04 按 Q 键退出快速蒙版编辑模式，再按

Shift+Ctrl+I 组合键反选选区，得到人物图像选区，如下图所示。

步骤 05 打开"素材文件\第 11 章\蓝色背景 .jpg"文件，使用"移动工具" ✛，将人物图像移动到背景图像中，适当调整人物的大小，并放到画面左侧，如下图所示。

步骤 06 打开"素材文件 \ 第 11 章 \ 文字 .psd"文件，使用"移动工具" ✛，将其拖动到图像中，如下图所示，完成本实例的操作。

### 11.4.3 剪贴蒙版

剪贴蒙版可以通过一个图层来控制多个图层的可见内容，图层蒙版和矢量蒙版都只能控制一个图层。蒙版中的基底图层名称带有下画线，而上一图层的缩略图是缩进的，叠加图层将显示一个剪贴蒙版图标。具体的操作步骤如下。

步骤 01 打开"素材文件 \ 第 11 章 \ 红色底纹 .jpg"，选择"横排文字工具" T，在其中输入文字，如下图所示。

中文版 Photoshop 2021 从入门到精通（案例视频版）

**步骤 02** ❶ 按住 Alt 键双击"背景"图层，将其转换为普通图层，❷ 选择图层 0，将其移至文字图层上方，如下图所示。

**步骤 03** 执行"图层"|"创建剪贴蒙版"命令，即可得到剪贴蒙版的效果，文字以外的下层图像将被隐藏，如下图所示。

**⁂ 高手点拨⁂**

可以在剪贴蒙版中使用多个图层，但它们必须是连续的图层。

### 11.4.4 矢量蒙版

可以使用"钢笔工具"或各种形状工具创建矢量蒙版。矢量蒙版可以在图层上创建锐边形状，当需要添加边缘清晰分明的设计元素时，可以使用矢量蒙版。具体的操作步骤如下。

**步骤 01** 打开"红色底纹.jpg"素材图像，选择"圆角矩形工具" ，在图像中绘制一个圆角矩形，如下图所示。

**步骤 02** 在属性栏中单击"蒙版"按钮，即可创建一个矢量蒙版，"图层"面板中将显示蒙版，如下图所示。

**⊙新手注意⊙**

创建矢量蒙版后，需要执行"图层"|"栅格化"|"矢量蒙版"命令，才可以对蒙版进行编辑。

### 11.4.5 图层蒙版

图层蒙版可以用于隐藏或显示部分图像，常用于制作抠图的合成效果。

打开一幅有两个图层的图像，单击"图层"面板底部的"添加图层蒙版"按钮 ，即可添加一个图层蒙版，如下图所示。

添加图层蒙版后，即可在"图层"面板中对其进行编辑。右击蒙版图标，在弹出的快捷菜单中选择所需的编辑命令，如下图所示。

- 停用图层蒙版：选择该命令，可以暂时不显示图像中添加的图层蒙版效果。
- 删除图层蒙版：选择该命令，可以彻底删除应用的图层蒙版效果，使图像回到原始状态。
- 应用图层蒙版：选择该命令，可以将蒙版图层变成普通图层，之后将无法对蒙版状态进行编辑。

设置前景色为黑色，然后选择"画笔工具" ，在属性栏中选择柔角样式，涂抹"图层1"

中的背景图像，涂抹之处将被隐藏。在"图层"面板中隐藏的图像将以黑色显示，如下图所示。

## 综合演练：制作周年庆广告

扫一扫，看视频

本实例将通过制作一个周年庆广告来练习和巩固本章所学的知识，重点是制作金色的文字效果，并通过蒙版隐藏部分文字，最终效果如下图所示。

本实例具体的操作步骤如下。

步骤 01 执行"文件"|"打开"命令，打开"素材文件\第11章\红色背景.jpg"文件，如下图所示。

步骤 02 执行"文件"|"打开"命令，打开"素材文件\第11章\底纹.psd"文件，使用"移动工具" 将其拖动到当前编辑的图像中，并放到画面底部，如下图所示。

步骤 03 选择"横排文字工具" T，在图像中输入文字 5，并在属性栏中设置字体为"方正粗黑简体"，如下图所示。

步骤 04 执行"图层"|"图层样式"|"斜面和浮雕"命令，打开"图层样式"对话框，设置"样式"为"浮雕效果"，其他参数设置如下图所示。

步骤 05 选择"投影"样式，设置投影为黑色，其他参数设置如下图所示。

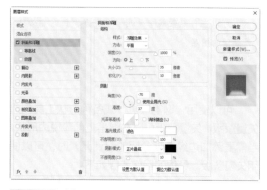

步骤 06 单击"确定"按钮,得到添加图层样式后的效果,如下图所示。

步骤 07 打开"素材文件\第11章\金沙背景.jpg"文件,使用"移动工具" ⊹ 将其拖动到图像中,适当调整图像大小,使其遮盖文字,如下图所示。

步骤 08 执行"图层"|"创建剪贴蒙版"命令,隐藏除文字以外的图像,如下图所示。

步骤 09 按住 Ctrl 键选择文字和"金沙背景"图像所在图层,按 Ctrl+G 组合键得到图层组,然后选择"多边形套索工具" ⊿,在文字下方绘制一个多边形选区,如下图所示。

步骤 10 执行"选择"|"反选"命令,然后单击"图层"面板下方的"添加图层蒙版"按钮 ◙,隐藏图像,如下图所示。

步骤 11 选择"矩形工具" ▢,绘制一个细长的矩形选区,填充为白色,然后对其添加图层蒙版,适当隐藏两端的图像,如下图所示。

步骤 12 选择"横排文字工具" T,在图像下方输入广告文字,分别填充文字为黄色(R233,G211,B130)和白色,并参照下图进行排列。

步骤 13 分别使用"圆角矩形工具" ▢ 和"钢笔工具" ⌀,在"属性"栏中选择绘图模式为"形状",填充为无,描边为白色,在文字中绘制圆角矩形和曲线,如下图所示。

**步骤** 14 打开"素材文件 \ 第 11 章 \ 光斑 .psd"文件，选择"移动工具" ⊹，分别拖动到文字中，如下图所示，完成本实例的制作。

## 举一反三：使用通道调色

本实例将制作一个暖阳图像，通过选择通道并调整颜色，得到暖色调的图像，如下图所示。

扫一扫，看视频

本实例具体的操作步骤如下。

**步骤** 01 执行"文件"|"打开"命令，打开"素材文件 \ 第 11 章 \ 树林 .jpg"文件，如下图所示。

**步骤** 02 在"通道"面板中选择"红"通道，执行"图像"|"调整"|"曲线"命令，打开"曲线"对话框，增加高光区域的红色调，如下图所示。

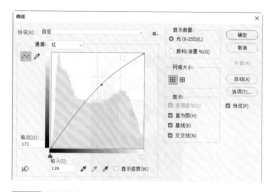

**步骤** 03 单击"确定"按钮，在"通道"面板中选择 RGB 通道的图像，可以看到调整后的图像整体偏黄，暗部偏蓝色，如下图所示。

**步骤** 04 在"通道"面板中选择"蓝"通道，打开"曲线"对话框，在曲线中添加节点，并向下拖动，得到降低蓝色、增加黄色的效果，如下图所示。

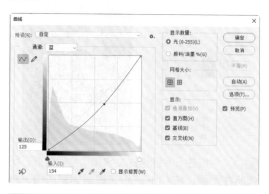

**步骤** 05 单击"确定"按钮，回到 RGB 通道的图像中，得到调整后的图像效果，如下图所示，完成本实例的制作。

## 新手问答

**Q1：剪贴蒙版中的基底图层和内容图层是什么？**

在"图层"面板中应用剪贴蒙版后，处于最下面的图层为基底图层，位于其上面的图层统称为内容图层。这两种图层的特性如下。

● 基底图层：基底图层只有一个，位于剪贴蒙版的底端，它将决定上方图像内容的显示形状，如下图所示。可以对基底图层进行操作，上方的图像内容也将受到相应的影响。

● 内容图层：内容图层位于基底图层上方，并且与基底图层紧紧相邻，不能间隔其他图层，数量不限，对内容图层的操作不会影响基底图层，但是对其进行移动、变换等操作时，其显示范围也会随之改变。当内容图层的图像小于基底图层的图像时，没填满的区域将显示基底图层的内容，如下图所示。

内容图层
基底图层

**Q2：如何快速转换通道和选区？**

在图像中创建选区后，单击"通道"面板中的"将选区存储为通道"按钮 ，可以将选区保存到 Alpha 通道中，如下图所示。

在"通道"面板中选择要载入选区的 Alpha

通道，单击"将通道作为选区载入"按钮 ，即可载入该通道中的选区；或者在按住 Ctrl 键的同时单击"通道"面板中的 Alpha 通道，也可以载入通道中的选区。

## 思考与练习

**一、填空题**

1. 在 Photoshop 中打开一个图像文件后，将自动在"通道"面板中生成一个_____通道，主要用来描述图像的色彩信息。

2. 快速蒙版是一种_____蒙版，使用快速蒙版只能建立图像的选区，不会对图像进行修改。

**二、选择题**

1. Photoshop 为用户提供了哪些蒙版？（　　）

　　A．剪贴蒙版　　　　B．快速蒙版
　　C．矢量蒙版　　　　D．图层蒙版

2. 通道有哪几种类型？（　　）

　　A．颜色通道　　　　B．Alpha 通道
　　C．绿色通道　　　　D．专色通道

**三、上机题**

1. 通过通道获取图像选区，抠取玻璃瓶，然后添加其他背景，效果如下图所示。（素材位置："素材文件\第11章\玻璃瓶.jpg、彩色背景.jpg"）

**操作提示：**

（1）打开"玻璃瓶.jpg"素材图像，在"通道"面板中按住 Ctrl 键的同时单击"红"通道，获取选区。

（2）执行"选择"|"反向"命令，反选选区。

（3）单击"图层"面板中的"创建新图层"按钮，新建一个图层，将选区填充为黑色，得到透明的玻璃瓶。

（4）打开"彩色背景.jpg"素材图像，选择"移动工具"，将抠取出来玻璃瓶拖动到彩色背景中。

（5）新建一个图层，为其应用黑白径向渐变填充，设置图层的混合模式为"叠加"。

2. 使用两幅素材图像进行合成，并添加图

层蒙版，隐藏部分图像，得到如下图所示的图像效果（素材位置："素材文件 \ 第 11 章 \ 草地 .jpg、天空 .jpg"）。

**操作提示：**

（1）打开"草地 .jpg"和"天空 .jpg"素材图像。

（2）选择"矩形选框工具"，在"天空"图像中框选蓝天白云图像，得到一个矩形选区。

（3）选择"移动工具"，将选取的图像拖动到"风景"图像中，适当调整图像大小，使其覆盖原有的天空，得到"图层 1"。

（4）添加图层蒙版，选择"画笔工具"，涂抹天空和山脉交界处，自然过渡图像。

## 本 章 小 结

本章主要学习了蒙版和通道，首先介绍了通道的类型和"通道"面板的应用，接着介绍了通道的各种基本操作，然后对蒙版的知识做了全面讲解。

本章需要重点掌握几个功能，包括"通道"面板的操作，新建和复制通道，通道与选区互换，以及快速蒙版和图层蒙版的使用方法等。

# 第 12 章

# 滤镜

**Photoshop**

## 本章导读

在 Photoshop 中滤镜是重要的功能之一。滤镜的功能非常强大，不仅可以调整照片，而且可以创作出绚丽无比的创意图像。

本章主要介绍滤镜的基本知识，包括滤镜的分类、预览，常用滤镜的设置与应用，滤镜库和智能滤镜的应用，以及各种滤镜的设置和使用方法等。

## 学完本章后应该掌握的技能

- ■ 滤镜的相关知识
- ■ 滤镜库的使用
- ■ 智能滤镜的使用
- ■ 各类滤镜的设置与应用

## 12.1 滤镜的相关知识

在学习滤镜中各种命令的用法之前，可以先了解一下滤镜的分类，然后对滤镜的使用方法有初步的掌握。

### 12.1.1 滤镜的分类

滤镜只对当前正在编辑的、可见的图层或图层中的选定区域起作用。如果没有选定区域，系统会将整个图层视为当前选定区域。

在"滤镜"菜单中包含 Photoshop 的所有滤镜。选择"滤镜"菜单，如下图所示，即可看到独立滤镜和滤镜组，滤镜组的部分滤镜包含在滤镜库中。在"滤镜"菜单中有多达十几类、上百种滤镜。使用滤镜可以制作不同的图像效果，而将多个滤镜叠加使用更是可以制作奇妙的特殊效果。

若对图像使用滤镜，必须了解图像的色彩模式与滤镜的关系。RGB 颜色模式的图像可以使用 Photoshop 的所有滤镜。不能使用滤镜的图像色彩模式有位图模式、16 位灰度图模式、索引模式和 48 位 RGB 模式。

**高手点拨**

滤镜对图像的处理是以像素为单位进行的，即使滤镜的参数设置完全相同，有时也会因为图像的分辨率不同而造成效果不同。

### 12.1.2 预览滤镜

选择一种滤镜时，滤镜效果将自动应用到图像中，可以通过设置参数对图像效果进行调整。

在"滤镜"菜单中选择一种滤镜，将打开对应的参数设置对话框，在其中可以预览图像应用滤镜的效果，如下图所示。

单击预览框底部的 按钮，可以缩小或放大预览图，当预览图放大到超过预览框时，可以在预览图中拖动显示图像的特定区域，如下图所示。

## 12.2 常用滤镜的设置与应用

"滤镜"菜单中的种类很多，其中有一些单独列出来的滤镜，是作为独立的滤镜经常使用的，下面将分别进行介绍。

### 12.2.1 "神经网络 AI"滤镜

"神经网络 AI"滤镜包括精选滤镜和 Beta 滤镜。执行"滤镜"|"神经网络 AI 滤镜"命令，打开相应的对话框，默认状态下单击"精选滤镜"按钮 ，启用"皮肤平滑度"选项，可以自动对人物皮肤磨皮；启用"样式转换"选项，可以使用预设样式设置特殊效果，如下图所示。

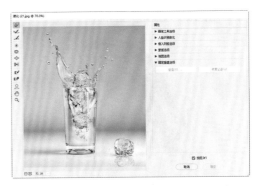

单击"Beta 滤镜"按钮 🔅，其中包括非常多的智能功能，可以对人物面部做更加精细的调整。选择相应的选项，当该选项后方的按钮变为蓝色状态时，即可启用该选项，并进行参数设置，如下图所示。

启用状态

### 12.2.2 "液化"滤镜

"液化"滤镜的功能非常强大，并且操作简单。通过该滤镜可以创建推、拉、旋转、扭曲和收缩等变形效果，并且可以修改图像的任何区域。

执行"滤镜"|"液化"命令，打开"液化"对话框，如下图所示。

"液化"对话框中常用工具的作用说明如下。

- 向前变形工具 🔲：在预览框中单击并拖动鼠标，可以使图像中的颜色产生流动效果。在对话框右侧的"大小""密度""压力"和"速率"数值框中可以设置笔头样式。
- 重建工具 🔲：可以对图像中的变形效果进行还原操作。
- 平滑工具 🔲：为图像应用变形后，使用该工具可以让图像边缘变得更加圆润平滑。
- 顺时针旋转扭曲工具 🔲：在图像中按住鼠标左键，可以使图像产生顺时针旋转效果。
- 褶皱工具 🔲：拖动鼠标，图像将产生向内压缩变形的效果。
- 膨胀工具 🔲：拖动鼠标，图像将产生向外膨胀放大的效果。
- 左推工具 🔲：拖动鼠标，图像中的像素将发生位移变形效果。
- 冻结蒙版工具 🔲：用于将图像中不需要变形的部分保护起来，被冻结区域将不会变形。
- 解冻蒙版工具 🔲：用于解除图像中的冻结部分。
- 脸部工具 🔲：当图像中有人物时，使用该工具可以自动检测人脸轮廓，并通过曲线调整脸部轮廓的形态。
- 抓手工具 🔲：当图像大于预览框区域时，可以使用该工具拖动图像进行查看。
- 缩放工具 🔲：对图像进行放大或缩小操作，直接在预览框中单击可以放大图像，按住 Alt 键单击可以缩小图像。

### 12.2.3 实例——修饰人物脸型

本实例将修饰人物脸型，主要练习"液化"滤镜中的参数设置及工

扫一扫，看视频

具的应用，最终效果如下图所示。

本实例具体的操作步骤如下。

步骤 01 执行"文件"|"打开"命令，打开"素材文件\第 12 章\脸部.jpg"文件，如下图所示。下面将修饰人物脸型，并对五官做细致的调整。

步骤 02 执行"滤镜"|"液化"命令，打开"液化"对话框，展开对话框右侧的"人脸识别液化"选项组，调整眼睛的大小、高度和宽度等，设置参数如下图所示。

步骤 03 调整嘴唇和脸型，适当缩小该部分的参数，如下图所示。

步骤 04 选择左侧工具箱中的"向前变形工具" ，在右侧设置画笔大小和压力等参数，如下图所示。

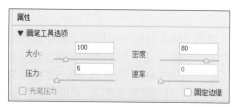

步骤 05 将光标放到人物的左脸，按住鼠标左键拖动，修饰脸部轮廓，如下图所示。

步骤 06 对发际线进行修饰，向内拖动鼠标，使额头更加饱满，如下图所示，完成本实例的制作。

12.2.4 "消失点"滤镜

"消失点"滤镜具有特殊功能，它可以在图像中自动应用透视原理，按照透视的角度和比例自动适应图像的修改，从而节约修饰照片所需的时间。

执行"滤镜"|"消失点"命令,打开"消失点"对话框,如下图所示。

"消失点"对话框中常用工具的作用说明如下。

● 创建平面工具▦:打开"消失点"对话框时,该工具为默认选择的工具,在预览框中不同的位置单击 4 次,可以创建一个透视平面,如下图所示。在"消失点"对话框顶部的"网格大小"下拉列表中可以设置网格的密度。

● 编辑平面工具▶:选择该工具,可以调整绘制的透视平面,调整时拖动平面边缘的控制点即可,如下图所示。

● 图章工具♣:该工具与工具箱中的"仿制图章工具"一样,在透视平面内按住 Alt 键并单击图像,可以对图像取样,然后在透视平面的其他地方单击,可以将取样图像进行复制。复制后的图像与透视平面保持一样的透视关系,如下图所示。

### 12.2.5 Camera Raw 滤镜

Camera Raw 滤镜主要用于调整数码照片。Raw 格式是数码相机的源文件,记录感光部件接收到的原始信息,具备最广泛的色彩。

使用 Camera Raw 滤镜主要是对图像进行光影和色彩的调整,还可以进行变形、去除污点和去除红眼等操作。执行"滤镜"|Camera Raw 命令,即可打开 Camera Raw 滤镜对话框,如下图所示。

对话框左侧为图像预览窗格;右侧中间为参数调整组,展开选项可以调整相应的参数,包括调整图像明暗和色调、降噪、镜头校正等;最右侧为工具箱,可以使用其中的工具对局部图像进行调整。

### 12.2.6 实例——使用 Camera Raw 滤镜调整数码照片

本实例将调整一张 Raw 格式的数码照片,主要练习在 Camera Raw 滤镜中对颜色的调整和工具的使用,最终效果如下图所示。

扫一扫,看视频

本实例具体的操作步骤如下。

**步骤** 01 执行"文件"|"打开"命令，打开"素材文件 \ 第 12 章 \ 鞋子 .CR2"文件，系统将自动打开 Camera Raw 滤镜对话框，如下图所示。

**步骤** 02 调整图像的明暗度，增加图像曝光度和对比度参数，再适当增加高光，并降低阴影，如下图所示。

**步骤** 03 拖动对话框右侧的滑块，在"混色器"选项组中调整图像的色调，选择"明亮度"，增加"橙色"和"黄色"的亮度，如下图所示。

**步骤** 04 选择"饱和度"选项，适当降低图像中红色、黄色和紫色等的参数，使图像色调看起来更加干净，如下图所示。

**步骤** 05 选择右侧工具箱中的"调整画笔"工具，设置"曝光"为 30，然后对图像中较暗的区域进行涂抹，增加局部图像的亮度，如下图所示。

**步骤** 06 单击"完成"按钮，完成图像的调整，并在 Photoshop 中打开图像，效果如下图所示，完成本实例的制作。之后可以在 Photoshop 中进行其他操作。

## 12.2.7 "镜头校正"滤镜

"镜头校正"滤镜可以修复常见的镜头瑕疵，如图像倾斜、畸变失真、晕影和色差，该滤镜在RGB 颜色模式或灰度模式下只能用于 8 位 / 通道和 16 位 / 通道的图像。下面将以校正倾斜的照片为例介绍该滤镜的具体使用方法。

**步骤** 01 打开"素材文件 \ 第 12 章 \ 照片 .jpg"文件，执行"滤镜"|"镜头矫正"命令，打开"镜头矫正"对话框，如下图所示。

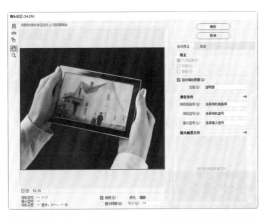

**步骤 02** 选择"镜头矫正"对话框右侧的"自动校正"选项卡,设置矫正选项。在"搜索条件"下拉列表中,可以设置相机品牌、相机型号和镜头型号,如下图所示,图像将得到一定程度的自动校正效果。

**步骤 03** 选择"镜头矫正"对话框右侧的"自定"选项卡,对图像的色差、晕影,以及透视变形等进行校正,如下图所示。

**步骤 04** 选择左侧工具箱中的"拉直"工具 ,在画面中单击并拖动出一条直线,释放鼠标后,图像将以该直线为基准进行角度校正,如下图所示。

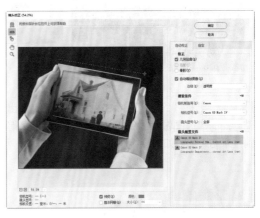

**步骤 05** 单击"确定"按钮,得到矫正后的图像效果,如下图所示。

**12.2.8** **"自适应广角"滤镜**

使用"自适应广角"滤镜,可以拉直使用广角镜头或鱼眼镜头拍摄照片时产生的弯曲对象,也可以拉直全景图。具体的操作步骤如下。

**步骤 01** 执行"文件"|"打开"命令,打开"素材文件\第12章\高楼.jpg"文件,如下图所示。

**步骤 02** 执行"滤镜"|"自适应广角"命令,打开"自适应广角"对话框,如下图所示。系统会自动进行校正,但效果并不明显,还需要使用工具再次进行校正。

**步骤 03** 选择"约束工具" ，将光标放到出现弯曲的建筑图像上，单击并向下拖动鼠标，得到一条约束线，如下图所示。

**步骤 04** 在其他弯曲的建筑中同样添加约束线，如下图所示。

**步骤 05** 单击"确定"按钮，得到校正后的图像效果，如下图所示。

## 12.3 使用滤镜库

Photoshop 2021 调整了"滤镜"菜单，原

本在滤镜库中的滤镜将不再在菜单中显示，需要打开滤镜库后才能进行查看和操作。打开滤镜库，可以查看各种滤镜的应用效果，滤镜库整合了风格化、画笔描边、扭曲、素描、纹理和艺术效果6组滤镜功能，通过该滤镜库可以预览同一图像应用多种滤镜的效果。"滤镜库"的具体使用方法如下。

**步骤 01** 打开图像，执行"滤镜"|"滤镜库"命令，打开"滤镜库"对话框，如下图所示。

**步骤 02** 在滤镜库中有6组滤镜，单击其中一组滤镜，即可展开该组的滤镜，选择其中一种滤镜，即可为图像添加滤镜效果。在左侧的预览窗格中可以查看图像应用滤镜的效果，如下图所示。

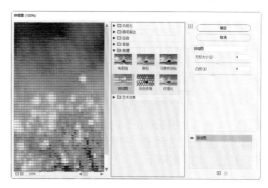

**步骤 03** 调整滤镜参数后，单击对话框右下角的"新建效果图层"按钮 ，可以保存该效果。选择其他滤镜后，将得到两种滤镜的叠加效果，如下图所示。

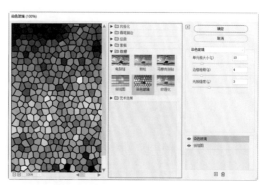

## 12.4 使用智能滤镜

　　智能滤镜属于非破坏性滤镜，使用智能滤镜可以对已经设置的滤镜效果重新编辑。因此可以调整智能滤镜的作用范围，或将其进行移除、隐藏等操作。

　　使用智能滤镜前，需要先执行"滤镜"|"转换为智能滤镜"命令，将图层中的图像转换为智能对象，如下图左所示，然后对该图层应用滤镜，此时"图层"面板如下图右所示。单击"图层"面板中添加的滤镜效果，可以开启对应的滤镜对话框，对其进行重新编辑。

## 12.5 滤镜的设置与应用（一）

　　在平常的平面处理中，只有部分滤镜是经常使用的。为了便于快速找到并使用它们，开发者将它们放置在滤镜库中，这样极大地提高了图像处理的灵活性、机动性和用户的工作效率。

### 12.5.1 "扭曲"滤镜组

　　"扭曲"滤镜组主要用于对当前图层或选区内的图像进行各种各样的扭曲变形处理，使图像可以产生三维或其他变形效果。除了可以在"滤镜库"中应用玻璃、海洋波纹和扩散亮光滤镜的效果外，还可以在"滤镜"菜单中应用波浪、极坐标、挤压等扭曲滤镜效果。

　　"扭曲"滤镜组包含 12 种滤镜，分别集合在"扭曲"菜单与"滤镜库"的"扭曲"滤镜组中。打开"素材文件\第 12 章\水果.jpg"文件，如下图所示。

　　下面分别介绍该滤镜组中各命令的作用，并

展示滤镜的应用效果。

- 玻璃：该滤镜可以为图像添加玻璃效果，在对话框中可以设置玻璃的种类，使图像看起来像是透过不同类型的玻璃观看。其参数设置和图像预览效果如下图所示。

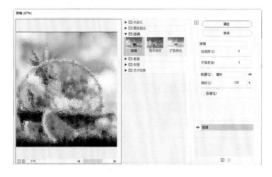

- 海洋波纹：该滤镜可以随机分隔波纹，将其添加到图像表面。其参数设置和图像预览效果如下图所示。

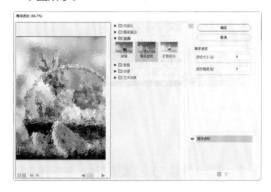

- 扩散亮光：该滤镜能将背景色的光晕加到图像中较亮的部分，使图像产生一种弥漫光的漫射效果。其参数设置和图像预览效果如下图所示。

- 波浪：该滤镜能模拟图像的波动效果，是一种较复杂、精确的扭曲滤镜，常用于制作一些不规则的扭曲效果。其参数设置和图像预览效果如下图所示。

- 波纹：该滤镜可以模拟水波的皱纹效果，常用来制作一些水面倒影图像。其参数设置和图像预览效果如下图所示。

- 极坐标：该滤镜可以使图像产生一种极度变形的效果。其参数设置和图像预览效果如下图所示。

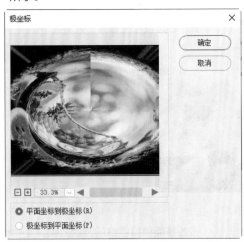

- 挤压：该滤镜可以选择全部图像或部分图像，使选择的图像产生向外或向内挤压的变形效果。其参数设置和图像预览效果如下图所示。

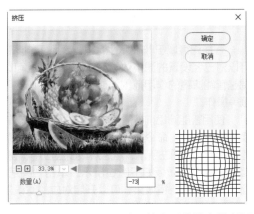

- 切变：该滤镜可以通过调节变形曲线来控制图像的弯曲程度。其参数设置和图像预览效果如下图所示。

- 球面化：该滤镜可以通过立体化球形的镜头形态来扭曲图像，得到与"挤压"滤镜相似的图像效果。其参数设置和图像预览效果如下图所示。

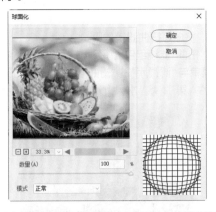

- 水波：该滤镜可以模拟水面上产生的漩涡波纹效果。其参数设置和图像预览效果如下图所示。

旋转扭曲：该滤镜可以使图像产生顺时针或逆时针的旋转效果。其参数设置和图像预览效果如下图所示。

置换：该滤镜可以根据另一个 PSD 格式文件的明暗度，移动当前图像的像素，使图像产生扭曲效果。

### 12.5.2 "画笔描边"滤镜组

"画笔描边"滤镜组包含 8 种滤镜，它们被归纳在"滤镜库"中。这些滤镜中有一部分可以通过不同的油墨和画笔勾画图像并产生绘画效果，有些滤镜可以添加杂色、边缘细节、绘画、纹理和颗粒。打开"素材文件\第12章\翅膀.jpg"文件，如下图所示。

下面分别介绍该滤镜组中各命令的作用，并展示滤镜的应用效果。

- 成角的线条：该滤镜可以使用对角描边重新绘制图像，用一个方向上的线条绘制亮部区域，用反方向上的线条绘制暗部区域。其参数设置和图像预览效果如下图所示。

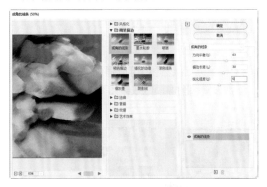

- 墨水轮廓：该滤镜可以以钢笔画的风格，用细线条在原始细节上绘制图像。其参数设置和图像预览效果如下图所示。

- 喷溅：该滤镜可以用来模拟喷枪，使图像产生墨水喷溅的艺术效果。其参数设置和图像预览效果如下图所示。

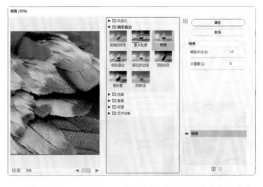

- 喷色描边：该滤镜可以将图像中的主色用成角的、喷溅的颜色线条重新绘制。其参数设置和图像预览效果如下图所示。

● **强化的边缘**：该滤镜可以强化图像的边缘。其参数设置和图像预览效果如下图所示。

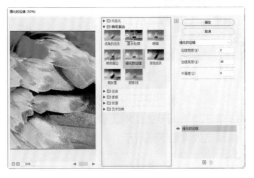

● **深色线条**：该滤镜可以用短而绷紧的深色线条绘制暗区，用长而白的线条绘制亮区。其参数设置和图像预览效果如下图所示。

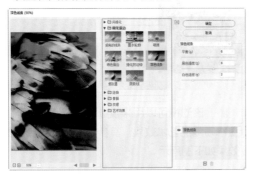

● **烟灰墨**：该滤镜像是用蘸满油墨的画笔在宣纸上绘画，可以使用非常黑的油墨创建柔和的模糊边缘。其参数设置和图像预览效果如下图所示。

● **阴影线**：该滤镜可以保留原始图像的细节和特征，同时使用模拟的铅笔阴影线在图像中添加纹理，并使彩色区域的边缘变得粗糙。其参数设置和图像预览效果如下图所示。

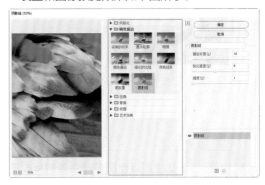

### 12.5.3 "素描"滤镜组

"素描"滤镜组包含 14 种滤镜，它们被集合在"滤镜库"的"素描"滤镜组中。这些滤镜可以将纹理添加到图像上，通常用于模拟速写和素描等艺术效果。打开"素材文件 \ 第 12 章 \ 卡通 .jpg"文件，如下图所示。

下面分别介绍该滤镜组中各命令的作用，并展示滤镜的应用效果。

● **半调图案**：该滤镜可以使用前景色显示凸显的阴影部分，使用背景色显示高光部分，让图像产生一种网板图案效果。其参数设置和图像预览效果如下图所示。

● **便条纸**：该滤镜可以模拟出凹陷压印图案，使图像产生草纸画效果。其参数设置和图像预览效果如下图所示。

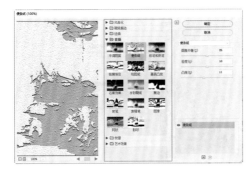

- **粉笔和炭笔**：该滤镜主要是使用前景色和背景色来重绘图像，使图像产生被粉笔和炭笔涂抹的草图效果。其参数设置和图像预览效果如下图所示。

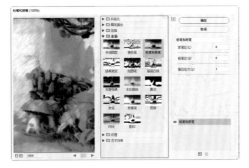

- **铬黄渐变**：该滤镜可以使图像产生液态金属效果，原图像的颜色会完全丢失。其参数设置和图像预览效果如下图所示。

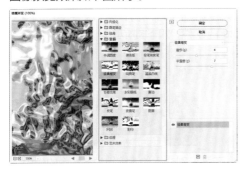

- **绘图笔**：该滤镜使用精细的、具有一定方向的油墨线条来重绘图像效果。该滤镜对油墨使用前景色，较亮的区域使用背景色。其参数设置和图像预览效果如下图所示。

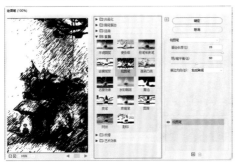

- **基底凸现**：该滤镜可以使图像产生一种粗糙的浮雕效果。其参数设置和图像预览效果如下图所示。

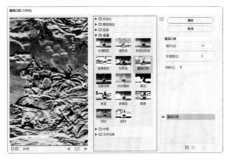

- **石膏效果**：该滤镜可以在图像上产生黑白浮雕效果。应用该滤镜后黑白对比较明显。其参数设置和图像预览效果如下图所示。

- **水彩画纸**：该滤镜可以在图像上产生水彩效果，就好像是绘制在潮湿的纤维纸上，具有颜色溢出、混合的渗透效果。其参数设置和图像预览效果如下图所示。

- **撕边**：该滤镜适用于高对比度图像，可以模拟出撕破的纸片效果。其参数设置和图像预览效果如下图所示。

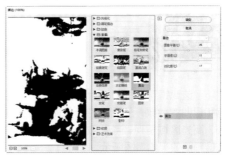

- 炭笔：该滤镜可以在图像中创建海报化涂抹的效果。图像中主要的边缘用粗线绘制，中间色调用对角线素描，其中炭笔使用前景色，纸张使用背景色。其参数设置和图像预览效果如下图所示。

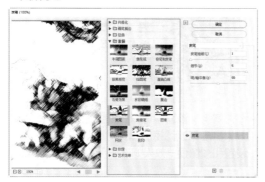

- 炭精笔：该滤镜可以模拟使用炭精笔绘制图像的效果，在暗区使用前景色绘制，在亮区使用背景色绘制。其参数设置和图像预览效果如下图所示。

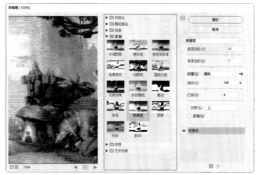

- 图章：该滤镜可以使图像简化，并突出主体，就好像用橡皮和木制图章盖上去一样。该滤镜最适用于黑白图像。其参数设置和图像预览效果如下图所示。

- 网状：该滤镜可以模拟胶片感光乳剂的受控收缩和扭曲的效果，使图像的暗色调区域好像结块，高光区域呈现颗粒化效果。其参数设置和图像预览效果如下图所示。

- 影印：该滤镜用于模拟图像影印的效果。其参数设置和图像预览效果如下图所示。

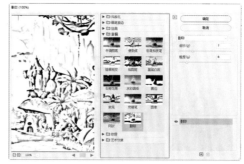

### 12.5.4 "纹理"滤镜组

"纹理"滤镜组全部位于滤镜库中，使用该组滤镜可以为图像添加各种纹理效果，使图像具有深度感和材质感。打开"素材文件\第12章\小路.jpg"文件，如下图所示。

下面分别介绍该滤镜组中各命令的作用，并展示滤镜的应用效果。

- 龟裂缝：该滤镜可以在图像中随机绘制凸显的龟裂纹理，并且产生浮雕效果。其参数设置和图像预览效果如下图所示。

- 颗粒：该滤镜可以在图像中随机加入不同类型的、不规则的颗粒，使图像产生颗粒纹理效果。其参数设置和图像预览效果如下图所示。

- 马赛克拼贴：该滤镜可以在图像表面产生不规则的类似马赛克的拼贴效果。其参数设置和图像预览效果如下图所示。

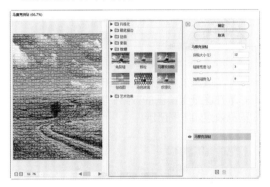

- 拼缀图：该滤镜将图像分割成无数规则的小方块，模拟建筑拼贴瓷砖的效果。其参数设置和图像预览效果如下图所示。

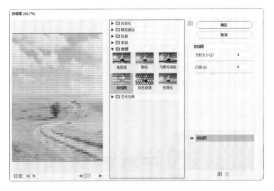

- 染色玻璃：该滤镜在图像中根据颜色的不同，产生不规则的多边形彩色玻璃块，玻璃块的颜色由该块内像素的平均颜色确定。其参数设置和图像预览效果如下图所示。

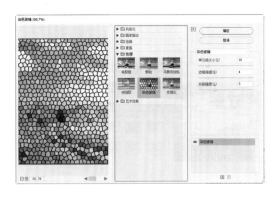

- 纹理化：该滤镜可以为图像添加预知的纹理图案，从而使图像产生纹理压痕效果。其参数设置和图像预览效果如下图所示。

### 12.5.5 "艺术效果"滤镜组

"艺术效果"滤镜组主要为用户提供模仿传统绘画手法的途径，可以为图像添加天然或传统的艺术图像效果。该组滤镜提供了15种滤镜效果，全部位于滤镜库中。打开"素材文件\第12章\海边.jpg"文件，如下图所示。

下面分别介绍该滤镜组中各命令的作用，并展示滤镜的应用效果。

- 壁画：该滤镜使图像产生古壁画粗犷风格的效果。其参数设置和图像预览效果如下图所示。

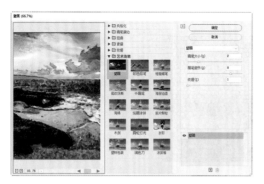

● 彩色铅笔：该滤镜模拟彩色铅笔在图纸上绘画的效果。其参数设置和图像预览效果如下图所示。

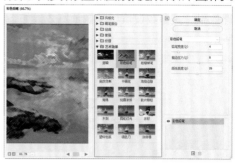

● 干画笔：该滤镜可以使图像产生一种不饱和的、干燥的油画效果。其参数设置和图像预览效果如下图所示。

● 木刻：该滤镜使图像产生类似木刻画的效果。其参数设置和图像预览效果如下图所示。

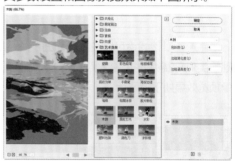

● 塑料包装：该滤镜使图像表面产生像透明塑料袋包裹物体的效果。其参数设置和图像预览效果如下图所示。

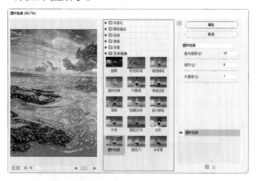

● 水彩：该滤镜将简化图像细节，并模拟使用水彩笔在图纸上绘画的效果。其参数设置和图像预览效果如下图所示。

● 底纹效果：该滤镜可以使图像产生喷绘效果。其参数设置和图像预览效果如下图所示。

● 海报边缘：该滤镜将减少图像中颜色的复杂度，在颜色变化大的区域边界填上黑色，使图像产生海报画的效果。其参数设置和图像预览效果如下图所示。

● 海绵：该滤镜使图像产生海绵吸水后的效果。其参数设置和图像预览效果如下图所示。

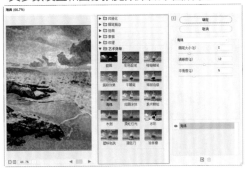

● 涂抹棒：该滤镜模拟粉笔或蜡笔在图纸上涂抹的效果。其参数设置和图像预览效果如下图所示。

● 粗糙蜡笔：该滤镜模拟蜡笔在纹理背景上绘图的效果，从而生成一种纹理浮雕效果。其参数设置和图像预览效果如下图所示。

● 绘画涂抹：该滤镜模拟手指在湿画上涂抹的模糊效果。其参数设置和图像预览效果如下图所示。

● 胶片颗粒：该滤镜在图像表面产生胶片颗粒状纹理效果。其参数设置和图像预览效果如下图所示。

● 调色刀：该滤镜将减少图像细节，产生类似写意画的效果。其参数设置和图像预览效果如下图所示。

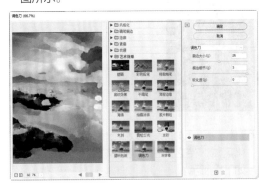

● 霓虹灯光：该滤镜在图像中颜色对比反差较大的边缘处产生类似霓虹灯的发光效果。其参数设置和图像预览效果如下图所示。

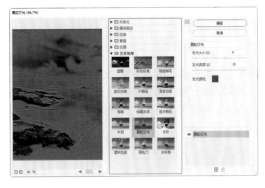

### 12.5.6 "风格化"滤镜组

"风格化"滤镜组主要通过置换像素和查找增加图像的对比度，使图像产生印象派及其他风格化效果。除了可以在滤镜库中找到"照亮边缘"滤镜外，还可以在"滤镜"菜单中找到查找边缘、等高线、风等其他9种风格化滤镜。打开"素材文件\第 12 章\冰淇淋 .jpg"文件，如下图所示。

　　下面分别介绍该滤镜组中各命令的作用，并展示滤镜的应用效果。

● 照亮边缘：该滤镜是通过查找并标识颜色的边缘，为图像增加类似霓虹灯的亮光效果。其参数设置和图像预览效果如下图所示。

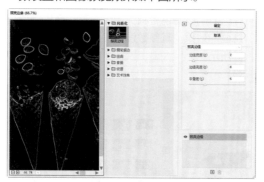

● 查找边缘：该滤镜可以找出图像主要色彩的变化区域，使之产生用铅笔勾画过的轮廓效果，如下图所示。

● 等高线：该滤镜可以查找图像的亮区和暗区边界，并对边缘产生绘制线条比较细、颜色比较浅的效果。其参数设置和图像预览效果如下图所示。

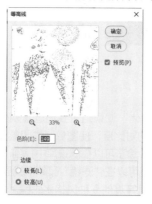

● 风：该滤镜可以模拟风吹效果，为图像添加一些短而细的水平线。其参数设置和图像预览效果如下图所示。

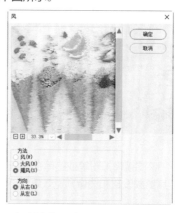

● 凸出：该滤镜将图像分成一系列大小相同但有机叠放的三维块或立方体，从而扭曲图像并创建特殊的三维背景效果。其参数设置和图像预览效果如下图所示。

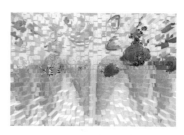

● 浮雕效果：该滤镜可以描边图像，使图像显现凸起或凹陷效果。并且能将图像的填充色转换为灰色。其参数设置和图像预览效果如下图所示。

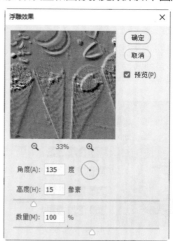

● 扩散：该滤镜可以使图像产生透过磨砂玻璃观察图像一样的分离模糊效果。其参数设置和图像预览效果如下图所示。

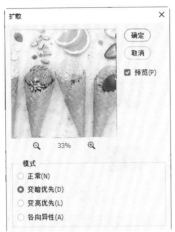

● 拼贴：该滤镜可以将图像分割成若干小块并进行位移，以产生瓷砖拼贴的效果。其参数设置和图像预览效果如下图所示。

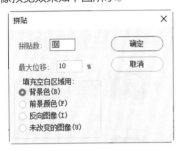

● 曝光过度：该滤镜可以使图像产生正片和负片混合的效果，类似于摄影中增加光线强度产生的过度曝光效果。该滤镜没有对话框。应用该滤镜的图像效果如下图所示。

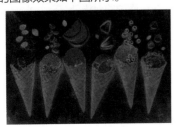

● 油画：该滤镜可以使图像产生类似于油画的特殊效果。其参数设置和图像预览效果如下图所示。

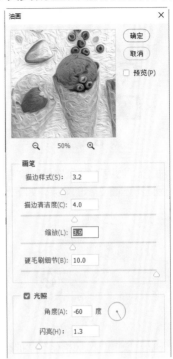

### 12.5.7 实例——制作彩铅速写图像

本实例通过使用多种滤镜，制作一幅彩铅效果的速写图像，最终效果如下图所示。

扫一扫，看视频

本实例具体的操作步骤如下。

步骤 01 打开"素材文件 \ 第 12 章 \ 鲜花 .jpg"文件，如下图所示。

步骤 02 按 Ctrl+J 组合键复制一次"背景"图层，得到"图层 1"，如下图所示。

**步骤 03** 执行"滤镜"|"风格化"|"查找边缘"命令，得到显示图像边缘的效果，如下图所示。

**步骤 04** 执行"滤镜"|"风格化"|"扩散"命令，打开"扩散"对话框，选择"模式"为"变暗优先"，如下图所示。

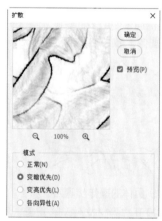

**步骤 05** 单击"确定"按钮，得到添加滤镜后的图像效果，如下图所示。

**步骤 06** 选择"背景"图层，按 Ctrl+J 组合键复

制"背景"图层，并将得到的背景副本图层放到顶层，如下图所示。

**步骤 07** 设置该图层的混合模式为"亮光"，得到花瓣中的颜色，如下图所示，完成本实例的制作。

## 12.6　滤镜的设置与应用（二）

除了滤镜库中的滤镜外，在 Photoshop 的"滤镜"菜单中还有很多使用对话框设置参数的滤镜，以及无对话框滤镜。下面对常用的滤镜分别进行介绍。

### 12.6.1　"像素化"滤镜

"像素化"滤镜会将图像转换成平面色块组

成的图案，使图像分块或平面化，通过不同的设置达到截然不同的效果。该滤镜组包含 7 种滤镜。打开"素材文件 \ 第 12 章 \ 橘子水 .jpg"文件，如下图所示。

下面将分别介绍该滤镜组中各命令的作用，并展示滤镜的应用效果。

● 彩块化：该滤镜使图像中纯色或相似颜色凝结为彩色块，从而产生类似宝石刻画般的效果。该滤镜没有参数设置对话框。

● 彩色半调：该滤镜将图像分成矩形栅格，并向栅格内填充像素。其参数设置和图像预览效果如下图所示。

● 点状化：该滤镜在图像中随机产生彩色斑点，点与点间的空隙用背景色填充。其参数设置和图像预览效果如下图所示。

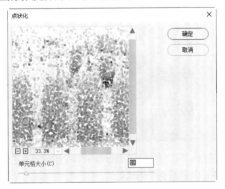

● 晶格化：该滤镜将图像中相近的像素集中到一个像素的多角形网格中，从而使图像清晰。其参数设置和图像预览效果如下图所示。

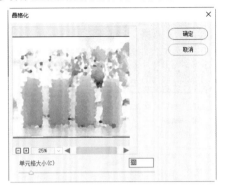

● 马赛克：该滤镜将图像中具有相似颜色的像素统一合成更大的方块，从而产生类似马赛克的效果。其参数设置和图像预览效果如下图所示。

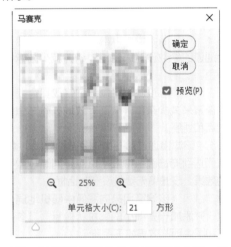

● 碎片：该滤镜将图像的像素复制 4 遍，然后将它们平均移位并降低不透明度，从而形成不聚焦的"四重视"效果。该滤镜没有参数设置对话框。应用"碎片"滤镜的图像效果如下图所示。

● 铜版雕刻：该滤镜在图像中随机分布各种不规则的线条和虫孔斑点，从而产生镂刻的版画效果。其参数设置和图像预览效果如下图所示。

### 12.6.2 "杂色" 滤镜

"杂色"滤镜主要用来向图像中添加杂点或去除图像中的杂点，该滤镜组由中间值、减少杂色、去斑、添加杂色和蒙尘与划痕 5 种滤镜组成。执行"滤镜"｜"杂色"命令，在子菜单中选择相应的滤镜即可。

下面分别介绍该滤镜组中各命令的作用。

- 减少杂色：该滤镜可以基于影响整个图像或各个通道的参数设置来保留边缘并减少图像中的杂色。
- 蒙尘与划痕：该滤镜可以通过修改具有差异化的像素来减少杂色，从而有效地去除图像中的杂点和划痕。
- 去斑：该滤镜通过对图像做轻微的模糊、柔化，从而达到掩饰图像中细小斑点、消除轻微折痕的效果。该滤镜无参数设置对话框。
- 添加杂色：该滤镜用来向图像中随机地混合杂点，并添加一些细小的颗粒状像素。其参数设置和图像预览效果如下图所示。

- 中间值：该滤镜通过混合图像中像素的亮度来减少杂色。

### 12.6.3 "模糊" 滤镜

"模糊"滤镜通过削弱图像中相邻像素的对比度，使相邻像素间过渡平滑，从而产生边缘柔和、模糊的效果。执行"滤镜"｜"模糊"命令，

在弹出的子菜单中选择相应的模糊滤镜。打开"素材文件\第 12 章\爱心.jpg"文件，如下图所示。

下面分别介绍该滤镜组中各命令的作用，并展示部分滤镜的应用效果。

- 动感模糊：该滤镜通过对图像中某一方向的像素进行线性位移来产生运动的模糊效果。其参数设置和图像预览效果如下图所示。

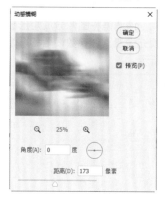

- 径向模糊：该滤镜可以使图像产生旋转或放射状模糊效果。其参数设置和图像预览效果如下图所示。

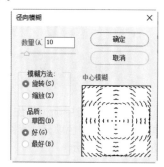

- 方框模糊：该滤镜以图像中邻近像素颜色的平均值为基准进行模糊。

- 模糊和进一步模糊："模糊"滤镜可以对图像边缘进行模糊处理；"进一步模糊"滤镜的模糊效果与"模糊"滤镜的效果相似，但要比"模糊"滤镜的效果强 3 ~ 4 倍。这两种滤镜都没有参数设置对话框。
- 表面模糊：该滤镜在模糊图像的同时还会保留原图像的边缘。
- 镜头模糊：该滤镜可以使图像模拟摄像时镜头抖动产生的模糊效果。
- 高斯模糊：该滤镜根据高斯曲线调节图像中像素的色值，可以对图像总体进行模糊处理。其参数设置和图像预览效果如下图所示。

- 平均模糊：该滤镜可以通过自动查找图像或选区的平均颜色进行模糊处理。一般情况下会得到一片单一的颜色。
- 特殊模糊：该滤镜主要用于对图像进行精确模糊，是唯一不模糊图像轮廓的模糊方式。
- 形状模糊：该滤镜根据对话框中预设的形状来创建模糊效果。

### 12.6.4 "渲染"滤镜

　　"渲染"滤镜提供了 8 种滤镜，主要用于模拟不同的光源照明效果，以创建云彩图案和折射图案等。下面分别介绍该滤镜组中部分命令的作用，并展示部分滤镜的应用效果。

- 云彩：该滤镜将前景色和背景色相融合，随机生成云彩状图案，并填充到当前图层或选区中。
- 分层云彩：该滤镜和"云彩"滤镜类似，都是使用前景色和背景色随机产生云彩图案。不同的是，"分层云彩"滤镜生成的云彩图案不会替换原图，而是按差值模式与原图混合。
- 光照效果：该滤镜可以对平面图像产生类似三维光照的效果。选择该滤镜，将进入"属性"面板，在其中可以设置各选项的参数，如下图所示。

- 镜头光晕：该滤镜可以模拟照相机镜头产生的折射光效果。
- 纤维：该滤镜可以使用前景色和背景色创建编辑纤维的图像效果。

### 12.6.5 实例——制作岩石纹理

　　本实例通过结合使用多种滤镜，制作一幅 岩石纹理图像，最终效果如下图所示。

扫一扫，看视频

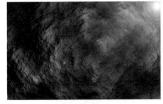

　　本实例具体的操作步骤如下。

步骤 01 新建一个图像文件，设置前景色为黑色、背景色为白色，执行"滤镜"|"渲染"|"云彩"命令，得到黑白云彩效果，如下图所示。

**步骤** 02 执行"滤镜"|"渲染"|"光照效果"命令，进入"属性"面板，设置光照类型为"点光"，"颜色"为土黄色（R189,G140,B56），再选择"纹理"为"绿"，"高度"为20，如下图所示。

**步骤** 03 在图像中调整光圈的大小和位置，如下图所示，单击"确定"按钮，得到岩石图像的效果。

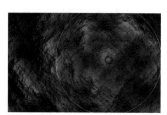

**步骤** 04 执行"滤镜"|"渲染"|"镜头光晕"命令，选择镜头类型，设置"亮度"为130%，如下图所示。

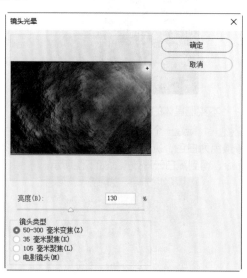

📖 高手点拨

在"镜头光晕"对话框中可以随意指定产生镜头光晕的位置，只需要在预览框中适当的位置单击即可。

**步骤** 05 单击"确定"按钮，得到镜头光晕的图像效果，如下图所示，完成本实例的制作。

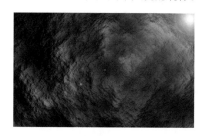

## 综合演练：制作素描图像

扫一扫，看视频

本实例将使用滤镜将一幅彩色图像制作成素描图像，在制作过程中将结合使用多个滤镜，并通过调整图层混合模式得到该图像的最终效果，如下图所示。

本实例具体的操作步骤如下。

**步骤** 01 打开"素材文件\第12章\插花.jpg"文件，如下图所示。

**步骤** 02 按Ctrl+J组合键复制"背景"图层，得到"图层1"，如下图所示。

**步骤 06** 在"图层"面板中设置该图层的混合模式为"正片叠底","不透明度"为50%，得到加强图像边缘的效果，如下图所示。

**步骤 07** 再复制一次"背景"图层，并将其放到"图层"面板的顶部。打开"滤镜库"对话框，选择"素描"滤镜组中的"半调图案"命令，设置"图案类型"为"网点"，再设置其他参数，如下图所示。

**步骤 03** 执行"滤镜"|"滤镜库"命令,打开"滤镜库"对话框,选择"素描"滤镜组中的"绘图笔"命令，设置"描边方向"为"右对角线"，再设置其他参数，如下图所示。

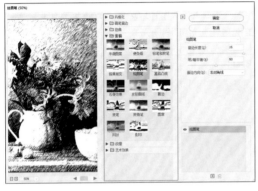

**步骤 08** 单击"确定"按钮，得到半调图案效果，如下图所示。

**步骤 04** 单击"确定"按钮，得到绘图笔的图像效果，如下图所示。

**步骤 05** 复制一次"背景"图层，将复制得到的图层放到顶层。执行"滤镜"|"风格化"|"查找边缘"命令,再执行"图像"|"调整"|"去色"命令，得到黑白线条的图像效果，如下图所示。

**步骤 09** 设置该图层的"不透明度"为20%，得到素描的图像效果，如下图所示，完成本实例的制作。

## 举一反三：制作水中的水果

扫一扫，看视频

在很多情况下，结合使用多种滤镜能够达到不一样的效果。下面使用"扭曲"滤镜组中的部分滤镜来制作水中的水果，图像效果如下图所示。

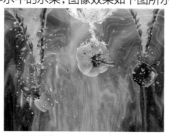

本实例具体的操作步骤如下。

步骤 01 打开"素材文件 \ 第 12 章 \ 线条 .jpg"文件，如下图所示。

步骤 02 执行"滤镜" | "扭曲" | "波浪"命令，打开"波浪"对话框，设置"类型"为"正弦"，再设置其他参数，如下图所示。

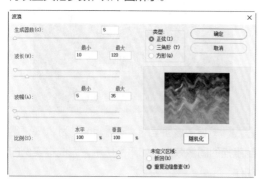

步骤 03 单击"确定"按钮，得到水波图像效果，如下图所示。

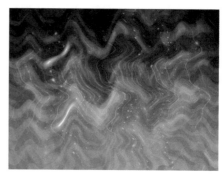

步骤 04 执行"滤镜" | "扭曲" | "极坐标"命令，打开"极坐标"对话框，选中"极坐标到平面坐标"单选按钮，如下图所示。

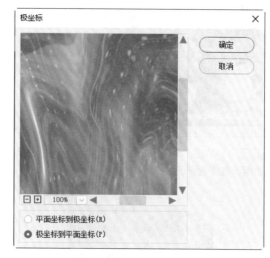

步骤 05 单击"确定"按钮，得到极坐标图像效果，如下图所示。

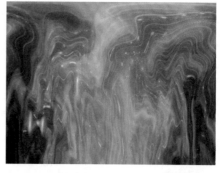

步骤 06 打开"素材文件 \ 第 12 章 \ 水果 .psd"文件，使用"移动工具"将其拖动到当前编辑的图像中，得到水中的水果图像，如下图所示，完成本实例的制作。

## 新手问答

✎ Q1：如何提高滤镜性能？

　　图像中图层较多或应用某些功能计算复杂的滤镜时，都会占用大量的内存，如应用"铬黄渐变""光照效果"等滤镜。特别是处理高分辨率的图像时，Photoshop 的处理速度会更慢。遇到这种情况，可以尝试使用以下三种方法来提高处理速度。

　　方法一：关闭多余的应用程序。

　　方法二：在应用滤镜之前，执行"编辑"|"清理"命令，释放部分内存。

　　方法三：将计算机内存多分配给 Photoshop 一些。执行"编辑"|"首选项"|"性能"命令，打开"首选项"对话框，在"内存使用情况"选项组中提高 Photoshop 使用的内存，如下图所示。

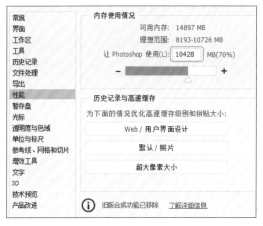

✎ Q2：为什么有些滤镜无法使用？

　　在"滤镜"菜单中有些滤镜显示为灰色，代表这类滤镜不能使用，如下图所示。通常情况下，这是由于图像模式造成的问题。RGB 颜色模式的图像可以使用全部滤镜，一部分滤镜不能用于 CMYK 图像，索引和位图模式的图像不能使用任何滤镜。如果要对位图、索引模式或 CMYK 图像应用滤镜，可以先执行"图像"|"模式"|"RGB 颜色"命令，将其转换为 RGB 颜色模式，再使用滤镜处理。

灰色为不可用

## 思考与练习

### 一、填空题

　　1. 只有＿＿＿＿＿＿颜色模式的图像可以使用 Photoshop 的所有滤镜。

　　2. ＿＿＿＿＿＿滤镜组中的滤镜全部位于滤镜库中。使用该滤镜组可以为图像添加各种纹理效果，使图像具有深度感和材质感。

### 二、选择题

　　1.（　　）滤镜主要为用户提供模仿传统绘画手法的途径，可以为图像添加天然或传统的艺术图像效果。

　　　　A. 艺术效果　　　　B. 渲染
　　　　C. 模糊　　　　　　D. 像素化

　　2. 使用（　　）滤镜可以拉直使用广角镜头或鱼眼镜头拍摄照片时产生的弯曲对象，也可以拉直全景图。

　　　　A. 镜头校正　　　　B. 消失点
　　　　C. 自适应广角　　　D. 素描

### 三、上机题

　　1. 制作一幅山水画，主要练习"扭曲"滤镜组和"画笔描边"滤镜组的使用，图像效果如下图所示（素材位置："素材文件\第 12 章\山水 .jpg"）。

操作提示：

（1）打开"山水.jpg"素材图像，执行"滤镜"｜"滤镜库"命令，打开"滤镜库"对话框，单击"扭曲"滤镜组下的"扩散光亮"滤镜。

（2）单击对话框右下角的"新建效果图层"按钮，新建一个滤镜图层。

（3）选择"画笔描边"下方的"阴影线"滤镜，得到叠加滤镜的效果。

2. 制作一幅黑白圆点图像，主要练习图像色彩模式的转换，以及"彩色半调"滤镜的使用，图像效果如下图所示（素材位置："素材文件\第12章\时钟.jpg"）。

操作提示：

（1）打开"时钟.jpg"素材图像，执行"图像"｜"模式"｜"灰度"命令，将图像转换为灰度模式。

（2）执行"滤镜"｜"像素化"｜"彩色半调"命令，打开"彩色半调"对话框，设置相应参数。

（3）单击"确定"按钮，得到黑白圆点图像。

## 本 章 小 结

本章全面介绍了"滤镜"菜单中各种滤镜的应用，主要包括滤镜的分类、预览滤镜、"液化"滤镜、"消失点"滤镜，以及滤镜库和智能滤镜的操作。掌握这些滤镜的基础知识，可以在学习滤镜各种菜单命令的基础上，更好、更灵活地运用滤镜。

本章需要重点掌握智能滤镜、滤镜库的应用，其他滤镜了解即可，在需要的时候可以调出对应的对话框进行详细操作。

中文版　Photoshop 2021 从入门到精通（案例视频版）

第 **13** 章

# 动作与任务自动化

Photoshop

## 本章导读

　　本章将学习动作与任务自动化的相关知识，包括动作的使用，以及自动处理图像的操作方法。

　　通过对"动作"面板的详细介绍与实例操作，可以掌握动作与自动化的操作方法，并与批处理图像结合起来，充分运用快捷方式提高工作效率。

## 学完本章后应该掌握的技能

■ 动作的使用
■ 自动处理图像

## 13.1 动作的使用

大多数命令和工具操作都可以记录在动作中，动作就是对单个文件或一批文件回放一系列命令的操作。

### 13.1.1 "动作"面板

在"动作"面板中预设了多组动作样式，可以快速地应用这些预设动作，也可以将常用的动作存储起来，以便今后使用。通过"动作"功能的应用，可以对图像进行自动化操作，从而大大提高工作效率。

执行"窗口"|"动作"命令，或按 Alt+F9 组合键，打开"动作"面板，如下图所示，可以看到"动作"面板中默认的动作设置。

"动作"面板中各种按钮的作用说明如下。

- 开始记录 ●：单击该按钮，可以开始录制动作。
- 停止播放/记录 ■：单击该按钮，可以停止录制动作。
- 播放选定的动作 ▶：单击该按钮，可以播放选定的动作。
- 创建新动作 ⊞：单击该按钮，可以创建新动作。
- 删除 🗑：单击该按钮，将弹出一个提示对话框，单击"确定"按钮，可以删除所选的动作。
- 创建新组 📁：单击该按钮，可以新建一个动作组。
- ☑：该按钮用于切换项目开关。

### 13.1.2 执行动作

要应用"动作"面板中的预设动作，可以选择该动作后直接播放。具体的操作步骤如下。

步骤 01 打开"素材文件\第13章\蛋糕.jpg"文件，如下图所示。

步骤 02 执行"窗口"|"动作"命令，打开"动作"面板，选择"渐变映射"，作为需要应用到该图像上的动作，如下图所示。

步骤 03 单击"播放选定的动作"按钮 ▶，即可将该动作应用到当前图像上，效果如下图所示。

### 13.1.3 录制新动作

除了使用预设动作外，还可以在创建并录制动作后，将该动作中的操作应用到其他的图像中。具体的操作步骤如下。

步骤 01 打开"动作"面板，单击"动作"面板下方的"创建新动作"按钮 ⊞，如下图所示。

步骤 02 打开"新建动作"对话框，设置新动作的名称，然后单击"记录"按钮，即可在"动作"面板中新建一个动作，并开始录制接下来的操作，如下图所示。

**步骤** 03 执行"图像"|"调整"|"亮度/对比度"命令,打开"亮度/对比度"对话框,增加图像的亮度并确定,如下图所示。

**步骤** 04 在"动作"面板中将自动记录下调整图像亮度的操作,如下图所示。

**步骤** 05 执行"文件"|"存储"和"文件"|"关闭"命令,"动作"面板中将继续记录存储文件和关闭文件的操作,如下图所示。

**步骤** 06 单击"停止播放/记录"按钮■,即可停止并完成录制,如下图所示。

## 13.2 自动处理图像

在 Photoshop 中,可以使用自动处理图像功能对图像进行批处理、裁剪等操作,这些功能将大大提高工作效率。

### 13.2.1 使用"批处理"命令

Photoshop 允许用户对某个文件夹中的所有文件按批次输入并自动执行动作,给用户带来了极大的方便,也大幅度地提高了处理图像的效率。

执行"文件"|"自动"|"批处理"命令,打开"批处理"对话框,可以设置批处理对象的位置和结果,如下图所示。

"批处理"对话框中常用选项的作用说明如下。

- 组:在该下拉列表中可以选择要执行的动作所在的组。
- 动作:选择要应用的动作。
- 源:用于选择批处理图像文件的来源。
- 目标:用于选择处理文件的目标。选择"无"选项,表示不对处理后的文件做任何操作;选择"存储并关闭"选项,可以将文件保存到原来的位置,并覆盖原文件;选择"文件夹"选项,然后单击"选择"按钮,可以选择目标文件的保存位置。
- 文件命名:该选项组的 6 个下拉列表中,可以指定生成目标文件的命名规则。
- 错误:在该下拉列表中可以指定出现操作错误时的处理方式。

## 13.2.2 实例——批量处理图像

扫一扫，看视频

本实例将通过"批处理"命令自动地快速处理多个图像文件。具体的操作步骤如下。

步骤 01 创建一个文件夹并命名，如"需处理的图像"，将需要批处理的图像存放在其中，如下图所示。

步骤 02 创建一个用于存储批处理素材图像的文件夹并命名，如"处理结果"。

步骤 03 执行"文件"|"自动"|"批处理"命令，打开"批处理"对话框,选择动作为"棕褐色调（图层）"，如下图所示。

步骤 04 在"源"选项组选择"文件夹"选项，单击"选择"按钮，在弹出的对话框中选择"需要处理的图像"文件夹，如下图所示。

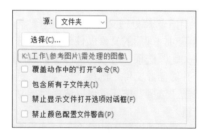

步骤 05 单击"目标"右侧的下拉按钮，在其下拉列表中选择"文件夹"选项，然后单击"选择"按钮，在弹出的对话框中选择存储图像批处理结果的文件夹，如下图所示。

步骤 06 单击"确定"按钮，系统将自动逐一处理文件并保存到指定的文件夹。

步骤 07 打开用于存储目标文件的文件夹，即可查看批量调整后的文件，如下图所示，完成本实例的制作。

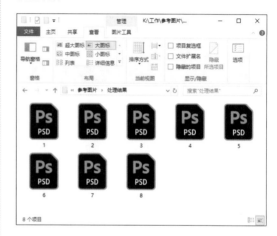

## 13.2.3 裁切并修正照片

在 Photoshop 中可以将同一个图像文件中不同图层的图像快速分离为单独的图像文件，并且自动裁切和校正图像。具体的操作步骤如下。

步骤 01 打开"素材文件 \ 第 13 章 \ 按钮 .psd"文件，如下图所示。

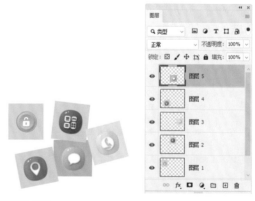

步骤 02 分别选择每个图层中的图像,并通过"移动工具"将每个图层的图像分隔开，如下图所示。

**步骤 03** 分别选择每个图层，执行"文件"|"自动"|"裁剪并拉直照片"命令，系统将自动将原图像中各个图层的图像单独分离出来，如下图所示。

### 13.2.4 图像处理器

"图像处理器"命令可以转换和处理多个文件，并且不必事先创建动作就可以处理文件。"图像处理器"命令还可以将一组文件转换为 JPEG、PSD 或 TIFF 格式中的一种，或者将文件同时转换为这三种格式。执行"文件"|"脚本"|"图像处理器"命令，打开"图像处理器"对话框，如下图所示。

"图像处理器"对话框中各选项的作用说明如下。

- 选择要处理的图像：选择需要处理的文件，也可以选择一个文件夹中的文件。如果选中"打开第一个要应用设置的图像"复选框，将对所有图像应用相同的设置。
- 选择位置以存储处理的图像：选择处理后的文件的存储路径。
- 文件类型：设置将文件处理成什么类型，包含 JPEG、PSD 和 TIFF。可以将文件处理成其中一种类型，也可以将文件处理成两种或三种类型。
- 首选项：在该选项组下可以选择动作来运用处理程序。

### 综合演练：添加画框

本实例为图像添加一个画框，练习和巩固本章所学的知识。首先在"动作"面板中选择所需的动作，然后对图像进行复制和缩小等操作，最后应用动作，得到如下图所示的画框效果。

扫一扫，看视频

本实例具体的操作步骤如下。

**步骤 01** 执行"文件"|"打开"命令，打开"素材文件\第13章\红裙美女.jpg"文件，如下图所示。

**步骤 02** 执行"窗口"|"动作"命令，打开"动

作"面板，选择"木质画框 -50 像素"动作，然后单击"播放选定的动作"按钮 ▶，如下图所示。

步骤 03 系统将自动播放动作步骤，期间将弹出一个提示对话框，如下图所示，单击"继续"按钮即可播放剩余的动作。

步骤 04 完成后，将得到带画框的图像，在"图层"面板中也将得到相应的图层，如下图所示。

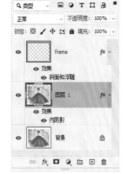

步骤 05 选择"图层 1"，按 Ctrl+T 组合键，图像周围出现变换框，然后按住 Shift 键中心缩小图像，如下图所示。

步骤 06 按住 Alt 键单击"背景"图层，将其转换为普通图层，得到"图层 0"，然后单击"创建

新图层"按钮，得到"图层 2"，将其填充为白色，并调整至底层，如下图所示。

步骤 07 选择"图层 0"，将"不透明度"设置为 40%，得到半透明的图像效果，如下图所示，完成本实例的制作。

## 举一反三：在动作中插入命令

扫一扫，看视频

在录制动作后，如果有些命令有遗漏，可以通过插入菜单命令的形式，将其添加到指定的位置，这样可以将很多不能录制的命令插入动作中。

本实例具体的操作步骤如下。

步骤 01 打开任意一个图像文件。在"动作"面板中选择需要添加命令的动作，如下图所示。

中文版 Photoshop 2021 从入门到精通（案例视频版）

**步骤 02** 单击"动作"面板底部的"开始记录"按钮 ●,执行"滤镜"|"模糊"|"高斯模糊"命令,对图像应用模糊处理,如下图所示。

**步骤 03** 单击"确定"按钮,然后单击"动作"面板下方的"停止播放 / 记录"按钮 ■,停止记录,即可将"高斯模糊"命令插入"曲线"命令后,如下图所示。

## 新 手 问 答

✎ Q1:在创建动作的过程中,哪些操作可以被录制?

在 Photoshop 中需要注意的是,有的操作不能被录制,能被录制的有多边形套索、选框、裁切、直线、渐变、移动、魔棒、油漆桶和文字等工具,以及路径、通道、图层、历史记录等面板中的操作。

✎ Q2:在录制动作的过程中发现进行了错误的录制操作,只能重录吗?

不需要重新录制。如果出现了错误,可以先停止当前动作的录制,在已录制的动作中选择出错的动作内容,并单击"动作"面板底部的"删除"按钮 🗑,将该内容删除,然后重新单击"开始记录"按钮 ●,进入录制状态,继续录制即可。

## 思考与练习

**一、填空题**

1. 在 Photoshop 中,使用＿＿＿＿＿命令可以同时快速地处理多个图像文件。

2. 使用＿＿＿＿＿命令可以转换和处理多个文件,并且不必事先创建动作就可以处理文件。

**二、选择题**

1. 执行"窗口"|"动作"命令,或按( )组合键,可以打开"动作"面板。

    A. Shift+F9          B. Alt+F9

    C. Alt+F5           D. Ctrl+F9

2. 在 Photoshop 中,使用( )命令可以将同一个图像文件中不同图层的图像快速分离为单独的图像文件,并且自动裁切和校正图像。

    A. 裁剪并拉直照片    B. 变换

    C. 自动                D. 裁剪

**三、上机题**

打开一幅素材图像,通过"动作"面板为其制作四分颜色的图像效果(素材位置:"素材文件 \ 第 13 章 \ 风景 .jpg")。

**操作提示:**

(1)打开"风景 .jpg"素材图像,按 Alt+F9 组合键打开"动作"面板。

(2)选择"四分颜色"动作预设。

(3)单击"播放选定的动作"按钮 ▶,得到四分颜色的图像效果。

## 本 章 小 结

在学习 Photoshop 的过程中,本章内容属于软件操作的辅助知识。熟悉并掌握这些知识,能够在工作中带来极大便利,其中的批处理操作更能为数码照片处理工作节约很多时间。

# 第 14 章

# 打印与输出

Photoshop

## 本章导读

在 Photoshop 中设计并制作图像文件后，还需要将其进行打印出来，或是将其输出为其他格式的文件。在打印与输出图像时，需要进行一些必要的设置，并注意一些关键问题。

本章将详细介绍图像的打印与输出的操作和注意事项。

## 学完本章后应该掌握的技能

■ 印刷相关知识

■ 图像的校对与打印

■ 打印与印刷中常见问题的处理

## 14.1 印刷相关知识

在 Photoshop 中将图像制作出来后，如果需要印刷，图像还需要符合印刷要求。如果印刷效果不理想，前期的设计制作就会毫无意义。在制作图像时一定要按实际需要和印刷要求对图像进行编辑，否则在后期印刷时可能会出现不少问题。下面对印刷的相关知识进行讲解。

### 14.1.1 印刷工艺流程

印刷是指通过大型的机器设备将图像快速并大量输出到相应的介质上，它是广告设计、包装设计、海报设计等作品的主要输出方式。当需要大批量输出图像时，就使用印刷输出，这样不但能降低成本，还能节约时间。

印刷的基本流程如下。

步骤 01 将作品以电子文件的形式打样，以便了解设计作品的色彩、文字字体、位置是否正确。

步骤 02 样品校对无误后，送到印刷厂进行分色处理，得到分色胶片。

步骤 03 根据分色胶片进行制版，再将印版装到印刷机上印刷。

### 14.1.2 分色与打样

分色与打样是印刷之前非常重要的两个步骤。通过这两个步骤，可以得到高质量的印刷效果。

- 分色：在输出中心将原稿上的各种颜色分解为黄色、品红、青色和黑色四种原色。在计算机印刷设计或平面设计软件中，分色工作是将扫描图像或其他来源图像的颜色模式转换为CMYK 模式。
- 打样：印刷厂在印刷之前，必须将所印刷的作品交给出片中心。出片中心先对 CMYK 模式的图像进行分色，分成青色、品红、黄色和黑色四种胶片再进行打样，从而检验制版影调与色调能否取得良好再现，并将复制再现的误差及应达到的数据标准提供给制版部门，作为修正或再次制版的依据。打样校正无误后交付印刷中心进行制版、印刷。

◈ 高手点拨 ◦

为了更为精确地了解设计作品的印刷效果，有时会在分色后再次打样，但费用相对较高。

## 14.2 图像的校对与打印

在 Photoshop 中设计图像时，可以首先对显示器、图像色彩及打印机色彩进行校对，调整正确的颜色后再进行打印。

### 14.2.1 显示器色彩校对

如果同一个图像文件的颜色在不同的显示器或在同一显示器的不同时间上显示的效果不一致，就需要对显示器进行色彩校对。有些显示器有自带的色彩校准软件，如果没有，则用户可以手动调节显示器的色彩。

### 14.2.2 图像色彩校对

图像色彩校对主要是指图像设计人员在制作过程中或制作完成后对图像的颜色进行校对。用户指定某种颜色，在进行某些操作后，颜色有可能发生变化，这时就需要检查图像的颜色和当时设置的 CMYK 颜色值是否相同。如果不同，则可以通过"拾色器"对话框调整图像颜色。

### 14.2.3 打印机色彩校对

在显示器屏幕上看到的颜色和用打印机打印到纸张上的颜色一般不能完全匹配，这主要是因为计算机产生颜色的方式和打印机在纸上产生颜色的方式不同。要让打印机输出的颜色和显示器上的颜色接近，设置打印机的色彩管理参数和调整彩色打印机的偏色规律是重要的途径。

### 14.2.4 打印图像

为了获得良好的打印效果，掌握正确的打印方法非常重要。

打印输出图像，首先需要选择打印设备名称，然后根据打印输出的要求对打印份数、纸张的页面大小以及方向等进行设置。具体的操作步骤如下。

步骤 01 执行"文件"|"打印"命令，打开"Photoshop 打印设置"对话框，在该对话框中可以选择打印机设备、设置打印份数等，如下图所示。

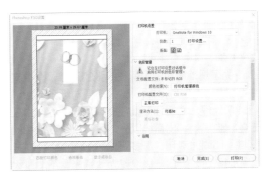

步骤 02 单击"打印设置"按钮，可以在打开的打印机属性对话框中设置纸张的方向，如下图所示。

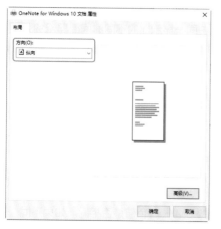

步骤 03 单击"高级"按钮，在弹出的对话框中可以设置纸张规格和打印数量，如下图所示。

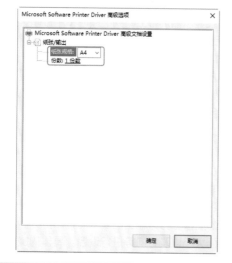

## 14.3 打印与印刷中常见问题的处理

为了保证输出的图像能满足用户要求，在图像输出时还需要注意一些问题。例如，为了保证图像的完整打印而设置出血、为了印刷出预定颜色而使用专色等。

### 14.3.1 设置出血

为了规范所有图像所在纸张的尺寸，图像文件在打印或印刷输出后，一般需要对纸张边缘进行裁切处理。裁切位置就在打印和印刷工作中规定的出血线处，出血线以外的区域就是要裁切的区域。印刷时裁切，最多只能裁到出血线。在打印和印刷时，出血一般设置为 3 毫米，不能过大

或过小。设置出血具体的操作步骤如下。

步骤 01 打开"素材文件 / 第 14 章 / 请柬 .jpg"文件，执行"文件"|"打印"命令，打开"Photoshop 打印设置"对话框，展开"函数"选项组，在其中单击"出血"按钮，如下图所示。

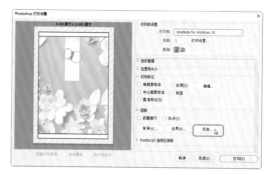

步骤 02 打开"出血"对话框，在"宽度"数值框中输入 3，单击"确定"按钮，完成出血线的设置，如下图所示。

### 14.3.2 使用专色

专色是指在印刷时不是通过印刷 C、M、Y 和 K 四色合成颜色，而是专门用一种特定的油墨来印刷该颜色。专色油墨是由印刷厂预先混合或油墨厂生产的。对于印刷品的每种专色，在印刷时都有专门的一个色样卡对应。

使用专色会使颜色更准确，尽管不能准确地表示颜色，但通过标准颜色匹配系统的预印色样卡，能看到该颜色在纸张上准确的效果。如 Pantone 彩色匹配系统就创建了很详细的色样卡。

对于设计中设定的非标准专色，印刷厂不一定能准确地调配出来，而且在屏幕上也无法看到准确的颜色。若不是特殊需求，不要轻易使用自己定义的专色。

### 14.3.3 输出前的注意事项

图像制作进行到最后一步时，还需要注意以下事项。

- 当图像采用 RGB 模式扫描输入时，在进行色彩调整和编辑过程中，尽可能保持 RGB 模式，最后一步再转换为 CMYK 模式，然后在输出成胶片之前进行一些色彩微调。
- 在转换为 CMYK 模式之前，将 RGB 模式的分

层图像文件存储为一个副本，以便以后进行其他编辑或进行重大修改。

- 当图像采用 CMYK 模式扫描输入时，可以直接使用该模式进行后期的设计制作，无须转换为其他模式。
- 在 RGB 模式下工作会更快一些，因为 RGB 模式下的文件比 CMYK 模式小 25%。在 RGB 模式下每个通道相当于总文件的 1/3，而在 CMYK 模式下每个通道相当于总文件的 1/4。
- 可以通过 Photoshop 提供的色彩调整图层进行图像的颜色改变，且不影响实际像素。这一功能对图像的编辑和修改非常有帮助。

## 新手问答

✎ Q1：在印刷之前还需要做哪些准备工作？

在将设计作品提交印刷之前，应进行一些准备工作，主要包括以下几个方面。

### 1. 准备字体

如果作品中运用了某种特殊字体，应准备该字体文件，在制作分色胶片时提供给输出中心。当然，除非必要，一般不使用特殊字体。

### 2. 准备文件

把所有与设计有关的图片文件、字体文件，以及设计软件中使用的素材文件准备齐全，一并提交给输出中心。

### 3. 准备存储介质

把所有文件保存在输出中心可接受的存储介质中，文件较小时可以直接用网络传输方式，文件较大时可以存储在移动硬盘或 U 盘等移动介质中交给印刷商。

### 4. 选择输出中心和印刷商

输出中心主要制作分色胶片，价格和质量参差不齐，应做些基本调查。印刷商根据分色胶片制作印版、印刷和装订。

✎ Q2：为什么在印刷之前图像必须转换为 CMYK 模式？

在印刷之前必须将图像转换为 CMYK 模式，因为出片中心将以 CMYK 模式对图像进行四色分色，即将图像中的颜色分解为 C（青色）、M（品红）、Y（黄色）、K（黑色）四张胶片，只有通过这四种颜色才能印刷出彩色成品。

## 思考与练习

### 一、填空题

1. _____主要是指图像设计人员在制作过程中或制作完成后对图像的颜色进行校对。

2. 要让打印机输出的颜色和显示器上的颜色接近，设置打印机的_____和调整彩色打印机的_____是重要的途径。

### 二、选择题

1. 分色工作是将扫描图像或其他来源图像的颜色模式转换为（　　）模式。

    A. Lab           B. CMYK

    C. 灰度          D. RGB

2. 当同一个图像文件的颜色在不同的显示器或在同一显示器的不同时间上显示的效果不一致时，就需要对显示器进行（　　）。

    A. 调整          B. 输出

    C. 色彩校对     D. 打印

### 三、上机题

打开图像文件，使用"打印"命令设置图像的出血线，并进行打印（素材位置："素材文件\第 14 章\卡片 .jpg"）。

**操作提示：**

（1）打开"卡片 .jpg"素材图像，执行"文件" | "打印"命令，打开"Photoshop 打印设置"对话框。

（2）在"函数"选项组中，单击"出血"按钮，设置出血线为 3mm。

（3）设置打印方向，打印份数为 3。

（4）单击"打印"按钮，打印文件。

## 本章小结

本章主要学习了图像的打印和输出知识。学习完本章后，需要了解并掌握印刷的相关知识，并对图像的校对和打印能够熟练操作。打印和印刷中容易出现的问题也需要知道如何处理，以便在今后的工作中能够学以致用，让制作出来的图像更符合实际要求。

# 第 **15** 章

# 综合实战：UI 设计

## 本章导读

　　UI 设计也称为界面设计，是指对软件的人机交互、操作逻辑、界面美观的整体设计。

　　优秀的 UI 设计不仅要让软件变得有个性、有品位，还要让软件的操作变得简单、便捷，充分体现软件的定位和特点。

　　本章通过介绍游戏 UI 按钮的设计，以及两款应用类界面设计，详细展示 UI 设计和制作的全部过程。

## 学完本章后应该掌握的技能

■ 设计游戏 UI 按钮设计
■ 设计音乐播放器界面
■ 设计红包抢购界面

Photoshop

## 15.1 游戏 UI 按钮

本实例将设计一个游戏中的 UI 按钮，过程较为简单。首先绘制按钮的基本造型，然后对其添加纹理和高光等效果。最终实例效果如下图所示。

扫一扫，看视频

- 素材位置：素材文件 \ 第 15 章 \ 图标 .psd。
- 源文件位置：结果文件 \ 第 15 章 \ 游戏 UI 按钮 .psd。

### 15.1.1 制作木质纹理按钮

步骤 01 新建一个图像文件，选择"圆角矩形工具" ▣，❶ 在属性栏中选择工具模式为"形状"，设置"描边"为无，单击"填充"右侧的色块；❷ 在弹出的面板中，单击右上方的 ▣ 按钮，打开"拾色器（填充颜色）"对话框，设置颜色为土红色（R157,G56,B10），如下图所示。

步骤 02 在属性栏中设置半径为 100 像素，然后按住鼠标左键拖动，得到圆角矩形，这时"图层"

面板中将自动生成一个形状图层，如下图所示。

步骤 03 执行"编辑"|"变换"|"斜切"命令，图像周围出现变换框，选择上方左、右两侧的控制点，向内拖动，如下图所示。

步骤 04 按 Enter 键确认变换，得到如下图所示的图形效果。

步骤 05 按 Ctrl+J 组合键复制一次形状图层，得到"圆角矩形 1 拷贝"图层，如下图所示。

步骤 06 在属性栏中设置"填充"为无，"描边"为"60 像素"，颜色从橘红色（R215,G91,B25）到橘黄色（R239,G198,B84），如下图所示。

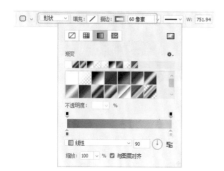

步骤 07 设置颜色后，将得到一个描边圆角矩形，如下图所示。

步骤 08 新建一个图层，设置前景色为深红色（R156,G53,B10），选择"画笔工具" ✍，使用柔角画笔笔触在图像中绘制几条较细的线条，如下图所示。

步骤 09 在"图层"面板中，设置该图层的混合模式为"正片叠底"，"不透明度"为"30%"，得到透明的图像效果，如下图所示。

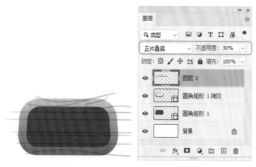

步骤 10 执行"图层"|"创建剪贴蒙版"命令，得到剪贴图层，并隐藏圆角矩形以外的线条图像，如下图所示。

步骤 11 选择"横排文字工具" T，在按钮上输入文字，并在属性栏中设置字体为"方正汉真广标简体"，填充为深红色（R84,G9,B0），如下图所示。

步骤 12 按 Ctrl+J 组合键复制一次文字图层，将其改变为白色，并适当向左上方略微移动，如下图所示。

步骤 13 选择"椭圆工具" ◯，在属性栏中选择工具模式为"形状"，"填充"为渐变色，设置颜色从橘红色（R215,G91,B25）到橘黄色（R239,G198,B84），如下图所示。

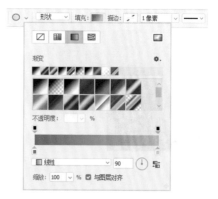

步骤 14 按住 Shift 键，在按钮右上方绘制一个正圆形，如下图所示。

**步骤** 15 执行"图层"|"图层样式"|"投影"命令，打开"图层样式"对话框，设置投影颜色为深红色（R97,G12,B3），其他参数设置如下图所示。

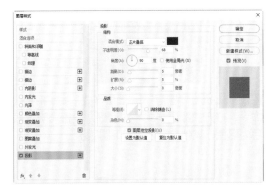

**步骤** 16 单击"确定"按钮，得到圆形的投影效果，如下图所示。

**步骤** 17 使用"椭圆工具" ，再绘制一个圆形，在属性栏中设置"填充"为土红色（R158,G61,B13），如下图所示。

**步骤** 18 执行"图层"|"图层样式"|"内阴影"命令，打开"图层样式"对话框，设置阴影颜色为黑色，其他参数如下图所示。

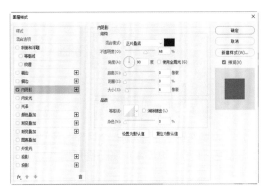

**步骤** 19 单击"确定"按钮，得到内阴影的图像效果，如下图所示。

**步骤** 20 按 Ctrl+J 组合键复制一次对象，然后在属性栏中改变填充颜色为渐变色，从红色（R188,G20,B121）到洋红色（R248,G89,B154），如下图所示。

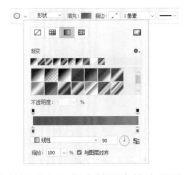

**步骤** 21 按 Ctrl+T 组合键适当缩小圆形，得到如下图所示的效果。

**步骤** 22 选择"椭圆选框工具" ，在属性栏中设置羽化半径为 5 像素，先绘制一个圆形选区，然后按住 Alt 键通过减选的方式再绘制一个较大的椭圆选区，如下图所示。

步骤 23 减选选区后，得到一个月牙选区，"填充"为深红色（R166,G9,B74），如下图所示。

步骤 24 使用相同的方式再绘制一个月牙选区，"填充"为粉红色（R237,G78,B144），如下图所示。

步骤 25 在圆形图像上方再绘制一个月牙选区，"填充"为较淡一些的粉色（R249,G119,B178），如下图所示。

步骤 26 设置前景色为白色，选择"画笔工具" ✎，在月牙图像右上方绘制白色高光图像，如下图所示。

步骤 27 新建一个图层，设置前景色为粉红色

（R249,G119,B178），然后在圆形中绘制一个 X 符号，如下图所示。

步骤 28 按 Ctrl+J 组合键复制一次对象，按住 Alt+Shift 组合键中心缩小图像，如下图所示。

步骤 29 执行"图层"|"图层样式"|"内阴影"命令，打开"图层样式"对话框，设置内阴影颜色为黑色，其他参数设置如下图所示。

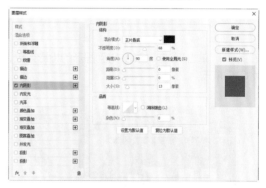

步骤 30 单击"确定"按钮，得到内阴影效果，如下图所示。

步骤 31 双击"抓手工具" ✋，显示全部图像，得到木质纹理按钮的效果，如下图所示。

步骤 32 使用"圆角矩形工具" ▢，再绘制一个圆角矩形，并以相同的方式制作一个木质纹理按钮，并输入不同的文字内容，如下图所示。

### 15.1.2 制作游戏进度条

**步骤01** 选择"圆角矩形工具" ▢，在属性栏中选择工具模式为"形状"，"填充"为粉红色（ R231,G137,B181），设置"半径"为80像素，然后绘制一个圆角矩形，如下图所示。

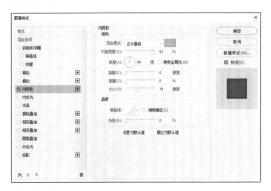

**步骤02** 执行"图层" |"图层样式" |"内阴影"命令，打开"图层样式"对话框，设置阴影颜色为粉红色（ R216,G163,B187），其他参数设置如下图所示。

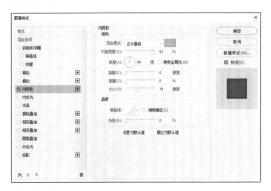

**步骤03** 单击"确定"按钮，得到内阴影的图像效果，如下图所示。

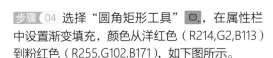

**步骤04** 选择"圆角矩形工具" ▢，在属性栏中设置渐变填充，颜色从洋红色（ R214,G2,B113）到粉红色（ R255,G102,B171），如下图所示。

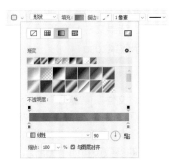

**步骤05** 在图像中绘制一个较短的圆角矩形，如下图所示。

**步骤06** 执行"图层" |"图层样式" |"斜面和浮雕"命令，打开"图层样式"对话框，设置"样式"为"内斜面"，其他参数设置如下图所示。

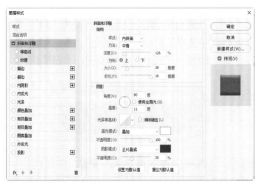

**步骤07** 选择对话框左侧的"描边"选项，设置"描边"颜色为白色，其他参数设置如下图所示。

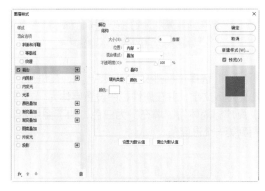

**步骤08** 单击"确定"按钮，得到浮雕效果，如下图所示。

**步骤09** 新建一个图层，选择"椭圆选框工具" ◯，在图像中绘制多个不同大小的圆形选区，"填充"为白色，如下图所示。

**步骤10** 设置该图层的混合模式为"柔光"，得到透明的圆形图像，如下图所示。

**步骤 11** 按住 Ctrl 键单击较小的圆角矩形所在图层，载入图像选区，设置前景色为深红色（R248,G73,B136），使用"画笔工具" 🖌，在选区上边缘绘制图像，效果如下图所示。

**步骤 12** 新建一个图层，选择"圆角矩形工具" ⬭，在属性栏中选择工具模式为"路径"，"填充"为白色，在图像中绘制一个细长的圆角矩形，如下图所示。

**步骤 13** 选择"橡皮擦工具" ⬕，在属性栏中设置"不透明度"为80%，对白色图像两侧做适当的擦除，如下图所示。

**步骤 14** 选择"横排文字工具" T.，在进度条右侧输入文字，并在属性栏中设置字体为"方正汉真广标简体"，"填充"为白色，如下图所示，得到第一个进度条。

**步骤 15** 复制两次进度条中的所有对象，适当调整深红色浮雕图像的长短，再改变文字序号，得到如下图所示的效果。

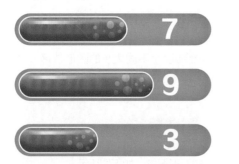

**步骤 16** 打开"素材文件\第15章\图标.psd"文件，使用"移动工具" ✛，将图标分别拖动到进度条左、右两侧，如下图所示。

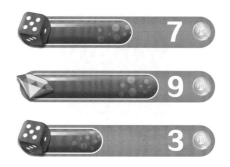

**步骤 17** 双击"抓手工具" ✋，显示所有对象，如下图所示，完成本实例的制作。

## 15.2 音乐播放器界面

扫一扫，看视频

本实例将制作一款音乐播放器界面，基本风格为简约型，在颜色搭配上采用了比较中性且沉稳的色调。最终实例效果如下图所示。

- 素材位置：素材文件\第15章\图案.jpg。
- 源文件位置：结果文件\第15章\音乐播放器界面手机展示效果.psd。

**15.2.1** 绘制播放信息区域

**步骤 01** 执行"文件"|"新建"命令，打开"新建文档"对话框，设置文件名称为"音乐播放器界面"，"宽度"与"高度"分别为1080像素和1920像素，其他参数设置如下图所示。

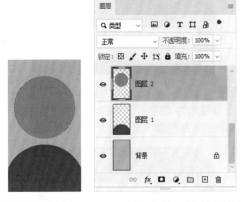

步骤 05 单击"图层"面板底部的"创建图层组"按钮 ▣，新建一个图层组，将其重命名为"显示框"，如下图所示。

步骤 02 设置前景色为灰色（R188,G182,B176），按 Alt+Delete 组合键填充背景，如下图所示。

步骤 06 选择"矩形工具" ▣，在属性栏中选择工具模式为"形状"，"填充"为白色，然后在画面下方绘制一个白色矩形，图层组中将自动生成一个形状图层，如下图所示。

步骤 03 新建"图层 1"，选择"椭圆选框工具" ◯，在图像下方绘制一个较大的椭圆形选区，"填充"为土棕色（R111,G87,B67），如下图所示。

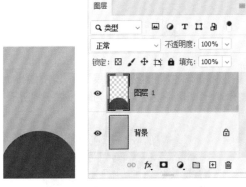

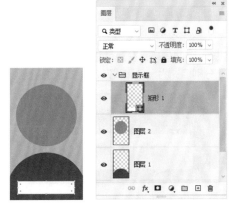

步骤 04 新建"图层 2"，在画面上方再绘制一个正圆形选区，"填充"为土黄色（R167,G134,B107），如下图所示。

步骤 07 单击矩形内部右上方的圆点，按住鼠标左键向内略微拖动，得到圆角矩形，如下图所示。

步骤 08 选择"钢笔工具" ，在属性栏中选择工具模式为"路径"，在白色图形右侧绘制一个弯曲的箭头图形，如下图所示。

步骤 09 新建一个图层，设置前景色为黑色，然后单击"路径"面板下方的"用画笔描边路径"按钮 ○，得到描边的路径效果，如下图所示。

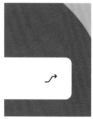

步骤 10 按 Ctrl+J 组合键复制一次箭头图形，执行"编辑"|"变换"|"垂直翻转"命令，得到翻转的图像效果，如下图所示。

步骤 11 选择"横排文字工具" T，在白色图形中输入歌曲信息，在属性栏中设置字体为"黑体"，分别填充为黑色和浅灰色，如下图所示。

步骤 12 选择"矩形工具" □，在属性栏中选择工具模式为"形状"，"填充"为白色，绘制一个矩形，选择任意一个角点拖动，得到圆角矩形，如下图所示。

步骤 13 打开"素材文件 \ 第 15 章 \ 图案 .jpg"文件，使用"移动工具" ⊕ 拖动，适当调整图像大小，使其覆盖刚刚绘制的圆角矩形，如下图所示。

步骤 14 执行"图层"|"创建剪贴蒙版"命令，隐藏超出图形以外的画面，得到如下图所示的效果。

步骤 15 创建一个新的图层组，将其重命名为"按键"，如下图所示。

步骤 16 选择"椭圆选框工具" ○，按住 Shift键绘制一个圆形选区，"填充"为黑色，如下图所示。

**步骤** 17 选择"多边形工具" ，在属性栏中选择工具模式为"形状"，"填充"为浅灰色，"描边"为"3像素"，再单击 ✿ 按钮，设置"星形比例"为100%，如下图所示。

**步骤** 18 设置属性栏后，在黑色圆形左侧绘制三角形，按Ctrl+T组合键适当旋转图形，得到如下图所示的效果。

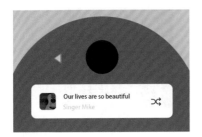

**步骤** 19 选择"矩形工具" 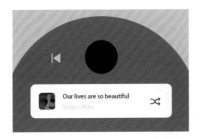，在三角形前面绘制一个细长的矩形，组合得到后退图标，如下图所示。

**步骤** 20 选择"多边形工具"和"矩形工具"，在黑色圆形中间和右侧，分别绘制三角形和前进图标，得到如下图所示的效果。

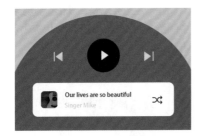

**步骤** 21 创建一个图层组，将其重命名为"进度条"，然后选择"圆角矩形工具" ，绘制一个细长的圆角矩形，作为进度条，填充为白色，如下图所示。

**步骤** 22 在"图层"面板中设置"不透明度"为80%，如下图所示，得到较为透明的进度条。

**步骤** 23 按Ctrl+J组合键复制一次对象，再按Ctrl+T组合键适当缩短进度条，在属性栏中改变颜色为黄色（R255,G211,B117），如下图所示。

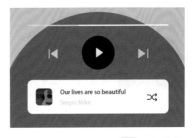

**步骤** 24 选择"椭圆工具" ，在黄色图形一端绘制一个圆形，"填充"为相同的颜色，然后选择"横排文字工具" ，在进度条两端输入文字，得到如下图所示的效果。

**15.2.2** 绘制图像显示区域

**步骤** 01 新建一个图层组，将其重命名为"光盘"，如下图所示。

步骤 02 选择"椭圆工具" ⬤，在属性栏中选择工具模式为"形状"，"填充"为黑色，"描边"为白色，大小为 3 像素，然后在界面上方绘制一个黑色描边圆形，如下图所示。

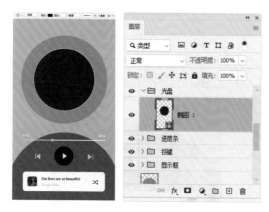

步骤 03 执行"图层"|"图层样式"|"投影"命令，打开"图层样式"对话框，设置投影为黑色，其他参数设置如下图所示。

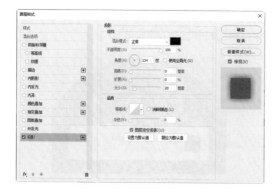

步骤 04 单击"确定"按钮，得到投影效果，如下图所示。

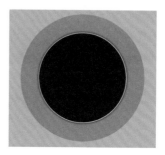

步骤 05 打开"素材文件\第 15 章\图案 .jpg"文件，使用"移动工具" ✛ 拖动，适当调整图像大小，如下图所示。

步骤 06 执行"图层"|"创建剪贴蒙版"命令，隐藏超出黑色圆形以外的画面，得到剪贴图层，如下图所示。

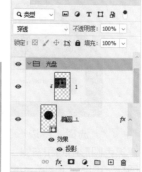

步骤 07 新建一个图层，选择"椭圆选框工具" ⬭，在画面中间绘制一个圆形选区，"填充"为白色，如下图所示。

步骤 08 执行"图层"|"图层样式"|"内阴影"命令，打开"图层样式"对话框，设置内阴影颜色为浅灰色，其他参数设置如下图所示。

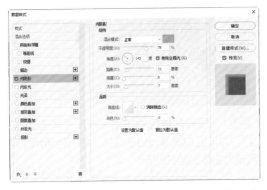

步骤 09 单击"确定"按钮，得到内阴影的图像效果，如下图所示。

步骤 10 新建一个图层组，将其重命名为"播放杆"，得到如下图所示的效果。

步骤 11 新建一个图层，选择"椭圆选框工具" ，在光盘右下方绘制一个圆形选区，"填充"为白色，如下图所示。

步骤 12 新建一个图层，再绘制一个较小的圆形选区，填充为黄色（R255,G200,B82），如下图所示。

步骤 13 执行"图层"|"图层样式"|"内阴影"命令，打开"图层样式"对话框，设置内阴影颜色为深灰色，其他参数设置如下图所示。

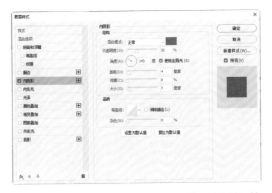

步骤 14 单击"确定"按钮，得到如下图所示的内阴影效果。

步骤 15 选择"矩形工具" ，在属性栏中设置"填充"为渐变色，从深灰色到黑色再到深灰色，然后在黄色圆形右侧绘制矩形，如下图所示。

步骤 16 新建一个图层，选择"椭圆选框工具" ，在黄色圆形中绘制一个圆形选区，"填充"

为浅灰色，如下图所示。

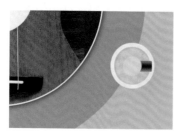

**步骤** 17 执行"图层"|"图层样式"|"内阴影"命令，打开"图层样式"对话框，设置内阴影颜色为白色，其他参数设置如下图所示。

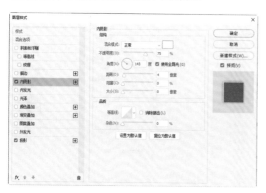

**步骤** 18 在"图层样式"对话框中选择"投影"选项，设置投影颜色为深灰色，其他参数设置如下图所示。

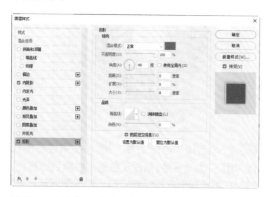

**步骤** 19 单击"确定"按钮，得到如下图所示的图像效果。

**步骤** 20 新建一个图层，选择"钢笔工具" ，

绘制一个曲线路径，然后按 Ctrl+Enter 组合键将路径转换为选区，填充为灰色，如下图所示。

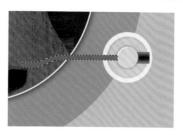

**步骤** 21 设置前景色为黑色，选择"画笔工具" ，对选区边缘做适当的涂抹，如下图所示，得到较为立体的圆柱图形。

**步骤** 22 绘制播放杆上的其他图形，为其应用相同的渐变色填充和图层样式，排列组合后得到如下图所示的效果。

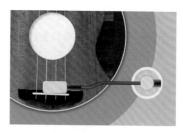

**步骤** 23 在"图层"面板中，选择"播放杆"图层组，执行"图层"|"图层样式"|"投影"命令，打开"图层样式"对话框，设置投影颜色为灰色，其他参数设置如下图所示。

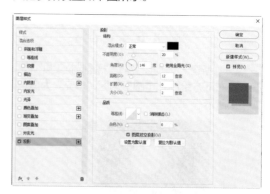

**步骤** 24 单击"确定"按钮，得到播放杆的投影效果，如下图所示。

**步骤 25** 选择"光盘"图层组，选择"图案"图像所在图层，降低该图层的不透明度为 20%，然后双击"抓手工具" 🖐，显示所有图像，如下图所示。

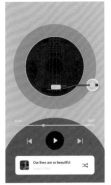 

**步骤 26** 展开"显示框"图层组，选择其中的文字图层，按 Ctrl+J 组合键复制一次对象，将其放到界面顶部，如下图所示。

**步骤 27** 选择"椭圆选框工具" ◯，在图像右侧绘制几个不同大小的圆形选区，分别填充为黑色和白色，排列效果如下图所示。

**步骤 28** 在界面左上方继续绘制黑色圆形，并设置前景色为白色，选择"铅笔工具" ✏，在其中绘制一个箭头符号，得到如下图所示的效果。

**步骤 29** 打开"素材文件 \ 第 15 章 \ 手机 .jpg"文件，如下图所示。接下来将制作一个界面立体展示效果。

**步骤 30** 选择播放器界面图层，执行"图层"|"拼合图像"命令，然后使用"移动工具" ✛ 拖动拼合的图像，如下图所示。

**步骤 31** 按 Ctrl+T 组合键变换图像，然后按住 Ctrl 键调整变换框四个角的控制点，得到拉伸变形效果，如下图所示。

**步骤 32** 选择"背景"图层，选择"魔棒工具" ，单击手机中的白色界面，获取选区，然后选择"图层 1"，按 Shift+Ctrl+I 组合键反选选区，按 Delete 键删除图像，如下图所示，完成本实例的制作。

## 15.3 红包抢购界面

扫一扫，看视频

本实例将制作一个红包抢购界面，主要以绘制红包为主，然后绘制界面中所需的按钮，配合文字得到一个完整的界面设计。最终实例效果如下图所示。

● 素材位置：素材文件 \ 第 15 章 \ 小红包 .psd、窗户光 .jpg、黑色手机效果 .jpg、红包和金币 .psd。

● 源文件位置：结果文件 \ 第 15 章 \ 红包抢购界面手机展示效果 .psd。

**15.3.1** 绘制红包

**步骤 01** 执行"文件"|"新建"命令，打开"新建文档"对话框，设置文件名称为"红包抢购界面"，"宽度"与"高度"分别为 1080 像素和 1920 像素，其他参数设置如下图所示。

**步骤 02** 设置前景色为红色（R252,G62,B39），按 Alt+Delete 组合键填充背景，如下图所示。

**步骤 03** 单击"图层"面板底部的"创建新组"按钮 ，创建一个图层组，并将其重命名为"背景图"，在其中新建"图层 1"，如下图所示。

步骤 04 选择"钢笔工具" ，在图像下方绘制一个不规则图形，按 Ctrl+Enter 组合键将路径转换为选区，"填充"为橘红色（R254,G104,B74），如下图所示。

步骤 05 单击"图层"面板底部的"添加图层蒙版"按钮 ，使用"画笔工具" 对图形底部做适当的涂抹，效果如下图所示。

步骤 06 新建一个图层，选择"钢笔工具" ，在图像左侧绘制一个梯形对象，然后填充为橘红色（R254,G104,B74），如下图所示。

步骤 07 按 Ctrl+J 组合键复制一次对象，将图像放到右侧，再执行"编辑"|"变换"|"水平翻转"命令，得到如下图所示的效果。

步骤 08 新建一个图层，设置前景色为淡黄色（R253,G224,B205），选择"画笔工具" ，使用柔角画笔在图像中绘制柔和的圆点图像，如下图所示。

步骤 09 选择"钢笔工具" ，在界面的左上方再绘制一个曲线对象，按 Ctrl+Enter 组合键将路径转换为选区，"填充"为橘红色（R254,G104,B74），如下图所示。

步骤 10 设置前景色为红色（R252,G62,B39），选择"画笔工具" ，对选区边缘做适当的涂抹，如下图所示。

步骤 11 在"图层"面板中创建一个新的图层组，并重命名为"大红包"，如下图所示。

步骤 12 打开"素材文件\第15章\小红包.psd"文件，使用"移动工具" ⊕ 将其拖动到界面下方，如下图所示。

步骤 13 选择"圆角矩形工具" □，在属性栏中选择工具模式为"形状"，设置"描边"为无，"填充"为淡黄色（R253,G224,B205），"半径"为15像素，然后绘制一个圆角矩形，如下图所示。

步骤 14 单击属性栏中的"路径操作"按钮，在弹出的面板中选择"减去顶层形状"选项，如下图所示。

步骤 15 选择"椭圆工具" ○，在图像上方绘制两个圆形，得到减去图形的效果，如下图所示。

步骤 16 新建一个图层，设置前景色为橘黄色（R255,G193,B132），使用"画笔工具" ✔ 绘制图像，如下图所示。

步骤 17 执行"图层"|"创建剪贴蒙版"命令，隐藏绘制的部分图像，得到剪贴蒙版效果，如下图所示。

步骤 18 选择"圆角矩形工具" □，在属性栏中选择工具模式为"形状"，设置"填充"为无，"描边"为橘红色，描边大小为"2像素"，如下图所示。

步骤 19 设置属性栏后，在图像中绘制一个较小一些的圆角矩形，然后选择"椭圆工具" ○，通过"减去顶层形状"功能在描边图形上方绘制两个圆形，得到如下图所示的效果。

**步骤** 20 打开"素材文件 \ 第 15 章 \ 红包和金币 .psd"文件，选择"移动工具" ⊕，将其拖动到圆角矩形下方，如下图所示。

**步骤** 21 选择"矩形工具" ▢，在属性栏中选择工具模式为"形状"，设置"填充"为红色（R244,G20,B26），在图像中绘制一个矩形，如下图所示。

**步骤** 22 选择矩形任意一个角上的端点，向内拖动，得到圆角矩形效果，如下图所示。

**步骤** 23 选择"椭圆工具" ◯，单击属性栏中的"路径操作"按钮，选择"减去顶层形状"选项，在圆角矩形上方绘制一个椭圆形，如下图所示，得到红包开口的外侧图像。

**步骤** 24 按住 Ctrl 键单击圆角矩形的形状图层，载入图像选区，新建一个图层，设置前景色为橘黄色（R251,G159,B131），使用"画笔工具" ✎ 对选区边缘进行涂抹，如下图所示。

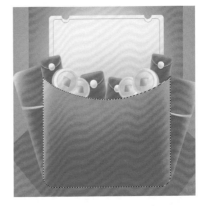

**步骤** 25 新建一个图层，选择"钢笔工具" ⌀，在红包边缘处绘制一个曲线图像，按 Ctrl+Enter 组合键将路径转换为选区，如下图所示。

**步骤** 26 选择"渐变工具" ▢，对选区应用线性渐变填充，设置颜色从橘红色（R252,G170,B124）到淡黄色（R252,G217,B176）再到橘红色（R252,G170,B124），如下图所示。

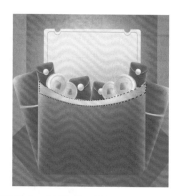

**步骤 27** 执行"滤镜"|"模糊"|"高斯模糊"命令，打开"高斯模糊"对话框，设置"半径"为 3.5 像素，如下图所示。

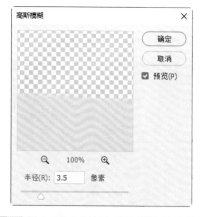

**步骤 28** 单击"确定"按钮，得到模糊的图像效果，如下图所示。

**步骤 29** 绘制一个较小的边缘图形，填充为淡黄色（R254,G227,B198），如下图所示。

**步骤 30** 打开"素材文件 \ 第 15 章 \ 金币 .psd"文件，使用"移动工具" ，将其拖动到红包周围，如下图所示。

**步骤 31** 新建一个图层，选择"钢笔工具" ，在图像中绘制一个符号图形，按 Ctrl+Enter 组合键转换为选区后，"填充"为红色（R248,G85,B74），如下图所示。

**步骤 32** 选择"横排文字工具" 和"直排文字工具" ，在图像中分别输入文字，并在属性栏中设置字体为黑体，"填充"为白色和红色，然后在"字符"面板中单击"仿斜体"按钮 ，得到倾斜的文字，如下图所示。

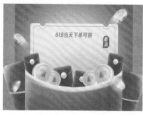

**步骤** 33 继续输入价格文字，并调整文字大小，放到如下图所示的位置。

**步骤** 34 执行"图层"|"图层样式"|"渐变叠加"命令，打开"图层样式"对话框，设置渐变颜色从橘红色（R250,G107,B92）到红色（R244,G27,B31），其他参数设置如下图所示。

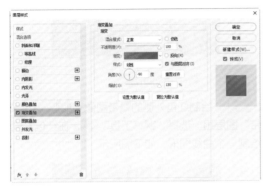

**步骤** 35 在"图层样式"对话框中选中"投影"复选框，设置投影颜色为淡黄色（R255,G253,B223），其他参数设置如下图所示。

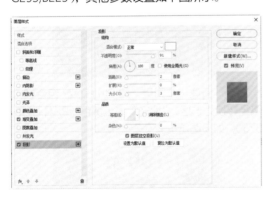

**步骤** 36 单击"确定"按钮，得到添加图层样式后的效果。

**步骤** 37 绘制按钮。选择"圆角矩形工具"，在属性栏中选择工具模式为"路径"，设置半径为 80 像素，在红包下方绘制一个圆角矩形，如下图所示。

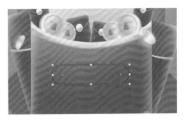

**步骤** 38 新建一个图层，按 Ctrl+Enter 组合键得到选区，"填充"为淡粉色（R254,G220,B198），然后设置前景色为橘红色（R253,G151,B95），使用"画笔工具"在选区两侧涂抹，得到如下图所示的效果。

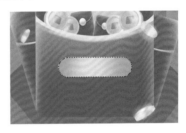

**步骤** 39 新建一个图层，适当向下移动选区，改变填充颜色为淡黄色（R253,G234,B180），如下图所示。

**步骤** 40 执行"图层"|"图层样式"|"描边"命令，打开"图层样式"对话框，设置描边大小为 2 像素，描边颜色为橘黄色（R255,G175,B115），如下图所示。

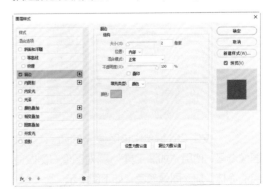

步骤 41 单击"图层样式"对话框左下方的 fx 按钮，在弹出的菜单中选择"描边"命令，可以叠加一次描边样式，如下图所示。

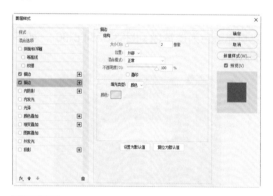

**☼ 高手点拨**

在"图层样式"对话框中并不是所有样式都可以叠加使用，如显示灰色的命令表示不可使用。

步骤 42 设置描边大小为 2 像素，描边颜色为淡粉色（R255,G217,B189），其他参数设置如下图所示。

步骤 43 单击"确定"按钮，得到描边效果，如下图所示。

步骤 44 按住 Ctrl 键单击该图像所在图层，载入图像选区，使用"加深工具" 对图像右侧做适当的涂抹，加深图像颜色，如下图所示。

步骤 45 选择"横排文字工具" T ，在按钮图像中输入文字，设置字体为"黑体"，"填充"为红色（R245,G26,B29），如下图所示。

### 15.3.2 制作其他元素

步骤 01 绘制红包外侧的飘带图像。创建一个"飘带"图层组。选择"钢笔工具" ，在红包左侧绘制一个曲线图形，如下图所示。

步骤 02 新建一个图层，按 Ctrl+Enter 组合键将路径转换为选区，"填充"为土黄色（R241,G158,B75），如下图所示。

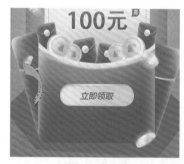

步骤 03 选择"减淡工具" ，对选区边缘做适当的涂抹，减淡边缘图像的颜色，效果如下图所示。

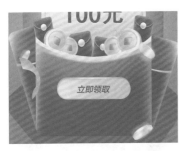

步骤 04 继续使用"钢笔工具" ，在红包左侧绘制下方的飘带图形，如下图所示。

步骤 05 新建一个图层，将路径转换为选区后，填充为淡黄色（R253,G214,B160），如下图所示。

步骤 06 保持选区状态，使用"加深工具" 在选区内涂抹，得到如下图所示的效果。

步骤 07 新建一个图层，在红包右侧绘制飘带图像，如下图所示。

步骤 08 将路径转换为选区，填充为淡黄色（R253,G214,B160），如下图所示。

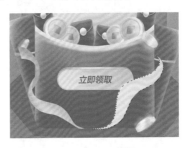

步骤 09 选择"加深工具" ，对右侧飘带的部分涂抹，做加深处理，如下图所示。

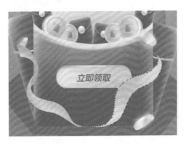

步骤 10 执行"图层"|"图层样式"|"内阴影"命令，打开"图层样式"对话框，设置内阴影颜色为橘黄色（R255,G225,B130），如下图所示。

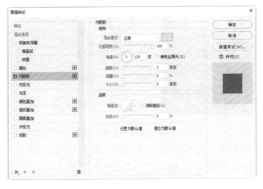

步骤 11 单击"确定"按钮，得到内阴影的图像效果，如下图所示。

步骤 12 选择"钢笔工具" ，绘制飘带右侧的折叠图形，并填充为橘黄色，如下图所示。

步骤 13 继续绘制右侧飘带的边角图形，并对其应用土黄色到淡黄色的渐变填充，如下图所示。

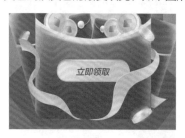

步骤 14 选择"飘带"图层组，单击"图层"面板底部的"添加图层蒙版"按钮 ◻，使用"画笔工具" ✐ 涂抹红包左侧的部分飘带，隐藏图像，使飘带图像更有立体感，如下图所示。

步骤 15 选择"圆角矩形工具" ◻，在属性栏中选择工具模式为"形状"，然后设置"填充"为渐变色，从橘黄色（R255,G151,B11）到黄色（R253,G234,B52），如下图所示。

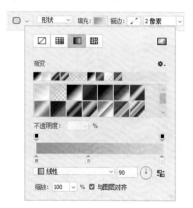

步骤 16 设置属性栏后，在图像下方绘制该图形，得到第二个按钮，如下图所示。

步骤 17 选择"横排文字工具" T，在按钮图像中输入文字，并设置字体为"黑体"，"填充"为深红色（R199,G55,B0），如下图所示。

步骤 18 双击"抓手工具" ✋，显示所有图像。继续在界面上方输入文字，设置字体为"方正正大黑简体"，颜色为白色，并单击"仿斜体"按钮 𝑇，得到倾斜的文字效果，如下图所示。

步骤 19 将光标插入文字中，选择"618"文字，改变颜色为黄色（R255,G220,B82），如下图所示。

**步骤** 20 执行 "图层" | "图层样式" | "投影" 命令，打开 "图层样式" 对话框，设置投影颜色为红色（R235,G14,B56），其他参数设置如下图所示。

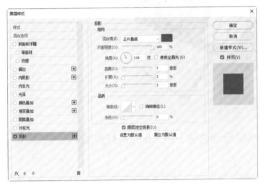

**步骤** 21 单击 "确定" 按钮，得到文字的投影效果，如下图所示。

**步骤** 22 打开 "素材文件 \ 第 15 章 \ 黑色手机效果 .jpg" 文件，如下图所示。

**步骤** 23 切换到 "红包抢购界面" 图像中，执行 "图层" | "拼合图像" 命令，使用 "移动工具"，将合并的图像拖动到手机图像中，适当旋转和调整图像大小，如下图所示。

**步骤** 24 按住 Ctrl 键拖动四个角的控制点，使其适应手机界面，得到透视效果，如下图所示。

**步骤** 25 选择 "钢笔工具"，绘制手机界面的外形，按 Ctrl+Enter 组合键将路径转换为选区，执行 "选择" | "反向" 命令，反选选区，按 Delete 键删除选区内的图像，如下图所示。

**步骤** 26 设置 "图层 1" 的 "不透明度" 为 85%，得到降低透明度的图像效果，如下图所示。

**步骤** 27 打开 "素材文件 \ 第 15 章 \ 窗户光 .jpg" 文件，使用 "移动工具" 将其拖动到手机图像中，适当调整图像大小，并旋转图像，如下图所示。

步骤 28 按住 Ctrl 键单击"图层 1",载入图像选区,然后反选选区,按 Delete 键删除选区内的图像,如下图所示。

步骤 29 在"图层"面板中设置图层的混合模式为"线性减淡","不透明度"为 30%,得到如下图所示的展示效果,完成本实例的制作。

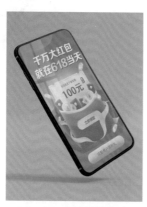

<br>

## 本 章 小 结

本章主要学习了 UI 设计的制作,包括游戏 UI 按钮、音乐播放器界面和红包抢购界面三个实例。通过本章的学习,除了可以进一步练习和掌握 Photoshop 中多种工具与命令的使用外,还可以对图像的设计和制作有更深入的了解。

第 **16** 章

# 综合实战：电商广告设计

## 本章导读

　　信息时代，网店越来越多，网店的设计好坏能够给购买者最直观的感受，所以经营者对网店中各种元素的设计非常重视。

　　本章主要介绍网店的几种常用电商广告元素的设计，并具体说明设计的整个过程。

## 学完本章后应该掌握的技能

- 制作网店商品直通车
- 制作网店直播悬浮标签
- 制作 618 活动首页海报

Photoshop

## 16.1 网店商品直通车

扫一扫，看视频

本实例将制作一个网店商品直通车。首先制作背景图像，然后展示产品图像，并突出设计价格和产品信息文字。最终实例效果如下图所示。

- 素材位置：素材文件 \ 第 16 章 \ 水壶 .psd、绿色背景 .jpg、边框 .psd。
- 源文件位置：结果文件 \ 第 16 章 \ 网店商品直通车 .psd。

### 16.1.1 制作背景图像

步骤 01 执行"文件"|"新建"命令，打开"新建文档"对话框，在该对话框右侧设置文件名称为"网店商品直通车"，"宽度"与"高度"都设为 800 像素，如下图所示，单击"创建"按钮，创建一个空白的图像文件。

步骤 02 设置前景色为深绿色（R12,G96,B106），然后按 Alt+Delete 组合键填充背景，如下图所示。

步骤 03 打开"素材文件 \ 第 16 章 \ 边框 .psd"文件，使用"移动工具" ⊕ 将其拖动到当前编辑的图像中，如下图所示。

步骤 04 新建一个图层，得到"图层 1"，选择"钢笔工具" ⊘，在图像中绘制一个与边框形状相同的路径，如下图所示。

步骤 05 按 Ctrl+Enter 组合键将路径转换为选区，"填充"为白色，并将该图层放到"边框"图层的下方，如下图所示。

步骤 06 打开"素材文件 \ 第 16 章 \ 绿色背景 .jpg"文件，使用"移动工具" ⊕ 拖动，调整图像大小和图层顺序，如下图所示。

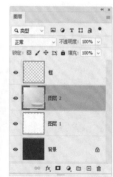

步骤 07 按 Alt+Ctrl+G 组合键创建剪贴图层，隐藏超出绿色背景以外的图像，如下图所示。

步骤 08 新建一个图层，选择"钢笔工具" ，在画面顶部绘制一个图形，将路径转换为选区后，"填充"为绿色（R34,G123,B113），如下图所示。

步骤 09 保持选区状态，设置前景色为淡绿色（R93,G208,B195），使用"画笔工具" 在选区上方做横向涂抹，得到高光的图像效果，如下图所示。

步骤 10 选择"椭圆工具" ，在属性栏中选择工具模式为"形状"，设置颜色为深绿色（R8,G72,B65），在图像上方绘制两个圆形，并调整图层顺序，得到较为立体的折角效果，如下图所示。

## 16.1.2 制作几何图形和文字

步骤 01 新建一个图层，选择"矩形选框工具" ，在画面下方绘制一个矩形选区，如下图所示。

步骤 02 选择"渐变工具" ，单击属性栏左侧的渐变色条，打开"渐变编辑器"对话框，设置颜色从深绿色（R8,G108,B100）到绿色（R91,G157,B144），如下图所示。

步骤 03 逐一单击"确定"按钮后，对选区从左到右应用线性渐变填充，效果如下图所示。

步骤 04 选择"多边形套索工具" ，在渐变矩形上方绘制一个四边形选区，"填充"为白色，如下图所示。

步骤 05 执行"图层"|"图层样式"|"渐变叠加"命令，打开"图层样式"对话框，设置颜色从深红色（R187,G43,B48）到红色（R255,G120,B122），其他参数设置如下图所示。

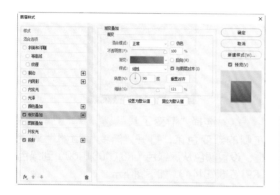

步骤 06 选择对话框左侧的"投影"选项，设置投影颜色为深绿色（R12,G86,B91），其他参数设置如下图所示。

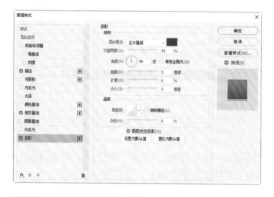

步骤 07 选择"描边"选项，设置描边大小为2像素，颜色为淡黄色（R253,G236,B180），其他参数设置如下图所示。

步骤 08 单击"确定"按钮，得到添加图层样式的效果，如下图所示。

步骤 09 选择"横排文字工具" T，在绘制的渐变图形中分别输入文字，并设置字体为"黑体"，"填充"为白色，排列效果如下图所示。

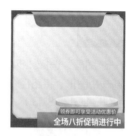

步骤 10 选择"钢笔工具" ，使用形状模式，在画面左下方绘制一个图形，如下图所示。

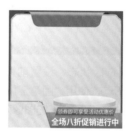

步骤 11 打开"图层样式"对话框，为其添加"描边"样式，设置描边大小为6，然后设置填充样式为"渐变"，单击渐变色条，打开"渐变编辑器"对话框，设置颜色从土黄色（R200,G149,B66）到淡黄色（R253,233G,B170）到土黄色（R232,G204,B139）再到淡黄色（R254,G237,B181），如下图所示。

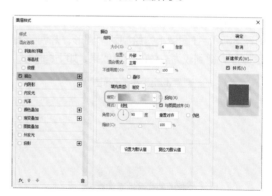

**步骤 12** 完成后选择"渐变叠加"选项，设置渐变颜色从土黄色（R200,G149,B66）到淡黄色（R253,233G,B170），其他参数设置如下图所示。

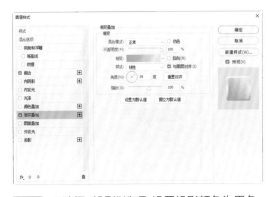

**步骤 13** 选择"投影"选项，设置投影颜色为黑色，其他参数设置如下图所示。

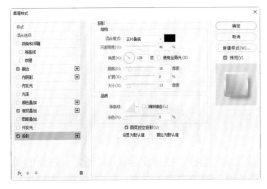

**步骤 14** 单击"确定"按钮，得到用渐变色描边的图像效果，如下图所示。

**步骤 15** 选择"横排文字工具" T ，输入价格的文字信息，"填充"为黑色，如下图所示。

**步骤 16** 打开"素材文件\第16章\水壶.psd"文件，使用"移动工具" ⊕ 将其拖动到画面右侧，如下图所示。

**步骤 17** 绘制广告标签。选择"椭圆选框工具" ○ ，在属性栏中选择工具模式为"形状"，设置"填充"为白色，"描边"为淡黄色（R245,G227,B187），大小为"5像素"，如下图所示。

**步骤 18** 在属性栏中设置"半径"为25像素，然后在画面左侧绘制一个圆角矩形，如下图所示。

**步骤 19** 执行"图层"|"图层样式"|"内阴影"命令，打开"图层样式"对话框，设置渐变颜色从土黄色到淡黄色，如下图所示。

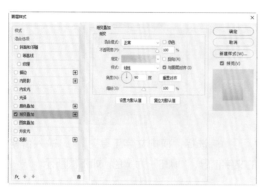

**步骤 20** 选中"投影"复选框，设置阴影颜色为黑色，其他参数设置如下图所示。

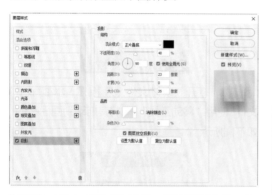

**步骤 21** 单击"确定"按钮，得到的图像效果如下图所示。

**步骤 22** 在标签上方绘制一个圆角矩形，在属性栏中设置填充为渐变色，设置颜色从绿色（R85,G153,B140）到深绿色（R18,G113,B105），如下图所示。

**步骤 23** 按 Ctrl+J 组合键复制一次对象，将复制的绿色圆角矩形向下移动，如下图所示。

**步骤 24** 选择"横排文字工具" T.，在其中分别输入文字，在属性栏中设置字体为"方正兰亭中黑简体"，"填充"为白色，如下图所示。

**步骤 25** 在文字下方分别输入"》"符号，"填充"为绿色，然后按 Ctrl+T 组合键旋转符号，如下图所示。

**步骤 26** 在符号下方分别输入广告文字，在属性栏中设置字体为"黑体"和"粗黑简体"，"填充"为黑色，如下图所示。

**步骤 27** 选择"横排文字工具" T.，在画面顶部的绿色图像中输入文字，并在属性栏中设置字体为"方正粗黑简体"，"填充"为白色，然后双击"抓手工具"，显示所有图像，如下图所示。

**步骤 28** 新建一个图层，选择"椭圆选框工具" ○，在水壶图像右上方绘制一个圆形选区，"填充"为白色，如下图所示。

**步骤 29** 双击该图层，打开"图层样式"对话框，选择"渐变叠加"选项，设置渐变颜色从深红色（R187,G43,B48）到红色（R255,G120,B122），其他参数设置如下图所示。

**步骤 30** 选中"投影"复选框，设置投影颜色为深绿色（R12,G86,B91），其他参数设置如下图所示。

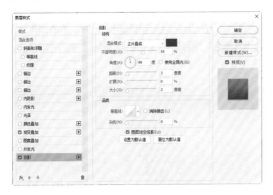

**步骤 31** 单击"确定"按钮，得到添加图层样式

的图像，如下图所示。

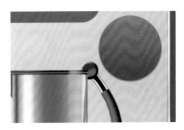

**步骤 32** 选择"椭圆工具" ○，在属性栏中设置"填充"为无，"描边"为白色，大小为"1像素"，然后在线条类型中选择一种虚线样式，如下图所示。

**步骤 33** 在红色圆形中绘制一个较小的描边圆形，如下图所示。

**步骤 34** 选择"横排文字工具" T，在圆形中输入文字，在属性栏中分别设置字体为"方正粗黑简体"和"黑体"，"填充"为白色，效果如下图所示。

**步骤 35** 打开"图层样式"对话框，为文字添加投影，设置投影颜色为黑色，其他参数设置如下图所示。

**步骤 36** 双击"抓手工具" ，显示所有图像，如下图所示，完成本实例的制作。

## 16.2 网店直播悬浮标签

扫一扫，看视频

本实例将制作儿童产品网店的一个直播悬浮标签。该类标签设计没有固定的造型，可以根据产品特色任意发挥。最终实例效果如下图所示。

● 素材位置：素材文件 \ 第 16 章 \ 气球 .psd。
● 源文件位置：结果文件 \ 第 16 章 \ 网店直播悬浮标签 .psd。

### 16.2.1 划分区域

**步骤 01** 新建一个图像文件，选择"圆角矩形工具" ，在属性栏中选择工具模式为"形状"，然后设置"填充"为粉红色（R255,G115,B165），"描边"为无，半径为"100 像素"，如下图所示。

**步骤 02** 设置属性栏后，在图像中按住鼠标左键拖动，绘制一个圆角矩形，在"图层"面板中得到一个形状图层，如下图所示。

**步骤 03** 执行"图层"|"图层样式"|"内发光"命令，打开"图层样式"对话框，设置内发光颜色为淡红色（R255,G232,B241），其他参数设置如下图所示。

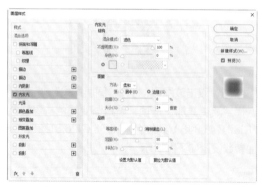

**步骤 04** 单击"确定"按钮，得到内发光的图像效果，"图层"面板中将显示图层样式，如下图所示。

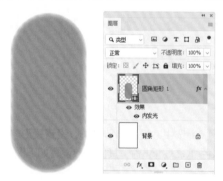

**步骤 05** 按 Ctrl+J 组合键复制一次"圆角矩形 1"图层，得到"圆角矩形 1 拷贝"图层，如下图所示。

步骤 06 选择"圆角矩形工具" ，在属性栏中直接改变其填充方式为渐变，颜色从淡红色（R255,G232,B241）到白色，效果如下图所示。

步骤 07 双击复制的图层，打开"图层样式"对话框，选择"内发光"样式，设置内发光颜色为白色，其他参数设置如下图所示。

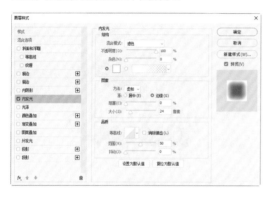

步骤 08 打开"素材文件\第16章\气球.psd"文件，使用"移动工具" 将其拖动到图像中，调整图像的大小后放到圆角矩形上方，如下图所示。

步骤 09 选择"钢笔工具" ，在气球图像中

绘制一条曲线路径，如下图所示。

步骤 10 选择"横排文字工具" T，在路径左端单击插入光标，沿着曲线输入文字，然后选择文字，在属性栏中设置字体为"方正正大黑简体"，"填充"为粉红色（R255,G132,B179），如下图所示。

步骤 11 执行"图层"|"图层样式"|"内发光"命令，打开"图层样式"对话框，设置内发光颜色为粉红色（R255,G213,B229），其他参数设置如下图所示。

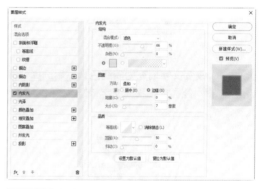

步骤 12 选中对话框左侧的"外发光"复选框，设置外发光颜色为洋红色（R242,G81,B114），其他参数设置如下图所示。

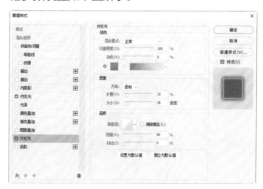

步骤 13 单击"确定"按钮，得到添加图层样式后的文字效果，如下图所示。

步骤 14 按 Ctrl+J 组合键复制一次文字图层，在"图层"面板中右击，在弹出的快捷菜中选择"清除图层样式"命令，如下图所示。

步骤 15 改变文字填充为淡红色，然后选择"移动工具" ，略微向上移动文字，效果如下图所示。

步骤 16 选择"钢笔工具" ，在文字下方再绘制一条曲线路径，在路径中输入文字"欢乐愉快度六一"，设置字体为"黑体"，"填充"为淡黄色（R254,G244,B190），如下图所示。

步骤 17 执行"图层"|"图层样式"|"描边"命令，打开"图层样式"对话框，设置描边大小为 6 像素，颜色为洋红色（R242,G81,B114），其他参数设置如下图所示。

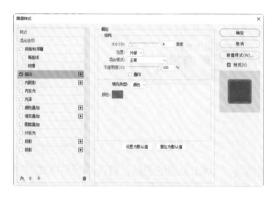

步骤 18 单击"确定"按钮，得到描边的文字效果，如下图所示。

### 16.2.2 绘制价格标签

步骤 01 绘制价格标签。创建一个图层组，将其重命名为"标签"，如下图所示。

步骤 02 选择"圆角矩形工具" ，在属性栏中设置"填充"为洋红色（R245,G87,B119），"描边"为无，半径为"20 像素"，然后在文字下方绘制该图形，如下图所示。

步骤 03 再绘制一个较小一些的圆角矩形，改变其填充颜色为淡粉色（R255,G247,B250），如下图所示。

步骤 04 新建一个图层，设置前景色为粉红色（R255,G185,B198），选择"画笔工具" ✍，设置笔触为柔角，在圆角矩形中绘制部分粉色图像，如下图所示。

步骤 05 执行"图层"|"创建剪贴蒙版"命令，创建一个剪贴图层，隐藏超出粉色图形以外的图像，如下图所示。

步骤 06 选择"钢笔工具" ∅，在属性栏中设置"填充"为水红色（R255,G115,B165），在圆角矩形下方绘制一个图形，如下图所示。

步骤 07 新建一个图层，选择"椭圆选框工具" ◯，绘制一个椭圆选区，"填充"为水红色（R255,G115,B165），然后多次按 Ctrl+J 组合键复制对象，并移动排列成如下图所示的样式。

步骤 08 选择"横排文字工具" T，在标签中输入文字，在属性栏中设置字体为"黑体"，调整至合适的大小后填充为黑色，如下图所示。

步骤 09 执行"图层"|"图层样式"|"渐变叠加"命令，打开"图层样式"对话框，设置颜色从洋红色（R232,G74,B103）到粉红色（R255,G115,B165），其他参数设置如下图所示。

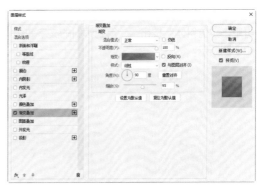

步骤 10 单击"确定"按钮，得到如下图所示的文字效果。

步骤 11 选择"圆角矩形工具" ◯，在属性栏中设置"填充"为渐变色，设置颜色从粉红色（R255,G115,B165）到洋红色（R232,G74,B103），再设置"描边"为淡黄色（R255,G251,B169），宽度为"1点"，如下图所示。

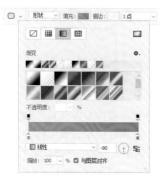

步骤 12 设置颜色后，在标签中绘制圆角矩形，如下图所示。

步骤 13 选择"横排文字工具" T，在按钮中输入文字，并在"字符"面板中设置字体为"黑体"，再单击"仿斜体"按钮 T，得到倾斜的文字效果，如下图所示。

步骤 14 在"图层"面板中，选择"标签"图层组，按 Ctrl+J 组合键复制一次该图层组，如下图所示。

步骤 15 选择"移动工具" ✛，将复制的标签组向下移动，然后修改其中的文字，如下图所示。

步骤 16 选择"钢笔工具" ⌀，在属性栏中选择工具模式为"形状"，设置"填充"为粉红色（R255,G115,B165），在标签下方绘制一个半圆图形，如下图所示。

步骤 17 在半圆图形中输入文字，设置字体为"黑体"，"填充"为白色，然后在"字符"面板中单击"仿斜体"按钮 T，倾斜文字，效果如下图所示。

**步骤** 18 执行"图层"|"图层样式"|"投影"命令，打开"图层样式"对话框，设置投影颜色为红色（R203,G11,B47），然后设置其他参数，得到文字的投影效果，如下图所示。

**步骤** 19 双击"抓手工具" 🖐，显示所有图像，如下图所示，完成本实例的制作。

## 16.3 618 活动首页海报

本实例将制作一个 618 活动首页海报。该类设计主要以大气为主，需要有足够的吸引力，让购买者能够持续向下浏览页面。最终实例效果如下图所示。

扫一扫，看视频

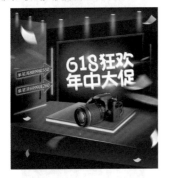

- 素材位置：素材文件\第 16 章\射灯 .psd、相机 .psd、效果 .psd、屏幕 .jpg、618.psd、光效 .psd、纸片 .psd。
- 源文件位置：结果文件\第 16 章\618 活动首页海报 .psd。

### 16.3.1 制作舞台效果

**步骤** 01 新建一个图像文件，设置前景色为墨蓝色（R0,G10,B72），按 Alt+Delete 组合键填充背景，如下图所示。

**步骤** 02 新建一个图层，选择"多边形套索工具" ☑，在图像下方绘制一个四边形选区，如下图所示。

**步骤** 03 选择"渐变工具" ▣，单击属性栏中最左侧的渐变色条，打开"渐变编辑器"对话框，设置颜色从墨蓝色（R0,G10,B72）到深蓝色（R9,G16,B115），如下图所示。

**步骤 04** 单击"确定"按钮,在属性栏中单击"线性渐变"按钮,然后在选区中从上到下拖动鼠标,得到渐变填充效果,如下图所示。

**步骤 05** 绘制一个四边形选区,"填充"为蓝色（R24,G80,B184）,如下图所示。

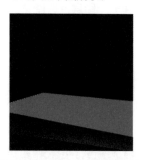

**步骤 06** 保持选区状态,设置前景色为墨蓝色（R0,G10,B72）,选择"画笔工具" ,在选区两侧绘制图像,得到如下图所示的效果。

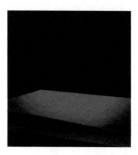

**步骤 07** 新建一个图层,选择"多边形套索工具" ,绘制一个细长的选区,"填充"为白色,如下图所示。

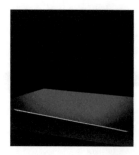

**步骤 08** 选择"橡皮擦工具" ,在属性栏中

设置"不透明度"为 50%,对白色矩形两端做适当的涂抹,擦除部分图像,如下图所示。

**步骤 09** 使用"多边形工具" ,在画面顶部再绘制一个多边形选区,使用"画笔工具" 在选区中绘制深蓝色图像,如下图所示。

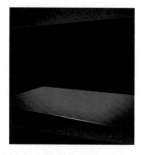

**步骤 10** 继续在画面左侧绘制一个四边形选区,"填充"为深蓝色（R1,G17,B81）,如下图所示。

**步骤 11** 保持选区状态,设置前景色为蓝色（R24,G80,B184）,使用"画笔工具" 在选区右侧绘制图像,如下图所示。

**步骤 12** 使用"多边形套索工具" ,在图像下方绘制一个舞台外形选区,"填充"为宝蓝色

（R17,G48,B192），如下图所示。

**步骤** 13 执行"选择"|"反向"命令，反选选区，然后新建一个图层，设置前景色为墨蓝色（R1,G10,B77），使用"画笔工具" ，在舞台边缘处绘制投影，效果如下图所示。

**步骤** 14 选择"多边形套索工具" ，再绘制一个转角形状的选区，"填充"为浅蓝色（R201,G244,B251），如下图所示。

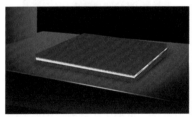

**步骤** 15 执行"图层"|"图层样式"|"外发光"命令，打开"图层样式"对话框，设置外发光颜色为淡紫色（R224,G229,B255），其他参数设置如下图所示。

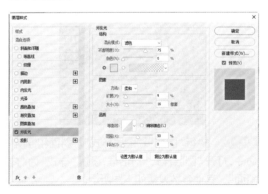

**步骤** 16 单击"确定"按钮，得到外发光的图像效果，如下图所示。

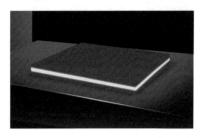

**步骤** 17 选择"多边形套索工具" ，在舞台中绘制一个四边形选区，"填充"为蓝色（R48,G69,B191），如下图所示。

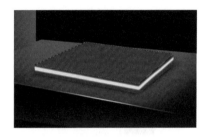

**步骤** 18 保持选区状态，设置前景色为浅蓝色，使用"画笔工具" 对选区边缘绘制图像，得到如下图所示的效果。

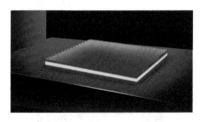

**步骤** 19 执行"图层"|"图层样式"|"斜面和浮雕"命令，打开"图层样式"对话框，设置"样式"为"内斜面"，其他参数设置如下图所示。

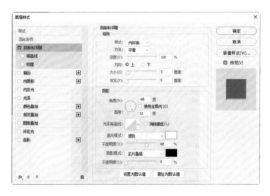

**步骤** 20 单击"确定"按钮，得到浮雕的效果，完成舞台的绘制，如下图所示。

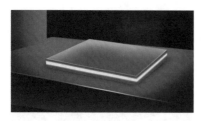

步骤 21 选择 "背景" 图层，单击 "图层" 面板底部的 "创建新组" 按钮 □，得到新的图层组，并将其重命名为 "屏幕"，然后在其中新建一个图层，如下图所示。

步骤 22 选择 "多边形套索工具" ，在图像中绘制一个四边形选区，"填充" 为深灰色，如下图所示。

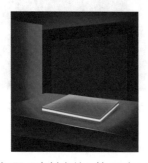

步骤 23 打开 "素材文件 \ 第 16 章 \ 屏幕 .jpg" 文件，使用 "移动工具" 拖动，调整图像大小后，按住 Ctrl 键单击新建的图层，载入深灰色图像选区，如下图所示。

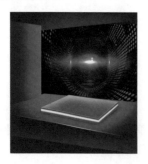

步骤 24 执行 "选择" | "反向" 命令，反选选区，然后按 Delete 键删除图像，设置该图层的混合模式为 "叠加"，效果如下图所示。

步骤 25 按 Shift+Ctrl+I 组合键再次反选选区，得到屏幕图像选区。选择 "画笔工具" ，在属性栏中设置 "不透明度" 为 "80%"，然后分别在选区内绘制蓝色（R49,G18,B175）和紫色（R158,G26,B149）图像，效果如下图所示。

步骤 26 新建一个图层，选择 "多边形套索工具" ，在属性栏中单击 "从选区减去" 按钮 ，通过减选在屏幕中绘制一个边框图像，将其填充为蓝色（R17,G45,B109），如下图所示。

步骤 27 执行 "图层" | "图层样式" | "斜面和浮雕" 命令，打开 "图层样式" 对话框，设置 "样式" 为 "内斜面"，其他参数设置如下图所示。

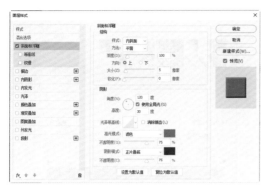

**步骤 28** 单击"确定"按钮，得到浮雕效果，如下图所示。

**步骤 29** 打开"素材文件\第16章\射灯.psd"文件，使用"移动工具" ⊕ 拖动到画面中，多次按 Ctrl+J 组合键复制对象，排列到画面上方，如下图所示。

**步骤 30** 选择"圆角矩形工具" ▢ ，在属性栏中选择工具模式为"形状"，"填充"为白色，设置"描边"为无，半径为"50像素"，在屏幕左侧绘制一个细长的圆角矩形，如下图所示。

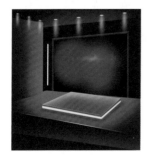

**步骤 31** 双击该形状图层，打开"图层样式"对话框，选中"内发光"复选框，设置内发光颜色为蓝色（R30,G99,B210），其他参数设置如下图所示。

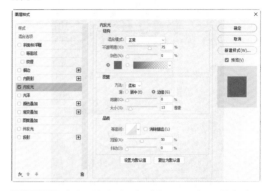

**步骤 32** 选中"外发光"复选框，设置相同的颜色，其他参数设置如下图所示。

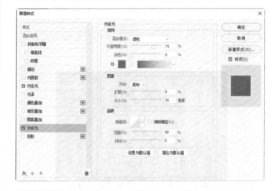

**步骤 33** 单击"确定"按钮，得到发光圆柱图像，如下图所示。

**步骤 34** 按两次 Ctrl+J 组合键复制对象，然后调整复制对象的方向和位置，如下图所示。

步骤 35 打开"素材文件\第16章\效果.psd"文件，使用"移动工具" 将其拖动到画面两侧，如下图所示。

### 16.3.2 制作特效文字

步骤 01 打开"素材文件\第16章\618.psd"文件，使用"移动工具" 将其拖动到屏幕图像中，如下图所示。

步骤 02 执行"图层"|"图层样式"|"渐变叠加"命令，打开"图层样式"对话框，单击渐变色条，打开"渐变编辑器"对话框，设置颜色分别为绿色（R53,G245,B229）、蓝色（R78,G121,B206）、紫色（R217,G40,B237）、蓝色（R78,G121,B206）、紫色（R217,G40,B237），如下图所示。

步骤 03 选中"投影"复选框，设置投影颜色为黑色，其他参数设置如下图所示。

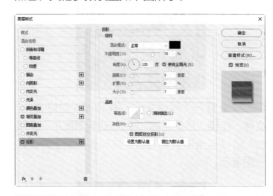

步骤 04 单击"确定"按钮，得到如下图所示的文字效果。

步骤 05 按 Ctrl+J 组合键复制一次文字图像，适当向上略微移动，然后打开"图层样式"对话框，取消选中其他样式，选中"颜色叠加"复选框，设置叠加的颜色为白色，如下图所示。

**步骤 06** 打开"素材文件\第16章\光效.psd"文件，使用"移动工具" ⊕ 将其拖动到文字中，如下图所示。

**步骤 07** 在"图层"面板中设置该对象的图层混合模式为"滤色"，得到如下图所示的效果。

**步骤 08** 新建一个图层，设置前景色为黑色，选择"铅笔工具" ✐ ，在属性栏中设置画笔大小为20像素，按住Shift键在画面左侧绘制两条黑色直线，如下图所示。

**步骤 09** 执行"图层"|"图层样式"|"斜面和浮雕"命令，打开"图层样式"对话框，设置"样式"为"内斜面"，其他参数设置如下图所示。

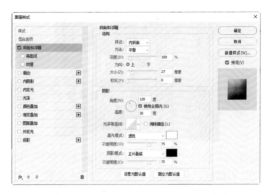

**步骤 10** 单击"确定"按钮，得到浮雕线条图像，如下图所示。

**步骤 11** 新建一个图层，选择"多边形套索工具" ❤ ，在线条图像上方绘制一个箭头选区，"填充"为黑色，如下图所示。

**步骤 12** 保持选区状态，设置前景色为深蓝色（R17,G53,B133），使用"画笔工具" ✐ 在选区左上方绘制图像，效果如下图所示。

**步骤 13** 新建一个图层，选择任意一个选框工具，适当向下移动选区，如下图所示。

步骤 14 执行"编辑"|"描边"命令，打开"描边"对话框，设置描边"宽度"为"4 像素"，"颜色"为白色，"位置"为"居外"，如下图所示。

步骤 15 单击"确定"按钮，得到描边图像，并将选区内部填充为深蓝色（R21,G38,B94），如下图所示。

步骤 16 执行"图层"|"图层样式"|"外发光"命令，打开"图层样式"对话框，设置外发光颜色为蓝色（R59,G68,B255），其他参数设置如下图所示。

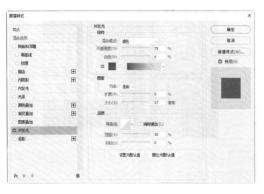

步骤 17 单击"确定"按钮，得到外发光的图像效果，如下图所示。

步骤 18 载入箭头图形选区，设置前景色为蓝色，使用"画笔工具" 在箭头中绘制图像，如下图所示。

步骤 19 选择"横排文字工具" ，输入文字，在属性栏中设置字体为"黑体"，"填充"为白色，然后适当旋转并倾斜文字，如下图所示。

步骤 20 复制箭头和文字图像，将其放到原有箭头下方，并改变部分文字内容，如下图所示。

步骤 21 打开"素材文件\第 16 章\相机 .psd"文件，使用"移动工具" 将其移动到舞台中，

并为其添加投影，如下图所示。

步骤 22 打开"素材文件 \ 第 16 章 \ 纸片 .psd"文件，使用"移动工具" ⊕，将其不规律地放到画面周围，如下图所示，完成本实例的制作。

## 本 章 小 结

本章学习了电商广告中几种常用图像的设计与制作，包括网店商品直通车、网店直播悬浮标签和618 活动首页海报三个实例。通过本章的学习，除了可以进一步练习和掌握 Photoshop 中多种工具与命令的使用外，还可以对网店中各元素的设计和制作有更深入的了解。

# 第 17 章

## 综合实战：平面广告设计

Photoshop

### 本章导读

平面广告包含的类型非常广泛，可以是各种海报、DM 广告、卡片、包装等。

前面的章节中已经学习了部分平面广告设计，本章只介绍海报和企业文化手册的设计与制作，对企业文化手册还制作了立体效果图。

### 学完本章后应该掌握的技能

■ 制作商品抢购海报
■ 设计企业文化手册

## 17.1 商品抢购海报

本实例将制作一个商品抢购海报。首先选择较明亮的颜色作为背景，然后将素材图像和广告文字作为重点，突出主体，最后添加广告内容的文字。最终实例效果如下图所示。

扫一扫，看视频

- 素材位置：素材文件＼第 17 章＼闹钟 .psd、彩带 .psd、文字 .psd。
- 源文件位置：结果文件＼第 17 章＼商品抢购海报 .psd。

### 17.1.1 制作背景图像

步骤 01 执行"文件"｜"新建"命令，打开"新建文档"对话框，设置文件名称为"商品抢购海报"，"宽度"与"高度"分别为 42 厘米和 64 厘米，单击"创建"按钮，即可创建一个空白的图像文件，如下图所示。

步骤 02 设置前景色为黄色（R253,G239,B2），按 Alt+Delete 组合键填充背景，如下图所示。

步骤 03 打开"素材文件＼第 17 章＼闹钟 .psd"文件，使用"移动工具" ✛ 将其拖动到画面上方，"图层"面板中将自动得到"闹钟"图层，如下图所示。

步骤 04 按 Ctrl+J 组合键复制一次对象，得到"闹钟 拷贝"图层。执行"编辑"｜"变换"｜"垂直翻转"命令，将翻转后的图像向下移动，如下图所示。

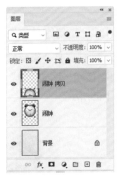

步骤 05 在"图层"面板中降低该图层的"不透明度"为 25%，然后使用"橡皮擦工具" ✦ 适当擦除下方图像，得到倒影效果，如下图所示。

步骤 06 新建一个图层，选择"椭圆选框工具" ○，按住 Shift 键在闹钟内绘制一个圆形选区，设置前景色为粉红色（R238,G145,B107），按 Alt+Delete 组合键填充背景，如下图所示。

步骤 07 绘制一个较小的圆形选区，"填充"为
白色，如下图所示。

步骤 01 打开"素材文件\第17章\文字.psd"
文件，使用"移动工具" ⊕ 将其拖动到闹钟内部，
如下图所示。

步骤 02 双击文字图层，打开"图层样式"对话框，
选择"渐变叠加"样式，单击渐变色条，打开"渐
变编辑器"对话框，选择"色谱"渐变，如下图
所示。

步骤 03 逐一单击"确定"按钮，得到彩色的文
字效果，如下图所示。

步骤 04 打开"素材文件\第17章\彩带.psd"
文件，使用"移动工具" ⊕ 将其不规律地放到闹
钟图像周围，如下图所示。

步骤 05 选择"横排文字工具" T.，在闹钟图
像下方输入一行广告文字，在属性栏中设置字体
为"方正大黑简体"，"填充"为黑色，如下图所示。

中文版 Photoshop 2021 从入门到精通（案例视频版）

**步骤** 06 继续输入一行较小的价格文字，设置字体为"黑体"，"填充"为黑色，如下图所示。

**步骤** 07 选择"矩形工具" ▣，在属性栏中选择工具模式为"形状"，"填充"为无，"描边"为红色（R231,G40,B45），描边宽度为"2.5 像素"，然后在文字下方绘制一个描边矩形，如下图所示。

□ ∨ 形状 ∨ 填充: ∕ 描边: ▋ 2.5 像素 ∨ ━━━

**步骤** 08 选择"横排文字工具" T.，在矩形内输入文字，设置字体为"黑体"，"填充"为黑色，如下图所示。

**步骤** 09 新建一个图层，使用"矩形选框工具" ▢ 在右侧绘制一个矩形选区，"填充"为红色（R231,G40,B45），并在其中输入一行白色的文字，如下图所示。

**步骤** 10 在图像底部绘制一个矩形选区，"填充"为深红色（R157,G26,B40），如下图所示。

**步骤** 11 选择"横排文字工具" T.，在深红色矩形中输入文字，"填充"为白色，再分别调整文字大小，排列样式如下图所示。

**步骤** 12 在画面左上方输入商场名称，填充为深红色（R157,G26,B40），并设置字体为"方正汉真广标简体"。双击"抓手工具" ✋，显示所有图像，如下图所示，完成本实例的制作。

## 17.2 企业文化手册

本实例将设计一个企业文化手册，以几何图形和蓝色调为主，整个设计简洁大方。最终实例效果如下图所示。

- 素材位置：素材文件 \ 第 17 章 \ 城市 .jpg。
- 源文件位置：结果文件 \ 第 17 章 \ 企业文化手册设计 .psd、企业文化手册设计立体效果 .psd。

### 17.2.1 制作手册平面设计图

**步骤 01** 执行"文件" | "新建"命令，打开"新建文档"对话框，在该话框右侧设置文件名称为"企业文化手册设计"，"宽度"和"高度"分别为 42 厘米和 28 厘米，"分辨率"为 300 像素 / 英寸，如下图所示，单击"创建"按钮，即可创建一个新的图像文件。

**步骤 02** 按 Ctrl+R 组合键显示标尺，执行"视图" | "新建参考线"命令，打开"新建参考线"对话框，选择"取向"为"垂直"，设置"位置"为"21 厘米"，如下图所示。

**步骤 03** 单击"确定"按钮，得到创建的参考线，将手册分为两半，右侧制作封面，左侧制作封底，如下图所示。

**步骤 04** 设置前景色为淡蓝色（ R233,G241,B249 ），按 Alt+Delete 组合键填充背景，如下图所示。

**步骤 05** 新建一个图层，选择"矩形选框工具"，在图像中绘制一个矩形选区，填充为深蓝色（ R13,G82,B140 ），如下图所示。

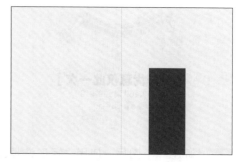

**步骤 06** 执行"编辑" | "变换" | "斜切"命令，拖动变换框上方的控制点，得到倾斜的矩形，如下图所示。

步骤 07 按 Enter 键确认变换，将图像放到手册右侧，如下图所示。

步骤 08 使用同样的方法，绘制其他矩形选区，部分做斜切变换，分别放到如下图所示的位置。

步骤 09 新建一个图层，选择"多边形套索工具" ，在图像右侧绘制一个多边形选区，如下图所示。

步骤 10 执行"编辑" | "描边"命令，打开"描边"对话框，设置"宽度"为"3 像素"，"颜色"为深蓝色（R13,G82,B140），如下图所示。

步骤 11 单击"确定"按钮，得到描边效果，如下图所示。

步骤 12 按 Ctrl+J 组合键，复制一次对象，使用"移动工具" 将其向上移动，放到如下图所示的位置。

步骤 13 新建一个图层，绘制一个矩形选区，并做斜切变换，填充为任意颜色，如下图所示。

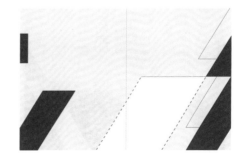

步骤 14 打开"素材文件\第 17 章\城市 .jpg"文件，使用"移动工具" ⊕ 将其拖动到画面中，调整大小，使其覆盖步骤 13 绘制的白色图形，如下图所示。

步骤 15 按 Alt+Ctrl+G 组合键，得到剪贴图层，隐藏部分城市图像，如下图所示。

步骤 16 在图像中间再绘制一个矩形选区，"填充"为淡蓝色（R125,G178,B222），然后做斜切变换，如下图所示。

步骤 17 选择"横排文字工具" T，在封面图像中输入企业名称和手册名称，在属性栏中设置字体为"方正汉真广标简体"，"填充"为深蓝色（R13,G82,B140），然后适当调整文字大小，排列成如下图所示的样式。

步骤 18 继续在封面中输入大写英文文字，在属性栏中设置字体为"黑体"，"填充"为黑色，然后调整文字大小，参照如下图所示的样式排列。

步骤 19 在封底图像中输入企业名称、电话和地址等文字信息，"填充"为深蓝色和黑色，再设置字体为"黑体"，如下图所示，完成平面设计图的制作。

**17.2.2 制作手册立体效果图**

步骤 01 按 Alt+Ctrl+Shift+E 组合键盖印图层，将所有图像盖印到图层顶部，如下图所示。

步骤 02 新建一个图像文件，将背景填充为浅灰色，如下图所示。

步骤 03 选择 17.2.1 节制作的"企业文化手册设计"文件，使用"矩形选框工具" ▢ 框选封面图像，使用"移动工具" ✛ 将其拖动到灰色图像中，

步骤 04 按 Ctrl+T 组合键对图像进行自由变换，将鼠标指针移到变换框外侧，按住鼠标拖动，旋转图像，如下图所示。

步骤 05 按住 Ctrl 键调整左上方的控制点，得到透视的图像效果，如下图所示，完成后按 Enter 键确定变换。

步骤 06 执行"图层"|"图层样式"|"投影"命令，打开"图层样式"对话框，设置投影颜色为黑色，其他参数设置如下图所示。

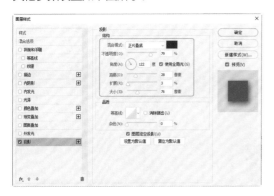

步骤 07 单击"确定"按钮，得到手册的投影效果，如下图所示。

步骤 08 按 Ctrl+J 组合键复制一次对象，在"图层"面板中将其放到下一层，然后适当旋转图像并调整位置，如下图所示，完成本实例的制作。

## 本 章 小 结

本章主要学习了平面广告中海报与手册的设计与制作。通过本章的学习，除了可以进一步练习与掌握 Photoshop 中多种工具和命令的使用外，还可以对画面版式的划分、素材图像的导入，以及文字的排列有更深入的了解。

第 **18** 章

# 综合实战：图像特效与数码照片处理

Photoshop

## 本章导读

　　Photoshop 的应用领域非常广泛，功能非常强大，除了在原有操作界面中绘制和处理图像外，还可以应用一些系统自带的小程序界面对图像进行处理。

　　本章介绍图像合成的特效制作，以及数码照片的后期处理，并通过具体的实例展示更加深入的操作技能。

## 学完本章后应该掌握的技能

- 制作森林里的蘑菇屋特效图片
- 制作金属界面特效文字
- 婚礼场布照片后期处理

## 18.1 森林里的蘑菇屋

本实例将制作一个森林里的蘑菇屋，主要是组合几幅图像，为图像添加图层蒙版，使其自然地融合在一起。最终实例效果如下图所示。

扫一扫，看视频

- 素材位置：素材文件\第18章\森林.jpg、大树.jpg、蘑菇和灯.psd、蘑菇.psd、精灵.psd。
- 源文件位置：结果文件\第18章\森林里的蘑菇屋.psd。

### 18.1.1 制作神秘的森林

**步骤** 01 打开"素材文件\第18章\森林.jpg"文件，如下图所示。下面将在其中添加其他图像，制作合成的图像效果。

**步骤** 02 单击"图层"面板底部的"创建新的填充或调整图层"按钮 ，在弹出的菜单中选择"亮度/对比度"命令，进入"属性"面板，设置"亮度"为80，效果如下图所示。

**步骤** 03 添加一个"色相/饱和度"调整图层，调整"色相"为-2，"饱和度"为42，"明度"为0，图像效果如下图所示。

**步骤** 04 打开"素材文件\第18章\大树.jpg"文件，使用"移动工具" 将其拖动到画面中，调整图像大小后放到画面上方，如下图所示。

**步骤** 05 单击"图层"面板底部的"创建图层蒙版"按钮 ▣，使用"画笔工具" ✎ 对图像进行涂抹，隐藏部分图像，使大树图像与森林图像自然融合，如下图所示。

**步骤** 06 新建一个图层，设置前景色为黑色，选择"画笔工具" ✎，在画面上边缘和左右两侧绘制图像，然后设置图层的"不透明度"为 75%，加深图像效果，如下图所示。

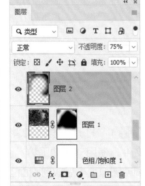

### 18.1.2 添加图像

**步骤** 01 打开"素材文件 \ 第 18 章 \ 蘑菇 .psd"文件，使用"移动工具" ✛ 将其拖动到画面右下方，如下图所示。

**步骤** 02 为图像添加一个图层蒙版，使用"画笔工具" ✎ 对较大的蘑菇图像进行涂抹，隐藏该部分图像，如下图所示。

**步骤** 03 打开"素材文件 \ 第 18 章 \ 蘑菇和灯 .psd"文件，使用"移动工具" ✛ 拖动蘑菇屋到森林中间，将灯放到画面下方，如下图所示。

**步骤** 04 选择"画笔工具" ✎，单击属性栏中的 ☑ 按钮，打开"画笔设置"面板，选择柔角画笔，然后设置"大小"和"间距"，如下图所示。

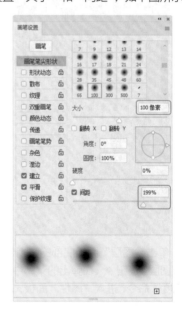

298

步骤 05 在"画笔设置"面板中选中"形状动态"复选框，设置"大小抖动"为100%，如下图所示。

步骤 06 选中"散布"复选框，再选中"两轴"复选框，然后设置参数"散布"为最大值，如下图所示。

步骤 07 设置前景色为淡黄色（R231,G232,B123），在画面中绘制多个大小不一的圆点，如下图所示。

步骤 08 打开"素材文件\第18章\精灵.psd"文件，使用"移动工具" 将其拖动到森林图像下方，如下图所示。

步骤 09 选择"画笔工具" ，打开"画笔设置"面板，重新设置画笔"大小"和"间距"，如下图所示。

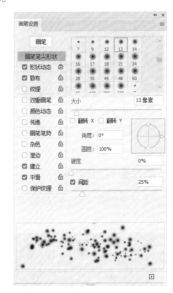

步骤 10 新建一个图层，设置前景色为白色，在精灵图像左侧绘制一串白色圆点图像，如下图所示。

步骤 11 双击"抓手工具" ，显示所有图像，如下图所示，完成本实例的制作。

## 18.2 金属界面特效文字

扫一扫，看视频

　　本实例将制作一个金属界面特效文字。首先通过"滤镜"命令制作具有金属质感的底纹，再添加线条，制作浮雕效果，最后制作特殊的文字效果。最终实例效果如下图所示。

- 素材位置：素材文件 \ 第 18 章 \ 光 .psd。
- 源文件位置：结果文件 \ 第 18 章 \ 金属界面特效文字 .psd。

### 18.2.1 制作金属背景图像

**步骤 01** 新建一个图像文件，将背景填充为黑色，如下图所示。

**步骤 02** 单击"图层"面板底部的"创建新图层"按钮 ⊡ ，创建一个新的图层，如下图所示。

**步骤 03** 选择"渐变工具" ▣ ，在属性栏中设置渐变颜色从橘红色（R178,G20,B19）到橘黄色（R255,G217,B8），选择"线性渐变"按钮 ▣ ，在图像左上方按住鼠标左键向右下方拖动，得到渐变填充效果，如下图所示。

**步骤 04** 执行"滤镜"|"像素化"|"点状化"命令，打开"点状化"对话框，设置"单元格大小"为 18，如下图所示。

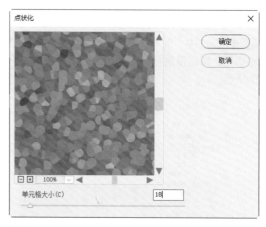

**步骤 05** 单击"确定"按钮，得到点状化图像，如下图所示。

**步骤 06** 执行"滤镜"|"像素化"|"彩色半调"命令，打开"彩色半调"对话框，设置各项参数如下图所示。

**步骤 07** 单击"确定"按钮，得到彩色半调的图

像效果，如下图所示。

步骤 08 在"图层"面板中设置图层混合模式为"颜色减淡"，"不透明度"为41%，得到如下图所示的效果。

步骤 09 选择"多边形套索工具" ，单击属性栏中的"添加到选区"按钮 ，然后在图像中通过加选的方式绘制多个细长的矩形，得到交叉图像选区，如下图所示。

步骤 10 新建一个图层，将选区填充为黑色，如下图所示。

步骤 11 保持选区状态。执行"选择"|"修改"|"羽化"命令，打开"羽化选区"对话框，设置"羽化半径"为15像素，如下图所示。

步骤 12 执行"选择"|"修改"|"扩展选区"命令，打开"扩展选区"对话框，设置"扩展量"为15像素，如下图所示。

步骤 13 选择"图层1"，按 Delete 键删除选区内的图像，得到如下图所示的效果。

步骤 14 按 Ctrl+D 组合键取消选区，使用"多边形套索工具" ⊠ 在图像中间绘制一个选区，并按 Delete 键删除选区内的图像，如下图所示。

步骤 15 执行"图层"|"图层样式"|"斜面和浮雕"命令，打开"图层样式"对话框，设置样式为"内斜面"，其他参数设置如下图所示。

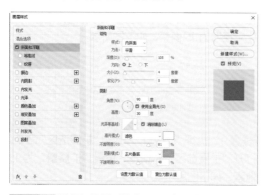

步骤 16 选择"投影"样式，设置投影颜色为黑色，其他参数设置如下图所示。

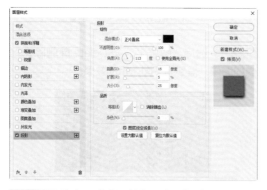

步骤 17 单击"确定"按钮，得到添加图层样式后的图像效果，如下图所示。

步骤 18 选择"钢笔工具" ⊘，在属性栏中选择工具模式为"路径"，然后在图像中根据黑色图像绘制线条，如下图所示。

步骤 19 新建一个图层，设置前景色为橘黄色（R186,G133,B65），选择"画笔工具" ✓，在属性栏中设置画笔大小为 3 像素，单击"路径"面板下方的"用画笔描边路径"按钮 ○，得到线条的描边效果，如下图所示。

步骤 20 选择"加深工具" ◎ 和"减淡工具" ◢，在线条中加深和减淡颜色，使线条更富有变化，效果如下图所示。

步骤 21 打开"素材文件\第18章\光.psd"文件，使用"移动工具" ✛ 将其拖动到线条图像中，得到如下图所示的图像效果。

步骤 22 新建一个图层，设置前景色为橘黄色（R186,G133,B65），选择"画笔工具" ✓，在属性栏中设置"不透明度"为 70%，在图像中绘制几个较大的柔和圆点，如下图所示。

步骤 23 在"图层"面板中设置图层的混合模式

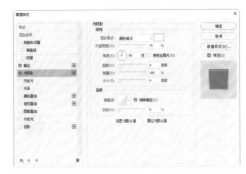

为"颜色减淡",得到如下图所示的图像效果。

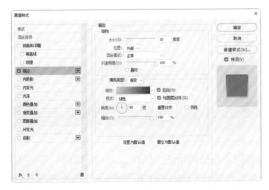

下图所示。

**步骤 04** 选择"内发光"样式，设置内发光颜色为白色，其他参数设置如下图所示。

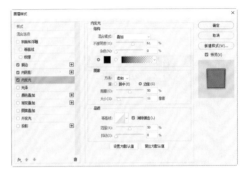

**步骤 05** 选择"光泽"样式，设置选项参数后，单击"等高线"右侧的下拉按钮，在打开的面板中选择一种曲线样式，如下图所示。

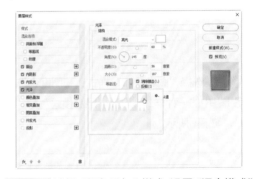

**步骤 06** 选择"颜色叠加"样式，设置"混合模式"为"叠加"，"颜色"为黑色，如下图所示。

---

## 18.2.2 制作质感特效文字

**步骤 01** 选择"横排文字工具" **T.**，在画面中间输入大写英文，在属性栏中设置字体为Broadway，如下图所示。

**步骤 02** 执行"图层"|"图层样式"|"描边"命令，打开"图层样式"对话框，设置描边"大小"为10像素，"填充类型"为"渐变"，颜色从橘黄色（R255,G204,B0）到深黄色（R130,G51,B8），如下图所示。

**步骤 03** 选择"内阴影"样式，设置"混合模式"为"颜色减淡"，颜色为白色，其他参数设置如

**步骤 07** 选择"渐变叠加"样式，单击渐变色条，打开"渐变编辑器"对话框，设置渐变色为不同深度的灰色，其他参数设置如下图所示。

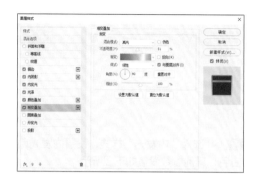

**步骤 08** 选择"图案叠加"样式，在图案中选择"泥土"中的一种样式，设置"混合模式"为"明度"，如下图所示。

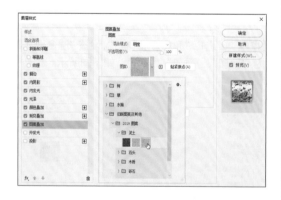

**步骤 09** 单击"确定"按钮，得到特效文字效果，如下图所示，完成本实例的制作。

## 18.3 婚礼场布照片后期处理

扫一扫，看视频

本实例将为一张婚礼场布照片做后期处理。首先在 Camera Raw 滤镜中打开该文件，然后调整照片的光影、色调，使照片后期颜色统一，光影对比明显。最终实例效果如下图所示。

- 素材位置：素材文件 \ 第 18 章 \ 婚礼现场 .CR2。
- 源文件位置：结果文件 \ 第 18 章 \ 婚礼场布照片后期处理 .psd。

### 18.3.1 在 Camera Raw 中调整

**步骤 01** 打开"素材文件 \ 第 18 章 \ 婚礼现场 .CR2"文件，自动进入 Camera Raw 滤镜界面中，如下图所示。

**步骤 02** 在界面右侧单击"配置文件"下拉列表，选择"Adobe 鲜艳"选项，图像将自动增加对比度和饱和度，增强场景中的细节感，如下图所示。

**步骤** 03 下面调整图像的基本阴影调。展开"基本"选项组，降低"曝光"参数为"-0.70"，增加"高光""阴影"和"白色"参数，并降低"黑色"参数，如下图所示。

**步骤** 04 在左侧的预览窗格中可以预览调整后的图像效果，如下图所示。

**步骤** 05 调整图像"白平衡"。适当向左拖动"色温"和"色调"滑块，如下图所示。

**步骤** 06 这时图像中的色调整体偏蓝，如下图所示。

**步骤** 07 按住 Alt 键双击界面右侧工具箱中的"裁剪和旋转工具" ，系统将自动校正并拉直图像，如下图所示。

**步骤** 08 拖动裁剪框右上方的边框，适当缩小裁剪框，如下图所示。

**步骤** 09 在变换框中双击，得到裁剪效果，如下图所示。

**步骤** 10 继续调整照片中的光影。展开"曲线"选项组，增加"高光"和"亮调"参数，降低"阴影"参数，如下图所示。

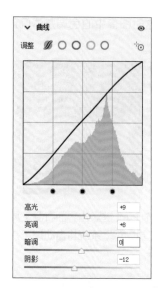

**步骤 11** 展开"细节"选项组，增加图像中的"锐化"参数，再设置"减少杂色"参数，降低图像中的噪点，如下图所示。

☀ **高手点拨** ∘ ∘

当照片中存在噪点时，可以通过调整"减少杂色"选项来降低图像中的噪点，数值越高，噪点越少，但噪点的减少也会损失部分画质。

**步骤 12** 展开"混色器"选项组，分别选择"色相"和"饱和度"选项，调整其中的"紫色""蓝色"和"橙色"参数，如下图所示。

**步骤 13** 调整后的图像预览效果如下图所示。

**步骤 14** 选择工具箱中的"调整画笔"工具 ✐，在"画笔"选项组中设置画笔的"大小""羽化""浓度"等参数，再设置"曝光"为"+0.70"，如下图所示。

**步骤 15** 设置画笔后，对画面中两侧的蓝色花朵进行涂抹，提高该部分图像的亮度，如下图所示。

**步骤** 16 设置完成后，单击其他任意一个工具，即可显示提亮效果，如下图所示。

## 18.3.2 在 Photoshop 中处理

**步骤** 01 调整照片的色调和影调后，单击"打开"按钮，转入 Photoshop 操作界面中，如下图所示。

**步骤** 02 单击"图层"面板底部的"创建新的调整或调整图层"按钮，在弹出的菜单中选择"色彩平衡"命令，如下图所示。

**步骤** 03 进入"属性"面板,选择"色调"为"中间调"，适当增加"红色"和"蓝色"参数，如下图所示。

**步骤** 04 选择"色调"为"高光",调整其他参数，如下图所示。

**步骤** 05 调整完成后，得到如下图所示的效果。

**步骤** 06 在"图层"面板中再增加一个"曲线"调整图层，调整其中的曲线，增加图像整体的亮度，并降低暗部的亮度，如下图所示。

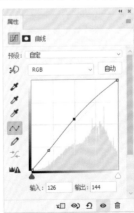

步骤 07 双击"抓手工具" ，显示所有图像，如下图所示，完成本实例的处理。

## 本 章 小 结

本章学习了图像合成与特效的制作，以及数码照片的后期颜色处理和调整，其中包括制作森林里的蘑菇屋、金属界面特效文字和婚礼场布照片后期处理三个实例。通过本章的学习，除了可以进一步练习与掌握 Photoshop 中多种工具和命令的使用外，还可以对图层蒙版和图层样式的应用，以及 Camera Raw 滤镜的使用有更深入的了解。

✎ 读书笔记